U0324617

再生混凝土及其构件的力学性能

陈宗平　著

科学出版社

北京

内 容 简 介

本书系统地研究和探讨了再生混凝土及其构件的受力破坏机理、力学性能指标与承载力计算方法。本书共 7 章，主要包括绪论、再生混凝土的力学性能、建筑垃圾再生混凝土墙体材料的配制方法及力学性能、钢筋再生混凝土构件的力学性能、型钢与再生混凝土间的黏结滑移性能、型钢再生混凝土组合构件的力学性能、钢管再生混凝土组合构件的力学性能等。

本书可作为高等学校有关专业的研究生的教学用书，也可供从事土木工程领域研究的科技人员参考。

图书在版编目（CIP）数据

再生混凝土及其构件的力学性能/陈宗平著. —北京：科学出版社，2019.12

ISBN 978-7-03-056305-7

Ⅰ. ①再… Ⅱ. ①陈… Ⅲ. ①再生混凝土-混凝土结构-结构构件-力学性能 Ⅳ. ①TU528.59

中国版本图书馆 CIP 数据核字（2019）第 007097 号

责任编辑：童安齐 / 责任校对：赵丽杰
责任印制：吕春珉 / 封面设计：东方人华

科学出版社 出版
北京东黄城根北街 16 号
邮政编码：100717
http://www.sciencep.com

北京中科印刷有限公司 印刷
科学出版社发行　各地新华书店经销
*
2019 年 12 月第 一 版　　开本：B5（720×1000）
2019 年 12 月第一次印刷　　印张：22
字数：440 000

定价：170.00 元
（如有印装质量问题，我社负责调换〈中科〉）
销售部电话 010-62136230　编辑部电话 010-62130750

版权所有，侵权必究
举报电话：010-64030229；010-64034315；13501151303

前　言

国家"十三五"规划中强调建筑行业要发展绿色建筑，加强工程建设全过程的节能减排，实现低耗、环保、高效生产政策的落实。再生混凝土技术因具有可以实现建筑垃圾的再生利用、减少自然资源和能源的消耗、符合现代建筑发展的方向等特点而被广泛关注。

再生骨料来源广泛，受废弃混凝土龄期、原始强度、使用环境、产地等因素影响较大，各地区生产出的再生混凝土存在较明显的性能差异，已有的研究成果已不足以建立完善的技术体系。基于这一现状，作者针对广西的地区特点，对建筑垃圾生产再生混凝土技术及构件的力学性能开展了相关研究。作者先后得到国家自然科学基金（编号：51578163）、广西自然科学基金（编号：2016GXNSFDA380032、2012GXNSFAA053203）、广西科技攻关项目（编号：桂科攻 12118023-3），以及广西壮族自治区"城乡建设与工程安全"八桂学者专项、广西十百千人才工程、广西高等学校高水平创新团队及卓越学者专项、广西高等学校优秀中青年骨干教师培养工程、广西大学高层次专业技术人才培养工程等的支持，从而对再生混凝土材料、钢筋再生混凝土构件、型钢再生混凝土及钢管再生混凝土组合构件等的力学性能开展了较为系统的研究。

本书分为 7 章，所阐述的主要内容是作者及其博士和硕士研究生历经近 10 年的辛勤研究获得的，博士研究生郑华海、王妮、陈宇良、徐金俊、张向冈、周春恒，硕士研究生黄开旺、李卫宁、张士前、范杰、王讲美、黄靖、张超荣、应武挡、李玲、叶培欢、郑巍、梁莹、李伊、何天瑀、王欢欢等，他们完成了大量的试验研究和细致的数据分析工作；研究生梁宇涵、宁璠在资料整理和图片处理等方面做了许多工作，本书凝聚着他们的辛劳和智慧。

在本书撰写过程中，先后得到西安建筑科技大学薛建阳教授、福州大学陈宝春教授及广西大学苏益声教授给予的帮助和指导，在此一并表示衷心的谢意。

由于作者水平有限，书中不足之处在所难免，恳请读者批评指正。

陈宗平

2018 年 3 月 20 日

目　　录

第1章 绪　　论

1.1　建筑垃圾处理和资源化再生利用

近年来，随着我国经济的快速发展，拆迁旧房、更新改造道路及新建建筑等产生了大量的建筑垃圾。据统计，我国 2017 年产生的建筑垃圾近 32 亿 t。如何处理如此量大的废弃建筑垃圾，引起了政府和社会民众的高度关注，成为一个热点问题。若处理不当（如随意堆放或者简单填埋），这些建筑垃圾需要占用许多土地，并对当地的自然环境造成污染，影响居民的生产和生活安全，进而引起严重的环境和社会问题。特别是在土地紧张、自然环境脆弱、生活水平要求高的大城市，这种因为建筑垃圾而带来的一系列问题已经非常突出。此外，我国的建筑业蓬勃发展，砂石的需求量越来越大，为了满足需求，大量的开山采石、挖地淘砂，也导致了部分地区出现优质天然资源枯竭现象，如砂石必须从外地长途运输，不但消耗了大量的人力、财力、物力成本，而且影响了施工进度。建筑垃圾的处理及天然砂石的枯竭两大问题，已经成为我国土木工程研究领域必须要解决的关键问题。

再生骨料混凝土（recycled aggregate concrete，RAC）技术是解决上述关键问题最快捷和最直接的处理方式。再生混凝土是指将废弃混凝土经过破碎、筛分、清洗，将骨料部分或全部替换为再生骨料重新配制的混凝土。一方面，再生混凝土技术可实现废弃混凝土的循环利用，合理解决建筑垃圾的处理问题；另一方面，用建筑垃圾再生骨料代替天然骨料，可以减少建筑业对天然骨料的消耗，缓解天然骨料日趋匮乏的压力。再生混凝土具有非常显著的社会效益、经济效益和环保效益，被认为是实现建筑资源环境可持续发展的绿色混凝土。

目前世界各国都十分重视再生混凝土领域的有关研究，无论是美国、日本、欧洲联盟（简称欧盟）等发达国家和地区，还是印度、巴基斯坦、巴西及中国等发展中国家均开展了大量研究，研究的范围广、层次深，分别在再生骨料、再生混凝土配制及其力学性能、再生混凝土构件、再生混凝土结构等各个层面进行了深入研究，也取得了许多重要研究成果。另外，部分国家和地区分别基于各自研究成果编写了用于指导工程实践的有关规范或规程。

1.2　国内外再生混凝土技术研究发展概述

1.2.1　再生混凝土材料

在材料层面，从 20 世纪 50 年代起国内外学者就开始对再生混凝土进行了研究，分别从骨料来源（服役年龄差异）、骨料类型（卵石类和碎石类）、原生混凝土强度等多个不同角度，研究了不同再生混凝土取代率下不同成分组成的各种再生混凝土的配制方法，以及相应的强度、弹性模量、变形能力、应力-应变本构关系、耐久性、抗冻性和热工性能等，取得了许多重要研究成果，为再生混凝土领域的科学研究和工程应用奠定了坚实基础。

国外很多学者高度关注再生混凝土的生产工艺及其力学性能，开展了系统而深入的研究，并取得许多很有影响的研究成果。具有代表意义的有：Etxeberria 等（2007）、Achtemichuk 和 Hubbard（2009）通过试验手段研究了再生混凝土的配合比、不同再生粗骨料的生产过程，分析了再生骨料来源和骨料取代率对再生混凝土强度的影响规律。结果表明：再生混凝土的强度与再生骨料来源和取代率有关，并研究提出了再生混凝土的生产工艺和合理的再生骨料含量。Katz（2003）、Evangelista 和 de Brito（2007）、Poon 等（2004）、Tabsh 和 Abdelfatah（2009）、Folino 和 Xargay（2014）、Kou 等（2011）对各种规格的再生粗骨料、不同孔隙率和不同取代率的再生混凝土进行了受力性能试验研究。结果表明：再生骨料的取代率、最大粒径、骨料级配、骨料含水率、水灰比等参数对再生混凝土的强度有影响。随着取代率的增加，再生混凝土的强度略有下降；随着水灰比的增大，抗压强度降低；再生骨料粒径大、级配好的再生混凝土强度高，同时给出了再生混凝土的应力-应变本构方程以及再生混凝土抗压强度与抗拉强度之间的换算公式。Padmini 等（2009）研究了再生骨料原有混凝土对再生混凝土受力性能的影响。结果表明：再生混凝土的强度与骨料来源的原生混凝土有关，原生混凝土强度越高，生产的再生混凝土强度也高，但不是线性关系，同时水灰比、骨料级配对再生混凝土强度也有较大影响。Abbas 和 Fathifazl（2009）、Evangelista 和 de Brito（2007）对再生混凝土耐久性进行了研究。结果表明：再生混凝土的碳化速度较普通混凝土快、耐久性降低。Zega 和 di Maio（2009，2006）对再生混凝土的高温性能进行了研究，结果表明再生混凝土的高温性能与天然骨料混凝土相当。

国内不少学者在再生混凝土领域也进行了大量研究，并取得许多重要的研究成果，具有代表意义的如下所述。肖建庄（2008）通过大量的试验系统研究了再生混凝土的受力机理和不同再生骨料来源的再生混凝土抗压强度及其概率分布特征，取得了许多具有重要意义的研究成果。张永娟等（2012）将再生混凝土单位用水量拆分为"净用水量+附加用水量"研究再生混凝土灰水比和净灰水比与强度的关系。结果表明：再生粗骨料取代率与再生混凝土粗骨料吸水率和表观密度均存在良好的线性关系；再生混凝土强度-灰水比及强度-净灰水比关系均符合Bolomey 公式。李秋义等（2008）系统研究了再生粗骨料、细骨料、颗粒整形再生粗骨料的生产方法，以及再生混凝土的合理配制方法和强度指标。刘数华（2009）对采用再生骨料配制高性能再生混凝土进行了深入研究，取得了其单轴受压应力-

应变曲线与普通混凝土相似的结论。曾力（2010）研究了再生粗、细骨料对混凝土干缩性能的影响，取得了再生骨料对混凝土的干缩影响显著（尤其是再生细骨料）的结论，通过配合比的优化设计，可使再生混凝土的干缩率仅稍大于天然粗骨料混凝土。陈爱玖等（2009）对再生粗骨料取代率为40%的再生混凝土进行了冻融循环试验，揭示了冻融后再生混凝土内部损伤变量的变化规律。崔正龙等（2007）对取代率为100%的再生混凝土进行了冻融循环试验研究，取得了100%全再生混凝土的冻融循环性能与普通混凝土相比，耐久性指数降低6%，能满足冻融循环指标的结论。周士琼对不同强度等级原生混凝土的再生粗、细骨料的物理力学性能进行了研究。结果表明：在原材料相同的情况下，由配合比不同的原生混凝土破碎后所得到的不同再生骨料之间性质差异很小，这对于控制再生混凝土骨料及再生混凝土的质量波动有重要意义。邹超英进行了再生混凝土单轴受压试验研究，探讨水灰比、再生骨料类型、取代率及基体混凝土强度对再生混凝土受压力学性能的影响，分析了峰值应力、峰值应变、变形系数及弹性模量的变化规律。肖汉宁研究了5种再生骨料级配对混凝土强度的影响。结果表明：较小的最大公称粒径对混凝土强度有利。郑刚进行了取代率为0、50%和100%再生混凝土不同龄期的力学性能研究。结果表明：随着再生粗骨料取代率的增加，相同养护龄期的再生混凝土抗压强度及弹性模量有所降低。

材料层面的深入研究为再生混凝土的资源化利用奠定了重要的理论基础，也为土木工程领域的快速发展添加了新的动力。

再生混凝土结构及构件层面国内外也均有大量研究，并且范围十分广泛，包括钢筋再生混凝土构件、型钢再生混凝土组合构件和钢管再生混凝土组合构件等多个方面，也取得了许多重要研究成果。

1.2.2 钢筋再生混凝土构件

吴瑾等（2013）通过10块取代率为100%的全再生混凝土简支板静力试验，揭示了再生混凝土板的破坏形态、承载能力和变形性能，提出了钢筋再生混凝土板极限承载力计算公式。周静海等（2008）进行了4组不同取代率再生混凝土板的集中荷载试验。结果表明：随着取代率的增加，再生混凝土板的开裂荷载及极限荷载有所降低。

李旭平（2007a，2007b）、杜朝华（2012）、Choi和Yun（2012）、Fathifazl等（2011）对钢筋再生混凝土梁的受弯、受剪性能进行了试验研究，深入分析了取代率、骨料来源、配筋率、配箍率、剪跨比等变化参数对钢筋再生混凝土梁受力性能的影响规律，并提出了钢筋再生混凝土梁正截面和斜截面极限承载力计算公式、短期刚度及裂缝宽度计算式。

杜朝华等（2012）通过12根不同取代率钢筋混凝土柱受力性能试验，研究了再生混凝土柱的承载能力和变形性能。结果表明：再生混凝土柱的破坏过程、形态、跨中侧向挠度曲线、混凝土应变、钢筋应变与普通混凝土柱区别不明显，取代率对柱的承载力影响不大。

周静海等（2010）通过设计长细比为 9 的 15 个试件研究了再生混凝土长柱的变形能力和承载能力。结果表明：再生混凝土柱破坏机理同普通混凝土柱基本一致，但变形能力比普通混凝土大，随着再生粗骨取代率的增加，承载力逐渐下降。

王社良等（2013）进行了 9 根再生混凝土框架柱的低周反复加载试验，揭示了再生混凝土柱的抗震破坏机理。

胡琼等（2009）进行了 12 根再生混凝土柱低周反复加载试验，得到再生混凝土柱的破坏形式、滞回特性、能量耗散、骨架曲线、刚度、承载力与普通混凝土柱相近；在小轴压比时发生延性破坏，在大轴压比时，发生脆性破坏；再生混凝土柱的抗震性能与普通混凝土相近等结论。这与国外学者 Breccolotti 和 Materazzi（2010）、Choi 和 Yun（2012）的研究结论一致。

彭有开等（2003）通过 7 根再生混凝土柱的低周反复加载试验，得到了低轴压比、低配箍的再生混凝土柱可实现良好的延性和变形性能，能满足抗震设计的要求；较高轴压比、低配箍的再生混凝土柱最终发生剪切压溃，呈现出显著的脆性性质；较高轴压比的再生混凝土柱在提高配箍后，延性与耗能性能得以改善的结论。

1.2.3 钢筋再生混凝土框架及节点

肖建庄等（2013）通过 4 个不同取代率再生混凝土框架的低周反复荷载试验，获取了其破坏形态、滞回曲线、骨架线、耗能能力及刚度退化等重要数据。结果表明：钢筋再生混凝土框架具有良好的抗震能力；随着取代率的增大，钢筋再生混凝土框架的抗震性能有所降低；并通过三维 6 自由度振动台试验，揭示了再生混凝土框架结构的地震反应，通过对结构整体和各层间滞回曲线、骨架曲线和特征参数的分析，建立再生混凝土框架结构整体和层间刚度退化四折线型恢复力模型，基于破损程度的分析，提出再生混凝土框架结构在不同破坏状态下的性能指标。

柳炳康等（2011）进行了 3 个再生混凝土框架梁柱中节点试件低周反复荷载试验。结果表明：再生混凝土试件具有较好的延性和耗能能力，通过合理的设计可以在抗震设防地区应用。

曹万林等（2011）进行了两个两层两跨再生混凝土框架结构的低周反复荷载试验，即一个为全再生混凝土框架结构，另一个为两种混凝土组合而成的复合框架结构（其中该框架一层为普通混凝土，二层为再生混凝土）。结果表明：两个框架的承载力较为接近，刚度退化规律相同，延性均满足抗震规范要求，二者破坏机制均为"强柱弱梁"型；再生混凝土框架可用于多层结构或高层结构上部楼层。

白国良对不同取代率再生混凝土框架节点进行了低周反复荷载研究。结果表明：再生混凝土节点在滞回曲线形态、节点区变形、构件耗能特性方面与普通混凝土节点表现相似，并没有随取代率变化发生规律性变化。

吕西林等（2014a，2014b）设计了 2 个再生混凝土框架结构和全再生混凝土框架的模型，对其进行模拟地震整体结构振动台试验，依次进行 8 度多遇烈度、8 度基本烈度、8 度罕遇烈度及更强烈度的地震波输入。结果表明：半再生混凝土框架和全再生混凝土框架破坏模式均为强柱弱梁破坏模式；在多遇烈度和罕遇烈度阶段，层间位移角均小于规范限值，满足 8 度抗震设防要求。

1.2.4　钢管再生混凝土组合结构

肖建庄等（2011）以再生粗骨料取代率为主要参数，进行了 15 个钢管约束再生混凝土圆柱试件的轴压试验。结果表明：钢管约束再生混凝土主要破坏形态为试件中部鼓曲，核心再生混凝土发生斜剪破坏；钢管约束再生混凝土与钢管约束普通混凝土的受力过程基本相同；取代率变化对试件的横向变形系数影响不大；随着取代率的增大，极限抗压强度有所降低。肖建庄等（2011）又通过 6 个试件的低周反复荷载试验，揭示了该类构件的受力机理。结果表明：钢管再生混凝土柱具有良好的抗震性能，试件的耗能能力、延性、滞回特性随着再生粗骨料取代率、混凝土强度的改变而略有变化。

吴波等（2010）通过 20 个薄壁钢管再生混合短柱的轴压试验，分析了废弃混凝土类型、废弃混凝土混合比、新旧混凝土强度差等因素对试件荷载-变形曲线的影响。结果表明：当混合比相近时，节段型钢管再生混合短柱的轴压承载力大于块体型钢管再生混合短柱；当块体型试件的混合比为 25%～35% 时，其轴压承载力变化不大；当节段型试件的混合比为 35%～50% 时，其轴压承载力变化不大；当强度差小于 15MPa 时，块体型和节段型钢管再生混合短柱在上述各自混合比范围内，具有与全现浇钢管混凝土短柱相近的轴压承载力。吴波等（2010）通过 36 根薄壁圆钢管再生混合中长柱的轴压与偏压试验，考察了废弃混凝土混合比、钢管壁厚、荷载偏心距等因素对试件受压性能的影响。结果表明：25% 和 40% 取代率试件的受压承载力分别比全现浇试件降低 9.71% 和 15.63%。吴波等（2010）通过 15 根薄壁方钢管再生混合柱低周反复荷载试验，研究了废弃混凝土取代率、钢管壁厚、轴压比等参数对试件抗震性能的影响，结果表明：当取代率为 0～40%时，其对试件的初始抗侧刚度、钢管局部屈曲、破坏位移、负刚度段行为、等效黏滞阻尼系数、滞回曲线形状影响有限，但再生混合柱的水平承载力总体上比全现浇柱有所降低，轴压比为 0.4 的再生混合柱的破坏位移角可达 1/35，满足我国现行抗震规范的层间位移限值要求。

王玉银等（2011）进行了 12 个钢管再生混凝土和 12 个配置螺旋箍筋的钢筋

再生混凝土轴压短柱试验，在用钢量相同的情况下，对比分析了二者轴压力学性能的差异；分析了核心再生混凝土强度及再生粗骨料取代率等主要试验参数对钢管再生混凝土与钢筋再生混凝土轴压短柱力学性能的影响。结果表明：与用钢量相同的钢筋再生混凝土试件相比，钢管再生混凝土试件表现出较好的力学性能，再生粗骨料取代率对钢管混凝土短柱极限荷载的影响幅度相对钢筋再生混凝土短柱较小，核心再生混凝土强度对轴压短柱力学性能的影响规律与相应的钢管普通混凝土短柱和钢筋普通混凝土短柱均类似。

杨有福和马国梁（2013）进行 12 个不锈钢管再生混凝土试件和 2 个不锈钢管普通混凝土对比试件的试验研究，考察截面类型和再生骨料取代率对不锈钢管再生混凝土破坏形态、荷载-变形关系和受弯承载力的影响。结果表明：不锈钢管再生混凝土的弯曲性能与相应不锈钢管普通混凝土类似，随着再生骨料取代率的增大，试件的受弯承载力有降低的趋势。

李丽娟对 21 根 FRP 管-再生混凝土-钢管组合柱进行单调轴压试验，研究了不同再生骨料取代率及不同 FRP 管厚度对这种组合结构的轴压性能的影响。结果表明：FRP 管-再生混凝土-钢管组合柱相比于填充普通骨料的双管柱承载力有所下降，但延性却有明显提高。

1.2.5 型钢再生混凝土组合结构

薛建阳等（2014a）进行了 4 个不同取代率型钢再生混凝土框架中节点试件低周反复加载试验，揭示了其受力破坏机理。结果表明：型钢再生混凝土框架中节点的荷载-位移滞回曲线饱满，位移延性系数为 3.95～4.88；弹塑性极限位移角为 1/26～1/19；破坏时节点的等效黏滞阻尼系数为 0.322～0.335；随着再生粗骨料取代率的增加，型钢再生混凝土框架中节点的抗剪承载力和耗能能力有所降低，延性减小。薛建阳等（2014b）又通过 4 榀 1/2.5 比例单层单跨再生混凝土空心砌块填充墙-型钢再生混凝土框架结构的抗震性能试验，研究了填充墙砌块强度、轴压比及墙体拉筋间距等对该结构抗震性能的影响。结果表明：再生混凝土空心砌块填充墙-型钢再生混凝土框架结构中墙体部分先于框架部分破坏，且框架的破坏机制符合"梁铰机制"，滞回曲线较为饱满，耗能能力良好，具有较强的抗倒塌能力。根据板的弹塑性稳定理论，对型钢再生混凝土柱最小保护层厚度进行了理论推导，建立了其保护层厚度的计算方法。刘祖强等（2015）通过 7 个试件进行低周反复加载试验，获得了试件的承载力和弯矩-转角滞回曲线，分析了再生粗骨料取代率、轴压比和体积配箍率对试件正截面承载力的影响，提出了正截面极限承载力计算方法。

综上分析可知，国内外学者对再生混凝土材料本身的物理性能、力学性能和耐久性能研究较多，对钢筋再生混凝土、钢管再生混凝土、型钢再生混凝土组合构件也有一定的研究。研究结果表明：取代率的变化对再生混凝土及钢筋再生混凝土构件、钢管再生混凝土及型钢再生混凝土组合构件的力学性能均产生一定影响，但影响范围不是很大（在可控范围内），通过合理配制和科学生产的再生混凝土能满足普通混凝土性能的要求，将其应用于工程结构中是可行的。

为了更好地指导再生混凝土的工程应用，国内有关部门编写了国家标准及多部行业与地方规程，如发布的国家标准《混凝土和砂浆用再生细骨料》（GB/T 25176—2010）、《混凝土用再生粗骨料》（GB/T 25177—2010），住房和城乡建设部发布的《再生骨料应用技术规程》（JGJ/T 240—2011），以及上海市建设工程规程《再生混凝土应用技术规程》（DG/TJ 08-2018—2007）、北京市质量监督局发布的《再生混凝土结构设计规程》（DB11/T 803—2011）等。随着有关标准的出台及国家有关部门的高度重视，北京、上海、广州、西安、邯郸等城市也相继出现了一些专门生产再生骨料的企业和再生混凝土搅拌站，由此可见，再生混凝土结构有望在我国得到广泛应用。

本书主要内容包括：对不同服役年限（服役期满、服役期中和新建建筑）的废弃混凝土再生利用技术进行了较为深入、系统的研究，即研究了卵石类和碎石类原生混凝土的再生混凝土有关性能，揭示了其在单轴受力和多轴受力状态下的破坏机理并建立其强度指标之间的换算关系；同时，对再生细骨料生产空心砌块、透水砖和水泥砂浆的相关技术进行了探讨；深入研究了钢筋再生混凝土板、梁、柱等常规构件，以及型钢再生混凝土梁、型钢再生混凝土柱、圆钢管再生混凝土柱、方钢管再生混凝土柱等组合构件的力学性能，并提出了相应的承载力计算公式。希望本书能为再生混凝上的进一步研究和推广提供参考。

1.3　本　章　小　结

本章主要简述了建筑垃圾资源化再生利用的意义，国内外学者对再生混凝土材料、钢筋再生混凝土结构、钢管再生混凝土及型钢再生混凝土组合结构等方面的研究和发展现状，并对本书的主要内容进行简要概括。

第 2 章 再生混凝土的力学性能

2.1 新建建筑垃圾再生混凝土的力学性能

2.1.1 再生粗骨料的物理性能

本节以某建筑工程检测中心完成的送检混凝土试块为再生骨料来源,选取强度等级为 C30 的卵石类和碎石类原生混凝土,采用颚式破碎机破碎,经过筛分和清洗,得到再生碎石粗骨料和再生卵石粗骨料。

天然粗骨料分别选用碎石和卵石两类。为便于研究,再生粗骨料和天然粗骨料采用相同条件进行筛分和清洗,选取粒径为 5~20mm、连续级配的骨料。天然粗骨料及再生粗骨料如图 2.1 所示。

  (a) 天然碎石   (b) 天然卵石   (c) 再生碎石   (d) 再生卵石

图 2.1 天然粗骨料及再生粗骨料

其他原材料还包括 42.5R 普通硅酸盐水泥、天然河砂和城市自来水。

按照国家有关标准规定的试验方法,测试天然及再生粗骨料的物理性能指标,具体见表 2.1。

表 2.1 天然及再生粗骨料物理性能指标

粗骨料类型	粒径/mm	含水率/%	吸水率/%	表观密度/(kg/m³)	堆积密度/(kg/m³)
天然碎石	5~20	0.01	0.05	2722	1435
再生碎石	5~20	1.82	3.16	2655	1270
天然卵石	5~20	0.01	1.51	2685	1540
再生卵石	5~20	1.69	3.54	2640	1203

由表 2.1 可知,与天然粗骨料相比,再生粗骨料的含水率和吸水率均明显增大,但表观密度和堆积密度却有所降低,其中与天然碎石相比,再生碎石的吸水率提高了 3.11%;与天然卵石相比,再生卵石的吸水率提高了 2.03%,显然再生碎石吸水率提高的程度更大。与天然碎石相比,再生碎石的表观密度减小了 3%,

堆积密度减小了 12%；与天然卵石相比，再生卵石的表观密度减小了 2%，堆积密度减小了 22%。

再生粗骨料表面黏附着水泥基，其含量（质量比）可根据再生粗骨料表观密度和天然粗骨料表观密度计算而得，即

$$X = \frac{\rho_N - \rho_R}{\rho_N - \rho_M} \times 100\% \qquad (2.1)$$

式中，X 为再生粗骨料表面附着的水泥基含量；ρ_N 为天然粗骨料的表观密度；ρ_R 为再生粗骨料的表观密度；ρ_M 为水泥基体的表观密度，参照有关研究结果取 1500 kg/m³。

经计算，再生碎石表面黏附的水泥基含量为 5.5%，再生卵石表面黏附的水泥基含量为 3.8%，再生碎石的水泥基含量比再生卵石的要大，这可能是碎石表面棱角更多的缘故。

2.1.2 试件设计及试验加载

分别以再生碎石和再生卵石为粗骨料，配制再生混凝土，考虑 11 种再生粗骨料取代率情况，从 0～100%递增，中间级差为 10%。制备尺寸为 150mm×150mm×150mm 的立方体、150mm×150mm×300mm 及 150mm×150mm×550mm 的棱柱体试件各 22 组（其中再生碎石和再生卵石各 11 组），每组 3 个试件，一共 198 个。混凝土配合比设计以取代率为 0（对应于天然骨料混凝土）为基准，各组试件的配合比中，保持水泥、砂、粗骨料的总质量不变，当取代率增大时，增加再生粗骨料质量；相应减少天然粗骨料质量，并且考虑到再生粗骨料吸水率的增加，随着取代率的增大，相应地增加附加用水。再生碎石混凝土和再生卵石混凝土的配合比具体见表 2.2 和表 2.3。

表 2.2 再生碎石混凝土的配合比

试件编号	取代率/%	水灰比	砂率/%	各种材料用量/（kg/m³）				
				水泥	自来水	砂	天然粗骨料	再生粗骨料
RGAC-0	0	0.49	34	398	195.0	614	1193	0
RGAC-10	10	0.49	34	398	196.6	614	1074	119
RGAC-20	20	0.49	34	398	198.2	614	954	239
RGAC-30	30	0.49	34	398	199.8	614	835	358
RGAC-40	40	0.49	34	398	201.4	614	716	477
RGAC-50	50	0.49	34	398	203.0	614	597	597
RGAC-60	60	0.49	34	398	204.6	614	477	716
RGAC-70	70	0.49	34	398	206.2	614	358	835
RGAC-80	80	0.49	34	398	207.8	614	239	954
RGAC-90	90	0.49	34	398	209.4	614	119	1074
RGAC-100	100	0.49	34	398	211.0	614	0	1193

表 2.3　再生卵石混凝土的配合比

试件编号	取代率/%	水灰比	砂率/%	各种材料用量/（kg/m³）				
				水泥	水	砂	天然粗骨料	再生粗骨料
RPAC-0	0	0.47	32	404	208.4	614	1228	0
RPAC-10	10	0.47	32	404	208.9	614	1105	123
RPAC-20	20	0.47	32	404	209.3	614	982	245
RPAC-30	30	0.47	32	404	209.7	614	860	368
RPAC-40	40	0.47	32	404	210.1	614	737	491
RPAC-50	50	0.47	32	404	210.6	614	614	614
RPAC-60	60	0.47	32	404	211.0	614	491	737
RPAC-70	70	0.47	32	404	211.4	614	368	860
RPAC-80	80	0.47	32	404	211.8	614	245	982
RPAC-90	90	0.47	32	404	212.3	614	123	1105
RPAC-100	100	0.47	32	404	212.7	614	0	1228

　　试件在标准条件下养护 28d 后，按照《普通混凝土力学性能试验方法标准》（GB/T 50081—2002）进行试验。立方体（150mm×150mm×150mm）和棱柱体（150mm×150mm×300mm）抗压强度试验在中国科学院武汉岩土力学研究所和 SIMENS 公司联合研发的 RMT-201 试验机上进行，如图 2.2 所示。采用位移控制的加载制度，加载速率为 0.01mm/s，通过该装置的采集系统，获取试件的荷载-位移全过程曲线。对于泊松比，通过在棱柱体试件粘贴的横向和纵向应变片获取，弹性模量加载示意图如图 2.3 所示。抗折强度试验采用尺寸为 150mm×150mm×550mm 的棱柱体试件，在抗折试验机上进行，加载示意图如图 2.4 所示。

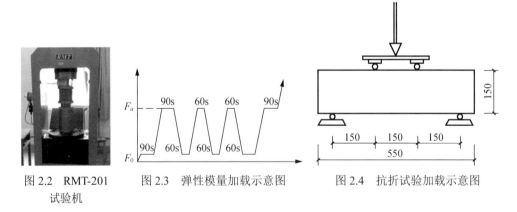

图 2.2　RMT-201 试验机　　　图 2.3　弹性模量加载示意图　　　图 2.4　抗折试验加载示意图

2.1.3　试件受力破坏形态及应力-应变曲线

　　再生混凝土的破坏过程与普通混凝土相似。对于立方体试件，首先在试件侧面竖向开裂。此后，随着应力的增大，裂缝斜向延伸，形成 45°左右的 X 形裂缝，混凝土逐渐剥落，形成正倒相连的棱锥体，试件破坏。对于棱柱体试件，在接近峰值应力时，出现少量竖向微裂缝，达到峰值应力后，随着应变继续增大，微裂缝持续发展、连通，形成斜裂缝，最终裂缝贯穿试件全截面，试件破坏。再生混凝土试件破坏形态如图 2.5 所示。通过对试件破坏断面的细致观察发现，除少量针片状的粗骨料被裂缝贯穿外，裂缝主要出现在粗骨料与水泥砂浆基体的界面及水泥砂浆基体内部。

　　　　（a）立方体试件　　　　　　　　　　　　　　　　（b）棱柱体试件

图 2.5　试件破坏形态

通过试验实测的荷载-位移数据，由下式可得到试件的应力-应变全过程曲线：

$$\sigma = N/A; \quad \varepsilon = \Delta l/l \tag{2.2}$$

式中，N 为试件的轴向压力；A 为试件的全截面面积；Δl 为试件受力过程中的压缩位移；l 为试件的总高度。

图 2.6 所示为再生混凝土的应力-应变曲线。由图 2.6 可知，不同取代率下再生混凝土的应力-应变曲线形状类似于天然混凝土，均经历了弹性阶段、弹塑性阶段、峰值点、下降段和收敛段的发展过程，但其峰值应变较天然混凝土大。将各取代率下 3 组试件数据取平均值作为代表曲线，并采用无量纲坐标表示（即以 $\varepsilon/\varepsilon_c$ 作为横坐标，以 σ/σ_c 作为纵坐标），再生混凝土无量纲的应力-应变曲线如图 2.7 所示。由图 2.7 可知，再生混凝土在曲线的上升段与天然混凝土基本一致，但下降段变得陡峭，并且从均值曲线可发现再生碎石混凝土比再生卵石混凝土的下降段更为陡峭，表明其脆性更大。

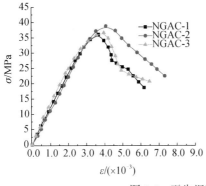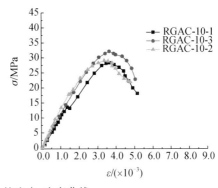

图 2.6　再生混凝土的应力-应变曲线

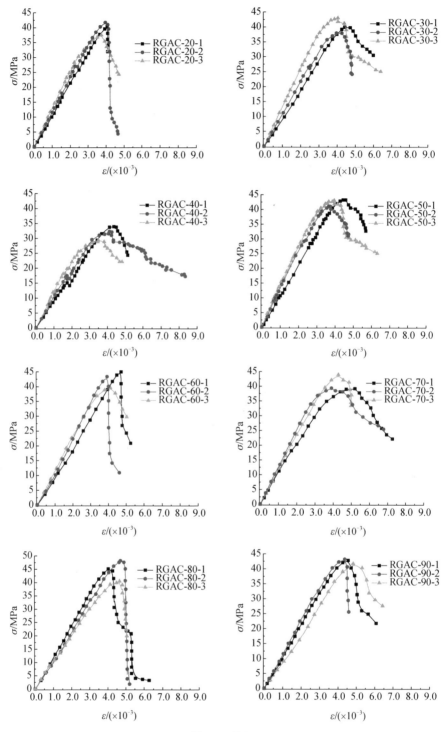

图 2.6（续）

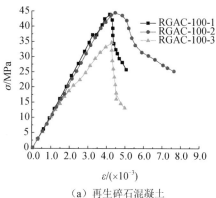

（a）再生碎石混凝土

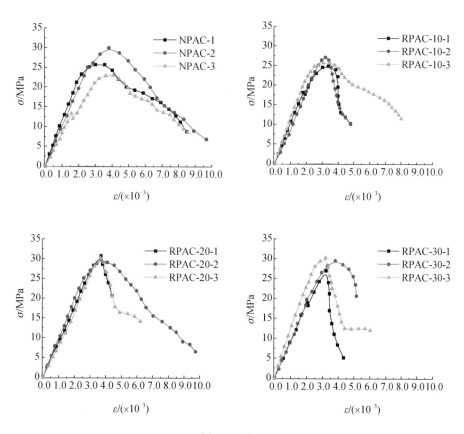

图 2.6（续）

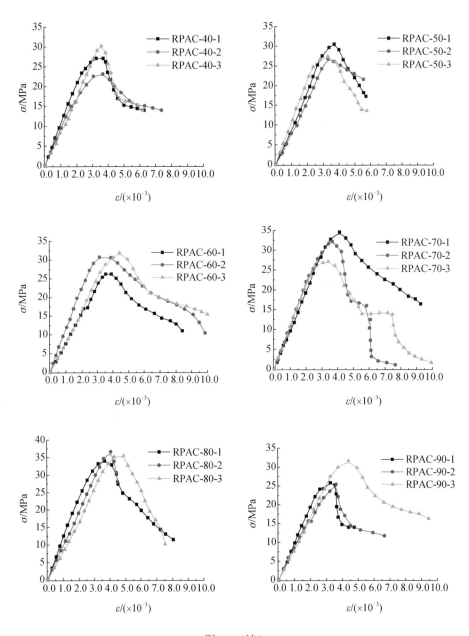

图 2.6（续）

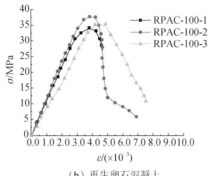

（b）再生卵石混凝土

图 2.6（续）

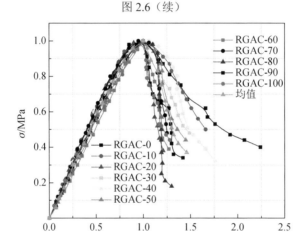

（a）再生碎石混凝土

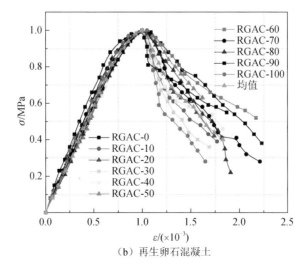

（b）再生卵石混凝土

图 2.7　再生混凝土无量纲化的应力-应变曲线

取每组试验 3 个试件的平均值作为代表值，实测再生混凝土立方体、棱柱体的抗压强度、抗折强度、弹性模量和泊松比，其力学性能指标见表 2.4。

表 2.4　再生混凝土力学性能指标

取代率/%	立方体抗压强度/MPa		棱柱体抗压强度/MPa		抗折强度/MPa		弹性模量/MPa		泊松比	
	碎石类	卵石类	碎石类	卵石类	碎石类	卵石类	碎石类	卵石类	碎石类	卵石类
0	41.71	29.88	37.01	26.82	4.30	5.20	46395	44391	0.21	0.22
10	37.50	27.95	29.66	25.80	4.31	4.87	44655	39334	0.21	0.22
20	43.48	29.72	39.54	28.86	4.20	5.52	39740	39357	0.21	0.22
30	42.03	34.86	38.33	28.59	3.96	5.80	38526	39589	0.22	0.23
40	44.01	32.60	33.82	27.08	4.80	5.85	38289	36498	0.21	0.22
50	42.40	29.84	42.20	29.09	5.11	5.48	39502	41004	0.21	0.22
60	42.33	32.39	42.33	30.68	4.31	5.54	40873	35767	0.21	0.22
70	43.94	37.02	40.70	32.67	5.19	6.29	40433	36459	0.21	0.22
80	50.50	40.11	44.31	35.22	6.28	6.39	40782	38238	0.21	0.22
90	43.73	31.85	42.32	26.00	4.27	5.11	41269	34184	0.22	0.23
100	44.26	41.16	43.57	35.27	5.07	6.30	40796	36330	0.21	0.22

2.1.4　损伤过程分析

引入损伤变量 D 反映再生混凝土的损伤演变过程，当 $D=0$ 时，代表再生混凝土保持完好；当 $D=1$ 时，表示再生混凝土发生破坏。根据应变等效假设，通过损伤前后再生混凝土变形模量的变化来定义损伤度，即

$$D = 1 - \frac{E^*}{E_0} \tag{2.3}$$

式中，E_0 为材料初始变形模量，即弹性模量；E^* 为材料损伤后的变形模量。

再生混凝土的损伤演变过程：当应变 ε 在 1×10^{-3} 以前时，再生混凝土几乎没有损伤，D 值接近于零；当 ε 为 $1\times10^{-3}\sim3\times10^{-3}$ 时，再生混凝土损伤开始，但发展较慢；当 ε 为 $3\times10^{-3}\sim5\times10^{-3}$ 时，损伤迅速增加，这期间在宏观上主要表现为不稳定裂缝出现；当 ε 大于 6×10^{-3} 时，D 值大于 0.7，混凝土开始破坏。对比再生碎石和再生卵石混凝土的损伤过程发现，当 ε 小于 3×10^{-3} 时，再生碎石混凝土较再生卵石混凝土损伤大，较早进入破坏状态。

2.1.5　变形性能及耗能能力

本节引入延性系数 μ 来表征再生混凝土的变形性能，即

$$\mu = \frac{\varepsilon_u}{\varepsilon_y} \tag{2.4}$$

式中，ε_u 为破坏应变值，取峰值应力下降到 85%时对应点的应变值；ε_y 为假定的屈服应变值，其取值参照"通用屈服弯矩法"确定，如图 2.8 所示。

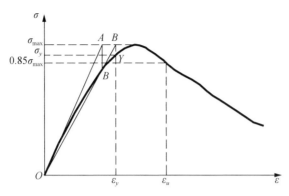

图 2.8 屈服应变计算示意图

不同取代率下不同骨料类型再生混凝土的延性系数见表 2.5。

表 2.5 不同取代率下不同骨料类型再生混凝土的延性系数

取代率	0	10%	20%	30%	40%	50%	60%	70%	80%	90%	100%	均值
再生碎石混凝土	1.51	1.5	1.15	1.22	1.48	1.35	1.07	1.35	1.17	1.1	1.07	1.27
再生卵石混凝土	1.64	1.39	1.18	1.16	1.3	1.31	1.5	1.35	1.36	1.14	1.25	1.33

为研究再生混凝土受力破坏过程的能量耗散能力，引入耗能系数β来表征。

$$\beta = \frac{S_{O12C}}{S_{OABC}} \tag{2.5}$$

式中，S_{O12C} 为峰值应力下降到 85%时对应点的应力-应变曲线所包围阴影部分的面积；S_{OABC} 为过峰值点和极限应变点的矩形所包围的面积，耗能系数计算示意图如图 2.9 所示。

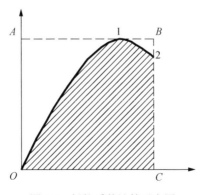

图 2.9 耗能系数计算示意图

不同取代率下不同骨料类型再生混凝土的耗能系数见表 2.6。

表 2.6　不同取代率下不同骨料类型再生混凝土的耗能系数

取代率	0	10%	20%	30%	40%	50%	60%	70%	80%	90%	100%	均值
再生碎石混凝土	0.67	0.67	0.57	0.60	0.64	0.63	0.55	0.64	0.58	0.55	0.54	0.60
再生卵石混凝土	0.69	0.65	0.58	0.58	0.62	0.62	0.66	0.64	0.63	0.58	0.70	0.63

2.1.6　取代率及骨料种类对力学性能的影响

图 2.10 所示为不同取代率下再生混凝土的力学性能指标对比。

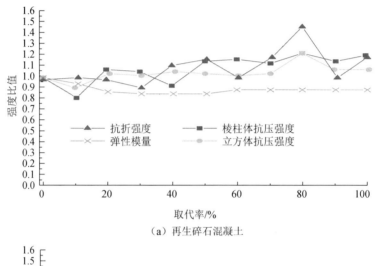

（a）再生碎石混凝土

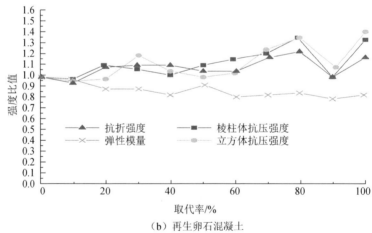

（b）再生卵石混凝土

图 2.10　不同取代率下再生混凝土的力学性能指标对比

由图 2.10（a）可知，随着取代率的增加，再生碎石混凝土的立方体抗压强度与棱柱体抗压强度、抗折强度，总体上呈现波动式变化，在取代率为 10% 时，其强度指标小于天然混凝土，取代率为 20%～70% 时，强度比值较为恒定，取代率在 80%以后强度值变化较大；弹性模量则是在取代率为 20%以前，呈下降趋势，超过 30%以后，基本保持恒定。

由图 2.10（b）可知，随着取代率的增加，再生卵石混凝土的立方体抗压强度与棱柱体抗压强度、抗折强度，呈现不同阶段的变化特点。当取代率为 10%时，其强度指标略小于天然混凝土（约 5%）；当取代率为 20%～70%时，强度比值保持一个较为恒定的数值；取代率在 80%以后强度值变化较大；特别是当取代率为 90%时，强度指标显著下降。弹性模量则是随取代率的增加，呈逐渐下降的趋势，下降的最大幅度达到 20%。

从机理方面看，出现上述强度波动现象的两个方要原因如下：一方面，再生骨料与天然骨料相比，其吸水率较大，随着取代率的增加，再生骨料会在混凝土搅拌过程中，吸收掉更多的水，导致其实际水胶比变大，引起混凝土强度的提高；另一方面，再生骨料表面黏附的水泥基会降低新拌混凝土的黏结强度，以及再生骨料破坏过程中，内部存在微裂纹，这成为再生利用后混凝土的薄弱环节，会降低混凝土的强度，是不利的一面。两方面同时存在，当有利大于不利时，强度会提高，反之则降低，但总体上变化不大，上下波动范围均在 20%以内。

再生混凝土的弹性模量随着取代率的增加而降低，这主要是再生骨料黏附水泥基，导致其再生利用的混凝土水泥胶凝体的比例增大，而混凝土的弹性模量在很大程度上取决于其内部水泥胶凝体。

综合上述各指标，当取代率为 20%～70%时，再生混凝土的力学性能较好，波动不大，建议工程应用时，在此合理范围采用。

图 2.11 所示为不同骨料种类再生混凝土的延性系数和耗能系数对比。由图 2.11 可知，从变形延性和能量耗散能力看，再生卵石混凝土的性能总体上优于再生碎石混凝土。这可能是由于再生碎石较再生卵石表面黏附更多的水泥基，其损伤更快所致。

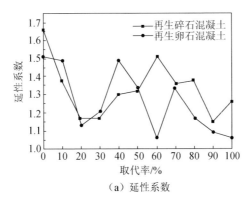

（a）延性系数

图 2.11　不同骨料种类再生混凝土的延性系数和耗能系数对比

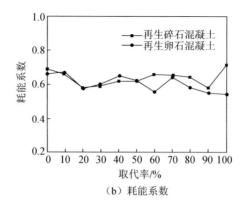

（b）耗能系数

图2.11（续）

2.1.7 强度指标之间的换算

根据试验结果进行数值分析，提出了各取代率下再生骨料混凝土的棱柱体抗压强度与立方体抗压强度之间的换算公式为

$$f_c = (aR^2 + bR + c) \times 0.89 f_{cu} \qquad (2.6)$$

式中，R 为再生粗骨料取代率，a、b、c 为参数（对于再生碎石混凝土，a=2.2721，b=0.0010，c=0.9620；对于再生卵石混凝土，a=-1.3260，b=0.0008，c=1.0069）。

抗折强度与立方体抗压强度之间具有以下换算公式：

$$f_c = (aR^2 + bR + c) \times 0.4 f_{cu}^{0.75} \qquad (2.7)$$

式中，对于再生碎石混凝土，a=-7.7975，b=0.0018，c=0.6364；对于再生卵石混凝土，a=-2.9533，b=0.0024，c=1.0077。

采用上述公式的试验值与计算值对比见表2.7和表2.8。由表2.7和表2.8可见，试验值与计算值吻合较好。

表2.7　再生混凝土抗压强度的试验值与计算值对比

	取代率/%	0	10	20	30	40	50	60	70	80	90	100
碎石类	试验值/MPa	37.01	29.66	39.54	38.33	33.82	42.2	42.33	40.7	44.31	42.32	43.57
	计算值/MPa	35.71	32.46	38.06	37.22	39.44	38.46	38.88	40.88	47.60	41.77	42.85
	计算/试验	1.04	0.91	1.04	1.03	0.86	1.10	1.09	1.00	0.93	1.01	1.02
卵石类	试验值/MPa	26.82	25.80	28.86	28.59	27.08	29.09	30.68	32.67	35.22	26.00	35.27
	计算值/MPa	26.78	25.21	26.91	31.60	29.51	26.90	28.11	32.85	35.16	27.50	34.91
	计算/试验	1.00	0.98	0.93	1.11	1.09	0.92	0.92	1.01	1.00	1.06	0.99

注：碎石类再生混凝土计算值与试验值之比的均值 μ=1.0035，方差 D=0.0060，变异系数 C_v=0.0774；卵石类的 μ=0.9996，D=0.0040，C_v=0.0636。

表 2.8　再生混凝土抗折强度的试验值与计算值对比

取代率/%		0	10	20	30	40	50	60	70	80	90	100
碎石类	试验值/MPa	4.30	4.31	4.20	3.96	4.80	5.11	4.31	5.19	6.28	4.27	5.07
	计算值/MPa	4.18	3.96	4.53	4.51	4.75	4.69	4.75	4.93	5.52	4.99	5.05
	计算/试验	1.03	1.09	0.93	0.88	1.01	1.09	0.91	1.05	1.14	0.86	1.00
卵石类	试验值/MPa	5.20	4.87	5.52	5.80	5.85	5.48	5.54	6.29	6.39	5.11	6.30
	计算值/MPa	5.15	5.00	5.32	6.05	5.77	5.39	5.55	6.20	6.45	5.29	6.20
	计算/试验	0.99	1.03	0.96	1.04	0.99	0.98	1.00	0.99	1.01	1.04	0.98

注：碎石类再生混凝土计算值与试验值之比的均值 μ =1.0101，方差 D=0.0095，变异系数 C_v =0.0963；卵石类的 μ =1.0009，D=0.0006，C_v =0.0249。

2.1.8　应力-应变本构关系

国内外学者对混凝土材料的本构方程的表达式主要有两类。

一类是根据应力-应变曲线的上升段和下降段，提出分段式本构方程，即

$$y = \begin{cases} ax + (3-2a)x^2 + (a-2)x^3, & 0 \leqslant x \leqslant 1 \\ \dfrac{x}{b(x-1)^2 + x}, & x \geqslant 1 \end{cases} \quad (2.8)$$

式中，a、b 分别为曲线上升段和下降段的参数值。

通过对试验数据拟合可知，对于再生碎石混凝土，$a = 0.72$，$b=12.43$；对于再生卵石混凝土，$a=0.82$，$b=4.58$，再生混凝土的本构关系如图 2.12 所示。

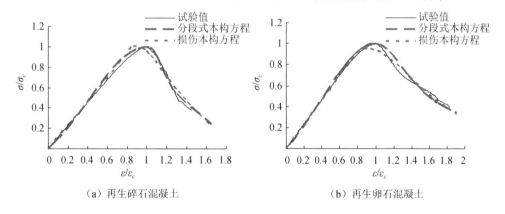

（a）再生碎石混凝土　　　　　　　　　（b）再生卵石混凝土

图 2.12　再生混凝土的本构关系

另一类则参照损伤力学理论，引入损伤场变量 D 来描述再生混凝土的损伤过程，如式（2.3）所示。

针对混凝土材料加载过程中存在不可逆的变形，根据塑性增量理论，混凝土的应变 ε 包含可逆的 ε_e 和不可逆的 ε_p 两部分，即

$$\varepsilon = \varepsilon_e + \varepsilon_p \tag{2.9}$$

式中，

$$\varepsilon_e = \frac{\sigma^*}{1-D} = \frac{\sigma}{(1-D)E_0} \tag{2.10}$$

得

$$\sigma = (1-D)E_0 \varepsilon_p \tag{2.11}$$

因此

$$\sigma = (1-D)E_0(\varepsilon - \varepsilon_p) \tag{2.12}$$

根据热力学第二定律及应变等效性假设，有

$$\sigma = \sigma^W - \sigma^S \tag{2.13}$$

$$\sigma^W = \begin{cases} E_0\varepsilon, & \varepsilon \leqslant \dfrac{f_c}{E_0} \\[3mm] f_c, & \varepsilon > \dfrac{f_c}{E_0} \end{cases} \tag{2.14}$$

因此，

$$\varepsilon_p = \varepsilon - \frac{\sigma^W}{E_0} = \begin{cases} 0, & \varepsilon \leqslant \dfrac{f_c}{E_0} \\[3mm] \varepsilon - \dfrac{f_c}{E_0}, & \varepsilon > \dfrac{f_c}{E_0} \end{cases} \tag{2.15}$$

$$E^* = \frac{\sigma}{\varepsilon_e} = \frac{\sigma}{\varepsilon - \varepsilon_p} = \frac{\sigma}{\sigma^W}E_0 = \begin{cases} E_0, & \varepsilon \leqslant \dfrac{f_c}{E_0} \\[3mm] \dfrac{\sigma}{f_c}E_0, & \varepsilon > \dfrac{f_c}{E_0} \end{cases} \tag{2.16}$$

式中，σ^W 为不计损伤的应力；σ^S 为损伤造成的应力降低；f_c 为峰值应力。

根据 Weibull 统计理论，可得损伤演化方程

$$\frac{\varepsilon_p}{\varepsilon_c} = a + b\left(\frac{\varepsilon}{\varepsilon_c}\right) \tag{2.17}$$

$$D = 1 - \frac{E^*}{E_0} = 1 - 10\exp\left[-\frac{\left(\dfrac{\varepsilon}{\varepsilon_c} - \gamma\right)^m}{\alpha}\right] \tag{2.18}$$

式中，ε_c 为峰值应变；γ 为损伤阈值，取弹性极限应变；a、b、m、α 分别为方程参数。

将式（2.17）和式（2.18）代入式（2.12），可得

$$\frac{\sigma}{\sigma_c} = (1-D)\left[-a + (1-b)\frac{\varepsilon}{\varepsilon_c}\right] \tag{2.19}$$

简化后，再生混凝土弹塑性损伤本构方程即为

$$y = (1-D)\big[-a+(1-b)x\big] \tag{2.20}$$

采用式（2.20）的本构方程分别对两类再生混凝土应力-应变均值曲线进行拟合。

再生碎石类混凝土：$a=-0.08$，$b=0.87$，$\alpha=0.28$，$m=-0.48$。

再生卵石类混凝土：$a=-0.07$，$b=0.85$，$\alpha=0.44$，$m=-0.17$。

2.2　服役期满建筑垃圾再生混凝土的力学性能

鉴于对服役期满（50 年）建筑垃圾资源化再生利用的再生混凝土相关性能研究国内外文献尚不多见的研究现状，本章节对此开展研究，即利用服役期满后的废弃混凝土为再生粗骨料来源，设计了两批 11 组标准棱柱体试件（150mm×150mm×300mm）及 11 组尺寸为 150mm×150mm×550mm 的棱柱体试件，共 99 个。研究的变化参数是再生粗骨料取代率（取代率均在 0～100%范围内变化，中间级差为 10%），通过试验揭示其内在特性，并获取各强度参数，建立应力-应变本构方程，以期为再生混凝土的继续深入研究和工程应用提供参考。

2.2.1　再生粗骨料来源及试验材料

试验材料包括 32.5R 普通硅酸盐水泥、天然河砂、城市自来水、天然和再生两种粗骨料。天然粗骨料为连续级配的碎石，最大粒径为 20mm。再生粗骨料来源于南方电网已服役期满的废弃混凝土电杆，经破碎和筛分而得，该废弃混凝土电杆的原设计强度为 C30，并且在破碎前对该批混凝土电杆进行回弹法测试，实测强度为 31MPa；再生粗骨料的最大粒径为 20mm，并且在试验前，采用同一筛网对再生粗骨料和天然粗骨料进行筛分，均为连续级配。

2.2.2　试件设计

设计了两批标准棱柱体试件（其中第一批用于标准龄期试验，第二批为长龄期试验所用）及另一批尺寸为 150mm×150mm×550mm 棱柱体试件，均为再生骨料取代率为 0～100%的再生混凝土，中间级差为 10%，每种取代率下的试件 3 个，共 99 个试件。混凝土的强度配制，以取代率 0 为基准，试配强度为 C30，水灰比为 0.41，细骨料砂率为 32%。各种不同骨料取代率的再生混凝土严格保持水泥、自来水、砂完全相同，粗骨料的总质量也一致，唯一改变的是粗骨料的组成成分（即再生粗骨料增加时，天然粗骨料相应减少，且每立方米粗骨料的总质量为 1129kg）。

2.2.3 试件的破坏过程及应力-应变曲线

在加载初期,试件无肉眼可见的裂缝,当接近峰值荷载时,试件中部出现第一条或几条相互平行的纵向裂缝。在荷载达到峰值后,部分试件的裂缝发展较为迅速,并伴随着突然破坏而丧失承载力,此时试验机无法采集下降段数据;而其余部分试件的裂缝发展相对缓慢,随着轴向位移的增大,裂缝逐渐增大增宽,最后将试件劈裂成几个小柱体,同时荷载缓慢降低。从破坏过程和破坏形态看出,再生骨料混凝土与天然骨料混凝土相比较并无明显差异。试件的破坏形态如图 2.13 所示。

图 2.13　试件的破坏形态

通过试验实测的荷载-位移数据,利用式（2.2）进行转化得到试件受力过程中的应力-应变全过程曲线,如图 2.14 所示。

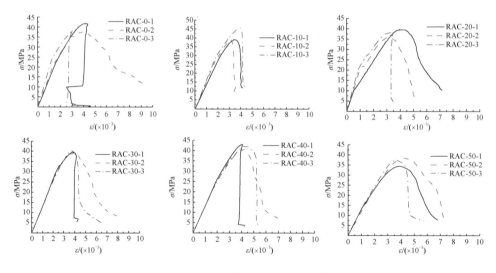

图 2.14　试件的应力-应变全过程曲线

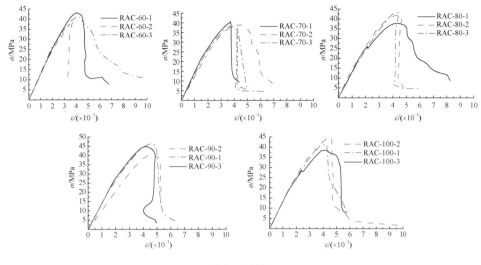

图 2.14（续）

由图 2.14 可知，即使是试验材料和试验条件完全相同的 3 个混凝土试块，试验结果之间还是存在一定的离散性，但总体上也反映了试件受力变化的全过程特性。

根据各组试件的应力–应变曲线可以得到各自的峰值应力和峰值应变，为了便于分析比较，每组取代率下数据都取 3 个试件的平均值，即再生混凝土试件的峰值应力和峰值应变，见表 2.9。

表 2.9　再生混凝土试件的峰值应力和峰值应变

试件编号	RAC-0	RAC-10	RAC-20	RAC-30	RAC-40	RAC-50
峰值应力/MPa	39.33	41.35	38.03	39.75	42.06	36.77
峰值应变/($\times 10^{-3}$)	3.72	3.52	3.45	3.87	4.18	3.88
试件编号	RAC-60	RAC-70	RAC-80	RAC-90	RAC-100	
峰值应力/MPa	41.3	39.32	41.06	43.83	41.63	
峰值应变/($\times 10^{-3}$)	4.03	3.99	4.26	4.40	4.26	

注：表中 RAC- 后续数值表示再生骨料取代率。

由表 2.9 可知，随着再生粗骨料取代率的增加，再生混凝土的轴心抗压强度与天然骨料混凝土相比，有略为增大之势；在取代率为 20% 和 50% 时，再生混凝土强度略低于天然骨料混凝土的；试件达到峰值应力时对应的峰值应变呈现先减小后增大的变化规律，在取代率为 10% 和 20% 时，再生混凝土的峰值应变稍低于天然骨料混凝土。

对不同骨料取代率的再生混凝土的峰值应力和峰值应变分别与天然骨料混凝土（即 RAC-0）的峰值应力、应变做比较，图 2.15 所示为再生混凝土与天然混凝土的峰值比与取代率的变化。

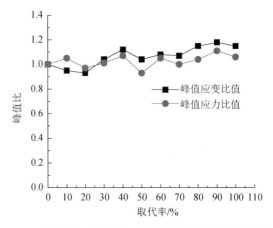

图 2.15　再生混凝土与天然混凝土的峰值比与取代率的变化

由图 2.15 可知，不同粗骨料取代率的再生混凝土的峰值应力与天然骨料混凝土相比变化不大，大致在 10%范围内波动；峰值应变的变化略大于峰值应力，波动范围在 20%之内。随着骨料取代率的增加，在取代率超过 20%以后，峰值应力和峰值应变的比值呈现近似平行的变化关系，但峰值应变比值的波动范围比峰值应力略大。

根据试验实测的应力-应变曲线，在每一组试件中，抽取一个能够捕捉到下降段数据的曲线进行无量纲化分析，横坐标用 $\varepsilon/\varepsilon_c$ 表示（其中 ε_c 为峰值应变），纵坐标用 σ/σ_c 表示（其中 σ_c 为峰值应力）。11 组试件的数据分别取 RAC-0-2、RAC-10-2、RAC-20-2、RAC-30-2、RAC-40-2、RAC-50-1、RAC-60-3、RAC-70-2、RAC-80-3、RAC-90-1、RAC-100-2 对应数值。

不同骨料取代率再生混凝土在峰值应力以前的上升段变化不大，各曲线基本重合，但在过峰值以后的下降段，曲线的离散性较大，并且随着骨料取代率的增加，呈现越来越陡峭的趋势。与天然骨料混凝土（RAC-0）相比，再生混凝土的变化过程相似，均经历了从弹性、弹塑性、峰值点、下降、下降段拐点到残余段的发展历程，在峰值点后的下降段，再生混凝土明显比天然混凝土陡峭，由此而说明再生粗骨料存在较大的损伤缺陷，其内微裂缝的发展较之普通天然骨料的混凝土快，脆性性质更加显著。

2.2.4　应力-应变本构方程

服役期满的建筑垃圾再生混凝土应力-应变全曲线与普通混凝土在整体形状上颇为相似，因此可采用普通混凝土单轴受压本构方程的形式进行拟合，如式（2.8）所示。当上升段的控制参数 $a=1.4$ 时，上升段拟合曲线和试验曲线基本重合；当下降段控制参数 $b=5\sim10$ 时，下降段拟合曲线和试验曲线基本接近，并且当 $b=10$ 时，拟合曲线与试验曲线的均值基本重合，故建议对服役期满建筑垃圾再生混凝土可采用式（2.8）的表达形式进行计算，方程的控制参数可取 $a=1.4$，$b=10$。

2.2.5　长龄期轴心抗压强度

为了研究时间效应对再生混凝土的影响，将第二批标准棱柱体试件静置两年后进行试验。长龄期再生混凝土轴心抗压强度值具体见表 2.10，其中每组取代率下的数据取其 3 个试件的平均值。

表 2.10　长龄期再生混凝土轴心抗压强度值

试件编号	RAC-0	RAC-10	RAC-20	RAC-30	RAC-40	RAC-50
轴心抗压强度/ MPa	46.67	44.27	50.57	46.67	46.71	46.15
试件编号	RAC-60	RAC-70	RAC-80	RAC-90	RAC-100	
轴心抗压强度/ MPa	43.60	49.76	46.03	46.86	50.67	

由表 2.10 对比表 2.9 中轴心抗压强度可知，在各取代率下的再生混凝土，经历过两年养护静置的试件轴心抗压强度均高于标准龄期试件的轴心抗压强度值，其值提高幅度为 5.57%～32.97%，平均提高 16.87%。由此说明随着时间的推移，内部水泥胶体的水化程度不断深入，再生混凝土的强度将有所提高。

2.2.6　抗折强度

表 2.11 为试验实测不同取代率下再生混凝土的抗折强度值。

表 2.11　不同取代率下再生混凝土的抗折强度值

试件编号	取代率/%	试验值（极限荷载）/kN			平均值/kN	抗折强度/MPa
RAC-0	0	40.2	41.0	41.6	40.9	5.50
RAC-10	10	42.8	43.2	43.0	43.0	5.70
RAC-20	20	46.0	44.6	42.4	44.3	5.90
RAC-30	30	46.8	42.6	45.2	44.9	6.00
RAC-40	40	45.2	44.8	46.8	45.6	6.10
RAC-50	50	35.2	36.8	43.2	38.4	5.10
RAC-60	60	48.4	37.8	42.8	43.0	5.70
RAC-70	70	40.0	43.0	41.4	41.5	5.50
RAC-80	80	34.8	45.8	39.0	39.9	5.30
RAC-90	90	39.0	42.0	41.6	40.9	5.40
RAC-100	100	42.0	45.4	45.0	44.1	5.90

由表 2.11 可知，设计强度为 C30 再生混凝土的试验抗折强度为 5.1～6.0MPa，其均值为 5.645MPa。与取代率为 0 的天然骨料混凝土（即 RAC-0）相比，不同骨料取代率再生混凝土的抗折强度总体变化不大，但随着取代率的增加，再生混凝土的抗折强度呈现先提高后减小的趋势。当取代率为 50%、80% 和 90% 时，再生混凝土的抗折强度低于天然骨料的混凝土，其中抗折强度最小的是取代率为 50%的再生混凝土，低于天然骨料混凝土 6.91%；抗折强度最高的是取代率为 40%的再生混凝土，高出天然骨料混凝土 10.55%。再生混凝土抗折强度值其波动范围在 10%左右。

2.2.7 抗折试件的抗压试验结果及抗压强度

经抗折试验后，对每个折成两段的试件进行立方体抗压试验，实测得到不同骨料取代率的立方体抗压强度值见表 2.12，其值取各取代率下 3 个试件的平均值。

表 2.12　抗折试件的立方体抗压强度值

试件编号	取代率/%	试验值（极限荷载）/kN						平均值/kN	强度/MPa
RAC-0	0	1068	952	1050	1004	1000	1050	1020	45.30
RAC-10	10	1040	990	1060	996	1066	1130	1047	46.50
RAC-20	20	970	964	1052	998	1052	1004	1006	44.70
RAC-30	30	1110	1090	942	1100	1108	1024	1062	47.20
RAC-40	40	1024	1008	1040	1000	1034	1220	1054	46.80
RAC-50	50	1020	962	840	980	1044	1024	978	43.40
RAC-60	60	1112	1096	1088	1140	1038	1172	1107	49.20
RAC-70	70	1000	940	1002	872	1048	1164	1004	44.60
RAC-80	80	1058	1080	1144	1124	944	1192	1090	48.40
RAC-90	90	1184	1208	1024	918	1016	1052	1067	47.40
RAC-100	100	1150	1056	1154	978	1090	1120	1091	48.40

将试验实测的同样的试块，对其抗折强度和抗压强度进行比较，得到抗折强度和抗压强度之间有如下关系：随着骨料取代率的增大，抗折强度与抗压强度的比值略有降低之势；再生混凝土的抗折强度 $f_{t,f}$ 与立方体抗压强度 $f_{cu,k}$ 的比值在 0.12 左右变化，其关系式如下：

$$f_{t,f} = 0.12 f_{cu,k} \tag{2.21}$$

2.2.8 泊松比

泊松比是表征再生混凝土横向变形的重要指标，也是结构设计与分析的基本参数之一。通过测试试件稳定阶段的纵向和横向应变，按式 $\nu_t = \varepsilon'/\varepsilon$ 获取泊松比，其中 ε' 为纵向应变，ε 为横向应变，其变化规律如图 2.16 所示。同时，通过试验拟合，得出如下方程式：

$$\nu_t = 0.21 - 0.0003\delta \tag{2.22}$$

式中：δ 为应力值。

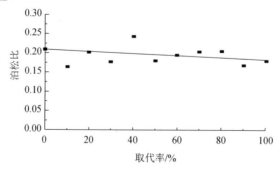

图 2.16　再生混凝土的泊松比

图 2.16 反映了不同取代率下混凝土的平均泊松比的分布情况,由图 2.16 可知,在弹性稳定阶段,再生混凝土与普通混凝土的泊松比相差不大,其值为 0.17~0.24。当取代率相对较高时,其值略有降低,究其原因在于相同水灰比之下,再生粗骨料具有较大的吸水性和相对较多的孔隙,使其实际水灰比减少,同时再生粗骨料存在的初始损伤等缺陷导致其脆性较大。

2.3　三轴受压再生混凝土的力学性能

正如上述再生混凝土的单轴受压力学性能,国内外具有一定的研究成果,但三轴受压再生混凝土的力学性能却很少有人研究。

2.3.1　试验材料

再生粗骨料来源于具代表意义的废弃混凝土,即新建建筑垃圾、服役期满(50年)混凝土和服役期(15 年,因维修而废弃)混凝土,3 类废弃混凝土均属碎石类。经破碎、筛分和清洗后获得,天然碎石与再生粗骨料采用同条件筛分,粒径为 5~20mm,连续级配;细骨料采用中粗河砂,42.5R 普通硅酸盐水泥和城市自来水。以取代率 0(即 RAC-0)为基准,设计了两种强度的再生混凝土(C35 和C50)的配合比,见表 2.13。不同取代率时,仅改变再生粗骨料与天然碎石的比例,总的粗骨料质量不变,其他成分保持不变。

表 2.13　再生混凝土的配合比

强度等级	水灰比	砂率/%	每立方米混凝土材料用量/kg			
			水泥	水	砂	粗骨料
C35	0.41	0.32	500	205	542	1153
C50	0.32	0.38	641	205	590	964

2.3.2　试件设计与制作

以龄期、取代率、围压值、强度等级、再生粗骨料来源为变化参数,设计了68 个直径 D=100mm、高度 H=200mm 的圆柱体试件。时间龄期考虑了 15d 和 30d两种情况,15d 龄期设计了 7 个试件。考虑了 4 种取代率(0、30%、70%、100%),每种取代率设计 9 个试件;考虑了 9 种围压值(在 0~27MPa 发生变化,中间级差 3MPa)。强度等级分为 C35 和 C50 两种。再生粗骨料来源包括新建建筑垃圾、服役期满混凝土和服役期混凝土,各试件的编号及具体设计参数详见表 2.14。

表 2.14 试件的设计参数

试件编号	龄期/d	γ/%	σ_w/MPa	强度等级	骨料来源	试件编号	龄期/d	γ/%	σ_w/MPa	强度等级	骨料来源
RAC-1	15	100	0	C35	新建混凝土	RAC-35	30	100	0	C35	新建混凝土
RAC-2	15	100	3	C35	新建混凝土	RAC-36	30	100	3	C35	新建混凝土
RAC-3	15	100	6	C35	新建混凝土	RAC-37	30	100	6	C35	新建混凝土
RAC-4	15	100	9	C35	新建混凝土	RAC-38	30	100	9	C35	新建混凝土
RAC-5	15	100	12	C35	新建混凝土	RAC-39	30	100	12	C35	新建混凝土
RAC-6	15	100	15	C35	新建混凝土	RAC-40	30	100	15	C35	新建混凝土
RAC-7	15	100	18	C35	新建混凝土	RAC-41	30	100	18	C35	新建混凝土
RAC-8	30	0	0	C35	新建混凝土	RAC-42	30	100	21	C35	新建混凝土
RAC-9	30	0	3	C35	新建混凝土	RAC-43	30	100	24	C35	新建混凝土
RAC-10	30	0	6	C35	新建混凝土	RAC-44	30	100	27	C35	新建混凝土
RAC-11	30	0	9	C35	新建混凝土	RRAC-1	30	100	0	C35	服役期中混凝土
RAC-12	30	0	12	C35	新建混凝土	RRAC-2	30	100	3	C35	服役期中混凝土
RAC-13	30	0	15	C35	新建混凝土	RRAC-3	30	100	6	C35	服役期中混凝土
RAC-14	30	0	18	C35	新建混凝土	RRAC-4	30	100	9	C35	服役期中混凝土
RAC-15	30	0	21	C35	新建混凝土	RRAC-5	30	100	12	C35	服役期中混凝土
RAC-16	30	0	24	C35	新建混凝土	RRAC-6	30	100	15	C35	服役期中混凝土
RAC-17	30	30	0	C35	新建混凝土	GRAC-1	30	0	0	C50	新建混凝土
RAC-18	30	30	3	C35	新建混凝土	GRAC-2	30	0	6	C50	新建混凝土
RAC-19	30	30	6	C35	新建混凝土	GRAC-3	30	0	12	C50	新建混凝土
RAC-20	30	30	9	C35	新建混凝土	GRAC-4	30	30	0	C50	新建混凝土
RAC-21	30	30	12	C35	新建混凝土	GRAC-5	30	30	6	C50	新建混凝土
RAC-22	30	30	15	C35	新建混凝土	GRAC-6	30	30	12	C50	新建混凝土
RAC-23	30	30	18	C35	新建混凝土	GRAC-7	30	70	0	C50	新建混凝土
RAC-24	30	30	21	C35	新建混凝土	GRAC-8	30	70	6	C50	新建混凝土
RAC-25	30	30	24	C35	新建混凝土	GRAC-9	30	70	12	C50	新建混凝土
RAC-26	30	70	0	C35	新建混凝土	GRAC-10	30	100	0	C50	新建混凝土
RAC-27	30	70	3	C35	新建混凝土	GRAC-11	30	100	6	C50	新建混凝土
RAC-28	30	70	6	C35	新建混凝土	GRAC-12	30	100	12	C50	新建混凝土
RAC-29	30	70	9	C35	新建混凝土	PRAC-1	30	100	0	C35	服役期满混凝土
RAC-30	30	70	12	C35	新建混凝土	PRAC-2	30	100	3	C35	服役期满混凝土
RAC-31	30	70	15	C35	新建混凝土	PRAC-3	30	100	6	C35	服役期满混凝土
RAC-32	30	70	18	C35	新建混凝土	PRAC-4	30	100	9	C35	服役期满混凝土
RAC-33	30	70	21	C35	新建混凝土	PRAC-5	30	100	12	C35	服役期满混凝土
RAC-34	30	70	24	C35	新建混凝土	PRAC-6	30	100	15	C35	服役期满混凝土

2.3.3　加载装置及加载制度

采用 RMT-201 试验机进行三轴受压加载，该设备内设精密的传感器、两个液压油泵和三轴压力装置，其中一个液压油泵提供竖向荷载，另一个液压油泵通过一根特制的油管与三轴压力装置连接，提供稳定的围压，试验加载装置示意图及三轴压力室详图如图 2.17（a）所示。

试验采用荷载和位移混合控制的加载制度。首先，按预定设计参数施加侧向围压值，在施加围压过程中，按 1：1 比例同步施加竖向荷载；然后，保持侧向围压值恒定，竖向荷载则采用位移控制的加载制度，其加载速率为 0.01mm/s，直至试件破坏。试验加载装置及受力模型如图 2.17（b）所示。

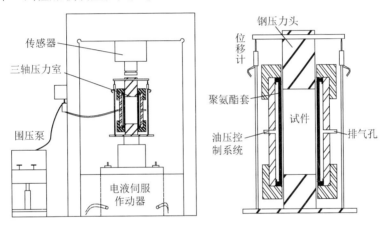

（a）试验加载装置示意图及三轴压力室详图

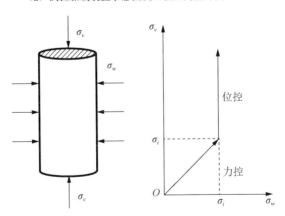

（b）试件受力模型及加载模式

σ_v—垂直方向应力；σ_w—环向（横向）应力

图 2.17　试验加载装置及受力模型

2.3.4 试件受力破坏形态

试验结束后，通过对试件进行细致的观察发现，三轴受压再生混凝土试件的破坏形态主要与侧向围压值有关，而其他变化参数影响不大。

当围压值为0MPa时，破坏时中部出现多条竖向裂缝，并由一条或几条主裂缝贯穿试件两端而破坏，此时试件的破坏形态为纵向劈裂破坏；当围压值为3～9MPa时，试件表现为斜向劈裂破坏，斜向角度约为75°，围压值的继续增大，破坏形态类似，均为斜向劈裂破坏，随着围压值的变大，裂缝发展角度有稍微减小的趋势，角度变化范围为55°～75°；当围压值达到12MPa以后，试件的破坏形态发生改变，试件的破坏不再是劈裂成两块，而是呈现多个碎块，且破坏面伴随着粉末。

由此可知，随着围压值的变化，试件的破坏形态呈现出本质的不同。当围压值为零时，试件主要为粗骨料的界面劈裂破坏；而当存在围压值时，试件由竖向的劈裂破坏转变为斜向的劈裂破坏，破坏时剪切面上粗骨料被剪断，局部伴有压碎粉末的现象，且随着围压值的增大，破坏斜向裂缝的角度呈减小的趋势，并出现少量的横向裂缝。部分试件的破坏形态如图2.18所示。

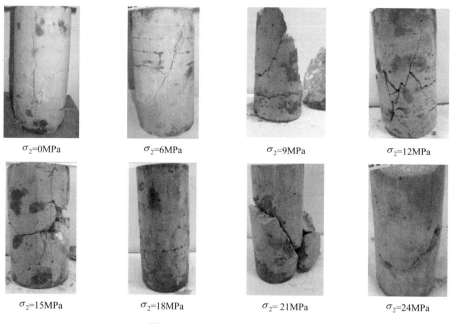

$\sigma_2=0MPa$ $\sigma_2=6MPa$ $\sigma_2=9MPa$ $\sigma_2=12MPa$

$\sigma_2=15MPa$ $\sigma_2=18MPa$ $\sigma_2=21MPa$ $\sigma_2=24MPa$

图2.18 部分试件的破坏形态

2.3.5 应力-应变曲线

根据RMT201试验机自动采集的各试件受力全过程的轴向荷载-位移数值，按式（2.1）进行转换，可以得到各试件的轴向应力-应变全过程曲线。

随着围压值的增大，再生混凝土的应力-应变曲线发生了显著的变化，围压值为零（即单轴受压）的试件，其应力-应变曲线的峰值应力、峰值应变和初始弹性模量明显比有围压值的试件小，特别是峰值点后的下降段更陡峭；围压值为 3～6MPa 时，试件的应力-应变曲线下降段趋于缓慢，延性也更好；围压值为 9～12MPa 时，应力-应变曲线达到峰值点后的下降段不明显；围压值超过 15MPa 以后，再生混凝土的应力-应变全过程曲线基本上不出现下降段。此外，随着围压值的增大，应力-应变曲线包围的面积也明显增大。

2.3.6　特征点参数

表 2.15 给出试件的初始弹性模量 E（GPa）、峰值应力 σ_u（MPa）、峰值应变 ε_u（$\times 10^{-3}$）等特征点参数。

表 2.15　试件的特征点参数

试件编号	E/GPa	σ_u/MPa	$\varepsilon_u/$ ($\times 10^{-3}$)	试件编号	E/GPa	σ_u/MPa	$\varepsilon_u/$ ($\times 10^{-3}$)	试件编号	E/GPa	σ_u/MPa	$\varepsilon_u/$ ($\times 10^{-3}$)
RAC-1	3.74	18.07	5.01	RAC-24	12.61	126.26	36.53	GRAC-3	11.05	100.49	16.45
RAC-2	4.53	40.21	13.58	RAC-25	17.71	134.23	45.41	GRAC-4	7.85	31.68	4.08
RAC-3	4.02	58.54	20.92	RAC-26	6.06	22.37	3.47	GRAC-5	8.26	78.69	11.61
RAC-4	6.24	68.76	31.75	RAC-27	7.16	45.17	8.55	GRAC-6	16.34	108.38	11.04
RAC-5	5.52	82.13	35.86	RAC-28	14.75	61.04	9.13	GRAC-7	8.81	31.35	4.25
RAC-6	5.66	94.15	38.41	RAC-29	5.73	75.05	19.47	GRAC-8	7.01	71.49	12.03
RAC-7	6.56	107.48	47.16	RAC-30	12.57	80.60	23.28	GRAC-9	13.71	98.04	14.59
RAC-8	4.60	19.65	4.58	RAC-31	8.93	99.21	35.09	GRAC-10	8.81	31.68	4.08
RAC-9	5.47	41.91	10.76	RAC-32	11.67	100.97	38.36	GRAC-11	8.75	66.15	13.42
RAC-10	7.77	56.08	18.19	RAC-33	11.80	112.03	37.49	GRAC-12	10.93	100.69	14.91
RAC-11	14.93	69.24	16.85	RAC-34	15.76	127.32	42.86	PRAC-1	8.12	23.33	2.96
RAC-12	8.15	82.73	22.17	RAC-35	4.71	19.04	3.81	PRAC-2	7.66	52.45	8.25
RAC-13	6.10	96.76	30.46	RAC-36	9.25	38.98	7.81	PRAC-3	6.49	62.77	11.53
RAC-14	7.83	104.01	40.51	RAC-37	9.65	57.14	8.18	PRAC-4	5.34	78.58	17.26
RAC-15	9.84	114.73	34.75	RAC-38	9.65	75.29	19.90	PRAC-5	6.91	93.77	24.32
RAC-16	13.54	134.88	41.78	RAC-39	8.31	85.84	20.38	PRAC-6	7.59	106.39	21.61
RAC-17	6.92	21.82	3.32	RAC-40	13.51	94.61	31.54	RRAC-1	6.29	23.82	3.62
RAC-18	7.20	43.24	9.11	RAC-41	11.97	107.38	41.85	RRAC-2	9.02	53.23	7.37
RAC-19	7.21	59.03	14.56	RAC-42	14.03	118.67	38.64	RRAC-3	7.62	62.45	14.56
RAC-20	8.37	74.04	18.06	RAC-43	16.47	134.22	43.64	RRAC-4	11.59	76.88	19.98
RAC-21	4.71	89.00	24.12	RAC-44	6.79	147.03	49.64	RRAC-5	15.57	87.67	17.02
RAC-22	15.32	97.00	36.30	GRAC-1	8.33	31.11	4.04	RRAC-6	10.44	100.04	25.47
RAC-23	13.21	110.13	34.33	GRAC-2	11.58	69.282	7.616				

2.3.7 取代率对三轴受压力学性能的影响

1. 对弹性模量的影响

图 2.19 给出不同取代率下再生混凝土初始弹性模量变化曲线。由图 2.19 可知，不同围压值下，再生混凝土的初始弹性模量随取代率的变化呈现出 4 种不同的模型。围压值为 0MPa 时，随着取代率的增加，再生混凝土的弹性模量呈现出先增高后减小的变化趋势，如图 2.19（a）所示。围压值为 9MPa 时，随着取代率的增加，再生混凝土的弹性模量呈现出先减小后增高的变化趋势，如图 2.19（b）所示。围压值为 6MPa 和 12MPa 时，随着取代率的增加，再生混凝土的弹性模量呈现先减小后增高、再减小的变化趋势，如图 2.19（c）所示。围压值为 3MPa、15MPa 及以上数值时，随着取代率的增加，再生混凝土的弹性模量呈现波动性增高的变化趋势，如图 2.19（d）所示。

为了便于分析这些复杂的变化规律，采用归一化的方法对不同取代率下各再生混凝土的弹性模量变化曲线进行对比分析，同时为了消除围压值等其他因素的影响，采取取平均值的对比方法，如图 2.19（e）所示。由图 2.19（e）可知，随着取代率的增加，三轴受压时再生混凝土的弹性模量并不比普通混凝土低（其提高的幅度在 30%以内），这可能是再生粗骨料表面黏附着水泥基体，在搅拌混凝土的过程中，吸收了部分水分，导致实际水灰比变小，从而提高混凝土强度的缘故。

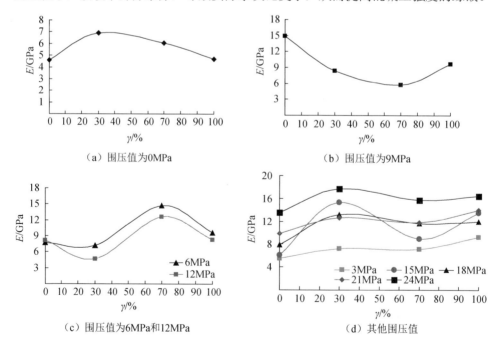

（a）围压值为0MPa　　　　　　　（b）围压值为9MPa

（c）围压值为6MPa和12MPa　　　　（d）其他围压值

图 2.19　不同取代率下再生混凝土初始弹性模量变化曲线

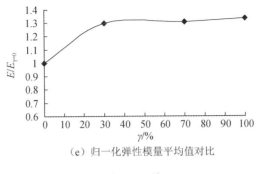

（e）归一化弹性模量平均值对比

图 2.19（续）

2. 对峰值应力的影响

图 2.20 给出了不同取代率下再生混混凝土的峰值应力对比关系。由图 2.20 可知，在相同的围压下，随着取代率的增加再生混凝土的峰值应力变化不大。从图 2.20（b）归一化对比关系不难看出，取代率为 30%、70% 和 100% 时，再生混凝土的峰值应力与天然混凝土相比总体上变化不大，在 ±5% 的范围内波动，并且围压值的增大对这种波动几乎没有影响。

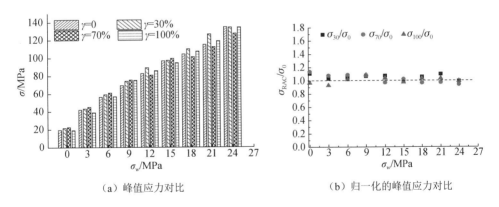

（a）峰值应力对比　　　　　　　　　　　（b）归一化的峰值应力对比

图 2.20　不同取代率下再生混凝土峰值应力对比关系

3. 对峰值应变的影响

图 2.21 给出了不同取代率下再生混凝土峰值应变的对比关系。由图 2.21 可知，再生混凝土峰值应变随着取代率的增加呈现波动性变化，当侧向围压值小于 9MPa 时，随着取代率的增加，再生混凝土的峰值应变逐渐降低，而当侧向围压值大于 9MPa 时，随着取代率的增加，再生混凝土的峰值应变却有所增大。这种波动范围总体上为 -20%～15%。

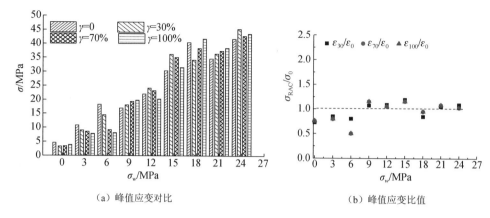

（a）峰值应变对比　　　　　　　　　（b）峰值应变比值

图 2.21　不同取代率下再生混凝土峰值应变对比

　　综上分析可知，取代率的变化对再生混凝土的弹性模量、峰值应力和峰值应变的影响程度不同；取代率的变化对峰值应力的影响不大，不超过±5%；但对初始弹性模量和峰值应变则有较大的影响，影响的程度达到20%左右。出现这种现象，可能与再生粗骨料的特性有关，再生骨料在破碎过程中内部不可避免地存在着微裂纹及表面黏附的水泥基，导致其力学性能有所差异，当侧向围压值不大时（也就是侧向约束不足时），再生混凝土的破坏会有所提前，故其峰值应变会有所变小。而取代率的变化对峰值应力的影响不大，主要是再生粗骨料的特性具有对强度有利和不利两方面影响所导致的。再生骨料内部微裂纹的存在会降低其强度，但表面黏附的水泥基在混凝土的搅拌过程中迅速吸收掉部分拌和水，导致其实际水灰比减小，从而起到提高其强度的作用，这种有利与不利耦合在一起时，就会表现为总体变化不大的现象。

2.3.8　侧向围压值对三轴受压力学性能的影响

1. 对弹性模量的影响

　　图2.22所示为不同围压值下再生混凝土的弹性模量变化。总体看来，随着围压值的增大，再生混凝土的弹性模量有所增高，并且不同取代率时，其变化程度有所差异，根据试验数据拟合得到以下计算公式：

$$\frac{E}{E_0} = 1 + \alpha \frac{\sigma_w}{\sigma_0} \tag{2.23}$$

式中，E_0 为无围压时对应的弹性模量值；σ_0 为无围压时对应的峰值应力（即单轴受压强度）；σ_w 为侧向围压值；E 为与侧向围压值 σ_w 对应的弹性模量；α 为与取代率有关的系数，$\alpha = 0.003\gamma^2 - 0.0245\gamma + 1.4$，其中 γ 为再生混凝土取代率。

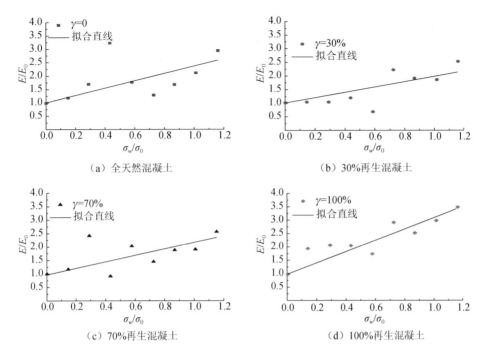

（a）全天然混凝土　　　　　　　　　　（b）30%再生混凝土

（c）70%再生混凝土　　　　　　　　　（d）100%再生混凝土

图 2.22　不同围压值下再生混凝土的弹性模量变化

2. 对峰值应力的影响

图 2.23 所示为不同围压值下再生混凝土的峰值应力变化。由图 2.23 可知，围压值对再生混凝土的峰值应力影响显著，随着围压值的增大，再生混凝土的峰值应力基本呈现线性增大的趋势。根据试验数据，拟合得到了以下计算公式：

$$\frac{\sigma}{\sigma_0} = 1 + 4.9 \frac{\sigma_w}{\sigma_0} \qquad (2.24)$$

式中，σ 为与侧向围压值 σ_w 对应的轴向峰值应力。

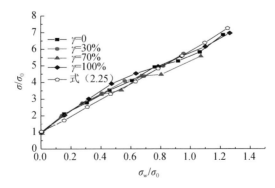

图 2.23　不同围压值下再生混凝土的峰值应力变化

3. 对峰值应变的影响

图 2.24 所示为不同围压值下再生混凝土的峰值应变变化。由图 2.28 可知，围压值对再生混凝土的峰值应变影响显著，随着围压值的增大，再生混凝土的峰值应变也基本上呈现线性上升的趋势。根据试验数据，拟合得到不同围压值下峰值应变的计算公式。

$$\frac{\varepsilon}{\varepsilon_0} = 1 + 9.0\frac{\sigma_w}{\sigma_0} \tag{2.25}$$

式中，ε_0 为无围压时对应的竖向峰值应变值；ε 与侧向围压值 σ_w 对应的峰值应变值。

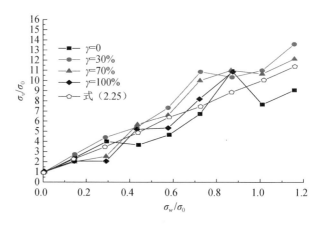

图 2.24　不同围压值下再生混凝土的峰值应变变化

综上分析，增大侧向围压值对再生混凝土的弹性模量、峰值应力和峰值应变均有显著影响，随着围压值的增大，基本上呈线性增长的趋势。这可能是由于侧向围压值的存在，对再生混凝土起到了很好的横向约束作用，限制了再生混凝土内部骨料旧裂缝和新裂缝的发展，提高了其强度和抗变形能力。

2.3.9　时间龄期对三轴受压力学性能的影响

1. 对弹性模量的影响

图 2.25 所示为不同龄期再生混凝土在各侧向围压值下的弹性模量对比。由图 2.25 可知，各级围压下，30d 龄期试件的初始弹性模量均比 15d 龄期试件的大，其比值波动范围为 1.2～2.4，均值约为 1.8。可见，过早投入使用的早龄期再生混凝土，会导致其弹性模量显著降低。

2. 对峰值应力的影响

图 2.26 所示为不同龄期再生混凝土在各侧向围压值下的峰值应力对比。由

图 2.26 可知，在各种不同的围压值下，30d 龄期与 15d 龄期再生混凝土试件的峰值应力变化不大，其比值约为 1.0。

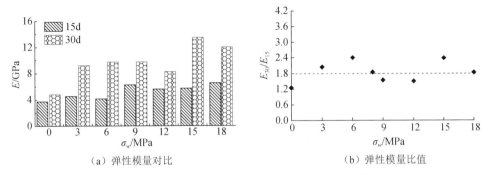

（a）弹性模量对比　　　　　　　　　（b）弹性模量比值

图 2.25　不同龄期再生混凝土在各侧向围压值下的弹性模量对比

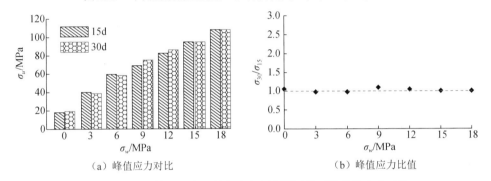

（a）峰值应力对比　　　　　　　　　（b）峰值应力比值

图 2.26　不同龄期再生混凝土在各侧向围压值下的峰值应力对比

3. 对峰值应变的影响

图 2.27 所示为不同龄期再生混凝土在各侧向围压值下的峰值应变对比。由图 2.27 可知，各级围压下，30d 龄期再生混凝土的峰值应变均比 15d 龄期的小，其比值在 0.6 上下波动。这可能是时间越长，再生混凝土内部水化反应越充分，其脆性性质越显著所致。

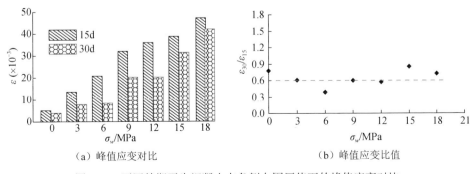

（a）峰值应变对比　　　　　　　　　（b）峰值应变比值

图 2.27　不同龄期再生混凝土在各侧向围压值下的峰值应变对比

2.3.10 混凝土强度对三轴受压力学性能的影响

1. 对弹性模量的影响

图 2.28 所示为不同强度再生混凝土在各侧向围压值下的弹性模量对比。由图 2.28 可知，C50 再生混凝土的弹性模量普遍比 C35 的高，其平均比值约为 1.4。

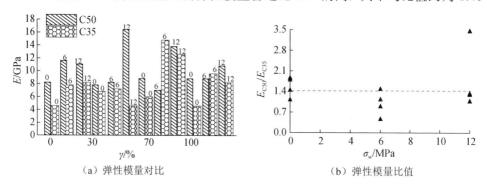

（a）弹性模量对比   （b）弹性模量比值

图 2.28 不同强度再生混凝土在各侧向围压值下的弹性模量对比

2. 对峰值应力的影响

图 2.29 所示为不同强度再生混凝土在各侧向围压值下的峰值应力对比。由图 2.29 可知，随着混凝土强度的增高，再生混凝土三轴受压时峰值应力有所增大，但其增大的程度随围压值的增大有所下降，当围压值到达一定数值（6～12MPa）时，其变化趋于恒定。

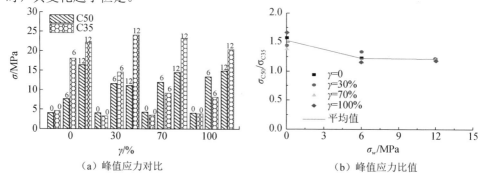

（a）峰值应力对比   （b）峰值应力比值

图 2.29 不同强度再生混凝土在各侧向围压值下的峰值应力对比

3. 对峰值应变的影响

图 2.30 所示为不同强度混凝土在各侧向围压值下的峰值应变对比。由图 2.34 可知，随着再生混凝土强度的提高，其峰值应变变小，脆性性质更显著，并且随着围压值的增大也无法改变。

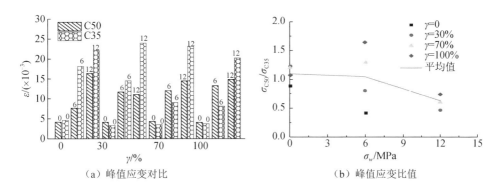

（a）峰值应变对比　　　　　　　　（b）峰值应变比值

图 2.30　不同强度再生混凝土在各侧向围压值下的峰值应变对比

2.3.11　骨料来源（服役年限）对三轴受压力学性能的影响

1. 对弹性模量的影响

图 2.31 所示为同等条件下不同服役期限（也称不同骨料来源）再生混凝土的弹性模量对比，为便于分析取平均值，由图 2.31 可知，随着混凝土服役年限的增加，再生混凝土的弹性模量有所差异，服役期混凝土再生利用后的混凝土弹性模量比新建混凝土的高，而服役期满的再生骨料混凝土的弹性模量却比新建混凝土的低。

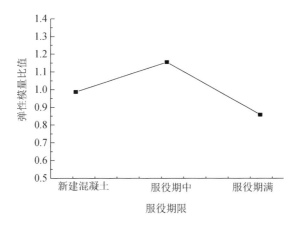

图 2.31　不同服役期限再生混凝土的弹性模量对比

2. 对峰值应力的影响

图 2.32 所示为不同粗骨料来源再生混凝土在各侧向围压值下的峰值应力对比。由图 2.32 可知，3 种不同服役期限再生骨料来源的再生混凝土的峰值应力总体上变化不大，且再生骨料来源于服役时间长的再生混凝土，其峰值应力还略有

增加。由此可见，服役期满与服役期中的废弃混凝土再生利用后的抗压强度并不比新建建筑垃圾的差。

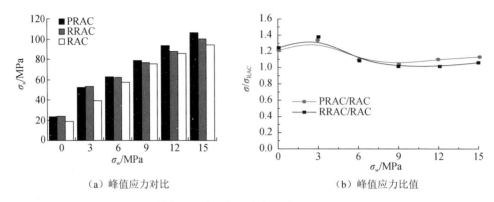

（a）峰值应力对比　　　　　　　　（b）峰值应力比值

图 2.32　不同骨料来源再生混凝土在各侧向围压值下的峰值应力对比

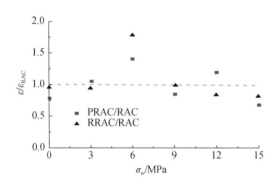

图 2.33　不同骨料来源再生混凝土
在各侧向围压值下的峰值应变对比

3. 对峰值应变的影响

图 2.33 所示为不同骨料来源再生混凝土在各侧向围压值下的峰值应变对比。由图 2.33 可知，各级围压下，不同骨料来源再生混凝土的峰值应变有一定的波动，但总体看来，其波动范围不大，均值约为 1.0。

2.3.12　损伤演变过程分析

引入损伤变量 D 反映三轴受压再生混凝土的损伤过程，$D=0$ 对应于无损状态；$D=1$ 对应于试件的完全破坏[如式（2.3）所示]。根据应变等效假定，通过损伤前后再生混凝土的弹性模量的变化来定义损伤度。

1. 侧向围压值对损伤的影响

加载初期，截面损伤度 D_s 接近于 0，试件在线弹性阶段基本处于无损伤状态，主要特征是混凝土内部微裂缝萌生；当应变达到 $\varepsilon=2\times10^{-3}$ 时，再生混凝土损伤开始，表现为内部微裂缝的发展，但发展速度缓慢；当应变达到 $\varepsilon=2.5\times10^{-3}$ 后，损伤迅速发展，主要表现为不稳定裂缝出现，且随着围压值的增大，损伤过程呈现出显著的变化特征，因此根据损伤曲线演变过程，可将再生混凝土三轴受压损伤分为 3 种情况。

1）当围压值为 0MPa（单轴受压）时，损伤曲线呈直线上升，说明再生混凝土内部裂缝迅速发展、贯穿，当损伤度达到 0.5 时，试件劈裂破坏。

2）当围压值 3MPa≤σ_w≤18MPa 时，加载初期，再生混凝土损伤过程相对于单轴受压缓慢，损伤曲线为指数函数曲线的上升，当应变大于 $6×10^{-3}$ 后，损伤迅速发展，损伤曲线为抛物线的增大，损伤度达到 0.75 时，再生混凝土发生斜向剪切破坏。

3）当围压值 Δw>21MPa 时，再生混凝土三轴受压全过程中，损伤的出现与发展均较缓慢，大围压有效地抑制了再生混凝土损伤的演变和发展，提高了再生混凝土的刚度和变形性能，最后试件表现为塑性破坏形态，并在破坏面上伴随着粉末的产生。

综上可知，再生混凝土的围压值越大，其损伤出现得越晚，损伤曲线斜率越小，说明围压值的存在能有效地阻止和遏制再生混凝土内部裂缝的产生和发展，且围压值越大，约束作用越强，损伤过程越缓慢。

2. 取代率对损伤的影响

图 2.34 所示为相同围压下不同取代率再生混凝土的损伤。由图 2.34 可知，取代率对再生混凝土的损伤演变不明显，在围压值为 σ_w≤6MPa 时，天然混凝土相对再生混凝土损伤出现晚，30%取代率的混凝土试件最先出现损伤，依次是 70%和 100%再生混凝土，天然混凝土和再生混凝土初始损伤的平均应变分别为 $1×10^{-3}$、$4×10^{-3}$，说明再生混凝土破碎时自身存在的微裂缝加速了损伤的发展，且在小围压的约束作用下，仍不能改变再生混凝土初始损伤的缺陷；当围压值为 σ_w≥9MPa 时，侧向围压越大，再生混凝土和天然混凝土的损伤演变过程越相近，变化规律越不明显。可见，在复杂应力状态下，围压值限制、约束了再生混凝土裂缝的发展，弥补了再生混凝土破碎加工时存在大量内部裂纹和表面黏附较多的水泥基等缺陷，使其受力性能与天然混凝土接近。

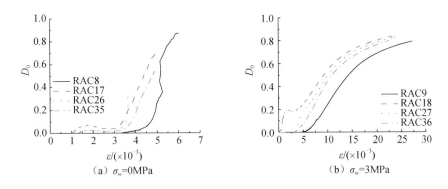

图 2.34 相同围压下不同取代率再生混凝土的损伤

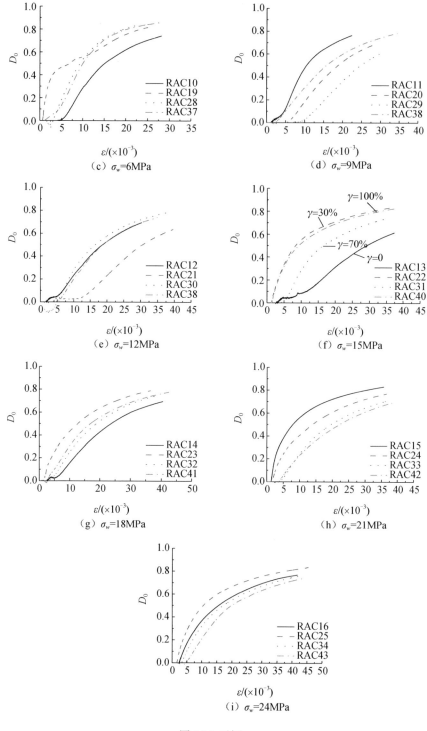

图 2.34（续）

3. 龄期对损伤的影响

图 2.35 所示为不同龄期再生混凝土的损伤。由图 2.35 可知，在各侧向围压值下，15d 龄期再生混凝土损伤出现均比 30d 龄期晚，两种龄期再生混凝土的损伤曲线形状及走向基本相同。这可能是龄期越大，混凝土脆性越大所导致的。

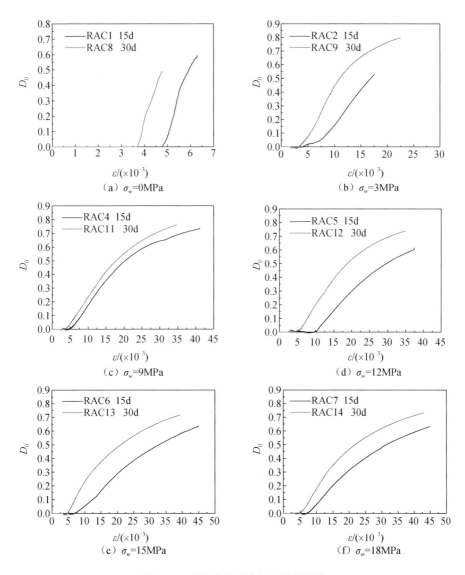

图 2.35　不同龄期再生混凝土的损伤

4. 强度等级对损伤的影响

选取取代率为 100% 的不同强度等级再生混凝土的损伤进行对比,如图 2.36 所示。由图 2.36 可知,随着围压值的增大,两种取代率的损伤速率均逐渐减小,且强度等级越高,损伤出现越早。

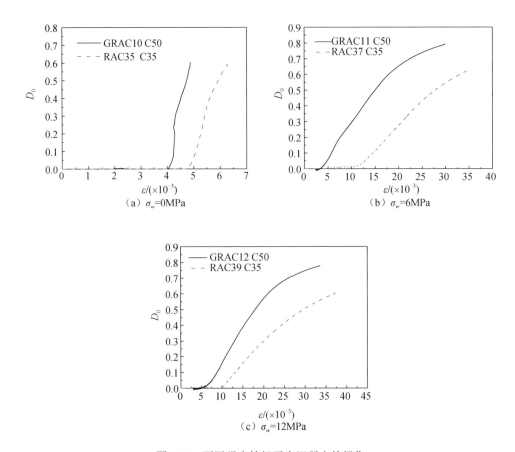

图 2.36 不同强度等级再生混凝土的损伤

5. 骨料来源对损伤的影响

图 2.37 为不同围压值下不同骨料来源再生混凝土的损伤。由图 2.37 可知,围压为 0MPa 时,再生混凝土的服役龄期越长,损伤出现越早;当围压值 $\sigma_w > 9$MPa 时,损伤出现顺序依次为服役中再生混凝土、新建再生混凝土和服役期满再生混凝土。

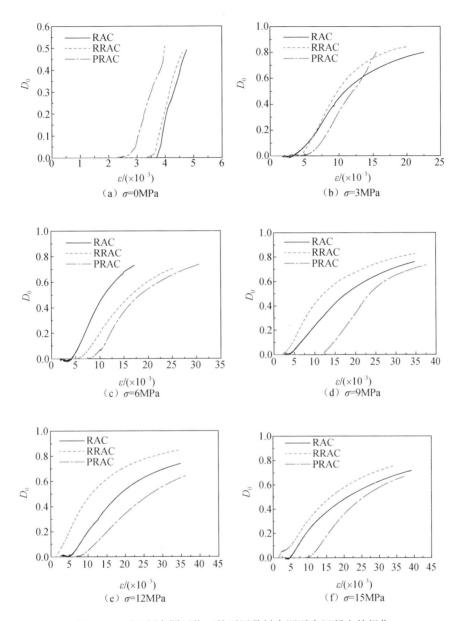

图 2.37 不同侧向围压值下的不同骨料来源再生混凝土的损伤

2.3.13 再生混凝土破坏准则

破坏准则或强度准则是指将混凝土的破坏包络曲面通过数学函数描述，并作为判断材料是否达到破坏状态或极限状态的条件。目前，国内外学者通过大量的试验研究及理论分析，提出了十几种混凝土强度准则，其中具有代表性的有 Ottosen、

Podgorski、Reimann 和 Willan-Warnke 等准则，这些强度理论作为判断材料破坏的依据和本构关系的基础，对指导、优化工程设计具有重要的意义。再生混凝土作为一种绿色环保的建筑材料，现有的文献中对再生混凝土破坏准则的研究鲜有报道。由于混凝土材料的复杂性，以及试验条件的多样性，有关学者只能以回归试验数据为主，对各自的研究成果提出某种情况下的计算公式，本章研究基于多轴受压试验实测结果及分析，借鉴普通混凝土的强度理论从宏观的角度对再生混凝土材料的破坏准则进行探讨。

1. 莫尔-库仑破坏准则

莫尔-库仑破坏理论认为材料破坏状态主要取决于切应力 τ，该破坏理论是以反映破坏应力状态的应力圆的包络线来表示破坏准则，即当代表某一点应力状态的最大应力圆恰好与包络线相接触时，则材料正好达到极限状态，当材料的最大应力圆在包络线以内时，则表示材料没有达到应力极限状态。根据试验实测数据，绘制再生混凝土的莫尔-库仑应力圆族包络线如图 2.38 所示。图 2.38 中（a）～（h）所示分别为不同取代率再生混凝土的应力圆。利用计算机数学软件绘制不同围压作用下莫尔-库仑应力圆的包络线，由图 2.38 可知，再生混凝土的包络线不是直线，通过拟合分析可得到幂函数的形式为

$$\tau = c + \mu\sigma^b \tag{2.26}$$

式中，c 为再生混凝土黏附力，即纯剪下的抗剪强度，如图 2.38 所示包络线与纵轴的交点；μ、b 为试验拟合系数。

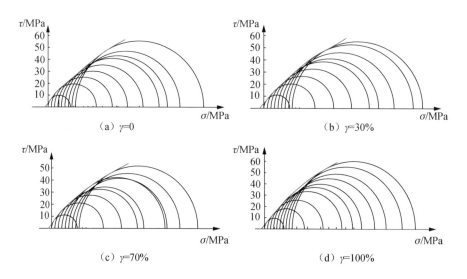

图 2.38　再生混凝土的莫尔-库仑应力圆族包络线

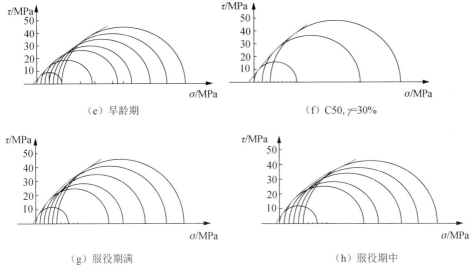

（e）早龄期　　　　　　　　　　　　（f）C50，γ=30%

（g）服役期满　　　　　　　　　　　　（h）服役期中

图 2.38（续）

　　通过一元回归分析求得不同变化参数关系式的再生混凝土黏附力及试验系数，见表 2.16。由表 2.16 可知，拟合结果与试验值吻合度高，且龄期越大，强度越高，再生混凝土的黏附力越大。再生混凝土的黏附力随取代率增加表现为先增后减的现象，波动范围小于 10%，说明再生骨料对再生混凝土的黏附力有一定的影响。这主要是再生粗骨料的特性及同时具有对强度有利和不利两方面影响所导致的，即再生骨料内部微裂纹的存在会降低其内部的黏附力，而表面黏附的水泥基在混凝土搅拌过程中迅速吸收掉部分拌和水，导致其实际水灰比减小，从而起到提高其抗剪强度的作用，当这种有利与不利耦合在一起时，就会表现出先增后减的现象。

表 2.16　再生混凝土黏附力及试验系数

参数	15d	γ/%				C50	PRAC	RRAC
		0	30	70	100			
c/MPa	3.330	3.480	4.180	3.960	3.630	5.900	3.400	3.600
μ	1.693	1.542	1.751	1.954	1.585	1.447	2.325	2.431
b	0.824	0.855	0.819	0.781	0.846	0.903	0.758	0.730
R^2	0.998	0.999	0.999	0.998	0.999	0.998	0.998	0.998

　　为便于归纳分析，采用无量纲形式对试验数据进行分析，将剪应力 τ 和正应力 σ 除以 σ_0 后绘制无量纲关系图，如图 2.39 所示，用最小二乘法计算可得一个通用的包络线经验式，具体如下：

$$\frac{\tau}{\sigma_0} = \alpha + \beta\left(\frac{\sigma}{\sigma_0}\right)^b \qquad (2.27)$$

式中，$\alpha=c/\sigma_0$；$\beta=\mu\sigma_0^{b-1}$。考虑变化参数的影响，并结合公式的实用性，通过拟合可得到α、β的取值如下。

对于普通强度再生混凝土（包括不同骨料来源）：α取值根据取代率变化取值，即$\gamma<30\%$时，取 0.18；$30\leqslant\gamma\leqslant100\%$时，取 0.20。$\beta$取 1.00，$b$取 0.80。

C50 及以上高强再生混凝土时，α均取 0.20，β取 1.00，b取 0.90；15d 龄期时，α取 0.18，β取 1.00，b取 0.85。

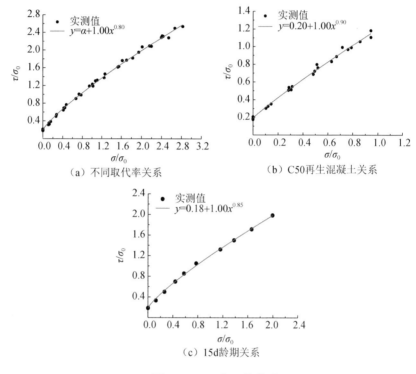

（a）不同取代率关系　　　　（b）C50再生混凝土关系

（c）15d龄期关系

图 2.39　τ-σ归一化关系

2. π平面剪应力破坏准则

将再生混凝土内任意点的应力用 3 个主应力σ_1、σ_2、σ_3作为笛卡儿坐标的三个轴表示，可得到一个主应力空间如图 2.40 所示，图中 OS 轴为空间对角线，在此轴上各点$\sigma_1=\sigma_2=\sigma_3$，也称为静水压力线。$OS$ 轴与σ_1、σ_2、σ_3轴的夹角都相等，与 OS 轴相垂直的平面称为π平面。π平面正应力σ与剪应力τ的关系式为

$$\tau=[(\sigma_1-\sigma_2)^2+(\sigma_2-\sigma_3)^2+(\sigma_3+\sigma_1)^2]^{1/2} \tag{2.28}$$

$$\sigma=\frac{\sigma_1+\sigma_2+\sigma_3}{3} \tag{2.29}$$

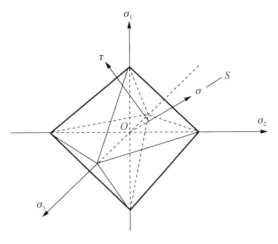

图 2.40　主应力空间图

采用上述破坏准则表示轴对称三轴压力下再生混凝土的破坏，将 τ 和 σ 分别除以 σ_0 得到无量纲关系曲线，即 τ-σ 归一化曲线如图 2.41 所示，用一元回归分析求得的函数关系式为

$$\frac{\sigma}{\sigma_0} = 3.64\left(\frac{\tau}{\sigma_0}\right)^{0.866}，\quad R^2 = 0.998 \tag{2.30}$$

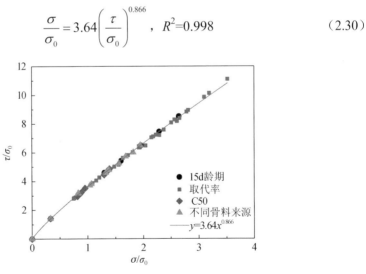

图 2.41　τ-σ 归一化曲线

由以上分析可知，采用 π 平面应力理论表示再生混凝土的破坏时，不受各种变化参数对再生混凝土的影响，均可用式（2.30）表示。虽然 π 平面主应力为常数，但是由于材料破坏时不同的应力比下的 τ_{oct} 值并不相同（如分别采用压力子午线和拉力子午线求得的函数关系式是不相同的），也不能建立普遍通用的破坏准则式。但对于某些特定的应力状态下，如本节试验研究 $\sigma_1 > \sigma_2 = \sigma_3$（常规三轴）的情况下，$\pi$ 平面应力之间存在单值关系，经验公式与试验值吻合较好，并且该

理论考虑了中间主应力对强度的影响，所以可为再生混凝土破坏准则提供参数。

3. Rendulic 平面上的破坏应力曲线

将三轴受压试验实测结果绘制再生混凝土的三轴压缩破坏曲面，由于本章研究的条件为 $\sigma_1 > \sigma_2 = \sigma_3 = \sigma_w$，常规三轴受压试验的空间应力图形在三维坐标系中，实际上是 σ_1 和直线 $\sigma_2 = \sigma_3$ 所组成的平面与破坏曲面的交线，即包含一个主应力轴和空间对角线的平面，称为 Rendulic 平面（也称为压力子午线），如图 2.42 所示。

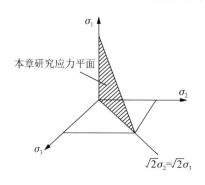

图 2.42 Rendulic 平面

为便于分析，将试验实测结果 σ_1/σ_0 与 $\sqrt{2}\,\sigma_3/\sigma_0$ 无量纲化，可得到如图 2.43 所示的 $\sigma_1 - \sqrt{2}\,\sigma_3$ 归一化曲线。采用一元回归分析求得函数关系式为

$$\sigma_1/\sigma_0 = 1.0 + A(\sqrt{2}\sigma_3/\sigma_0)^B, \quad R^2 = 0.994 \tag{2.31}$$

式中，A、B 为待定参数。当采用普通再生混凝土时，B 取 0.8。A 根据取代率取值确定，即当 $0 \leqslant \gamma \leqslant 30\%$ 时，取 3.08；$\gamma = 70\%$ 时，取 2.85；$\gamma = 100\%$ 时，取 3.80。对于 15d 龄期再生混凝土：B 取 0.76，A 取 3.8。对于 C50 再生混凝土，A 取 3.8，B 取 0.9。对于再生骨料年限 $\geqslant 15$ 年时，A 取 3.60，B 均取 0.70。

综上 3 种再生混凝土的破坏准则的公式可知，莫尔-库仑破坏准则、π 平面剪应力破坏准则和 Rendulic 平面上的破坏应力破坏准则都能较好地模拟再生混凝土的三轴受压的破坏曲线。莫尔-库仑破坏准则认为混凝土破坏过程是由内部的剪应力导致的，而 π 平面剪应力破坏准则和 Rendulic 平面上的破坏应力破坏准则从特定的条件 $\sigma_1 > \sigma_2 > \sigma_3$ 考虑了混凝土的破坏。

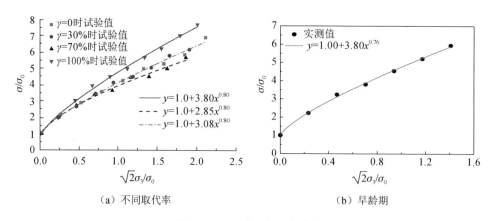

（a）不同取代率 （b）早龄期

图 2.43 $\sigma_1 - \sqrt{2}\sigma_3$ 归一化曲线

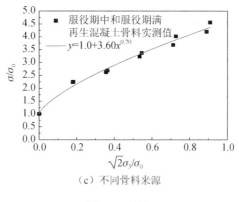

（c）不同骨料来源

图 2.43（续）

　　由于再生骨料在破坏的过程中积累大量损伤，再生骨料强度小于普通天然骨料强度，而骨料对缝端的应力状态和材料性能影响较大，受力过程中在骨料和水泥胶体结合面上常发生应力集中现象，从而引起开裂。多轴受力状态下，再生混凝土骨料由于先天的不足，骨料与水泥胶体结合面产生的应力比普通混凝土大，容易在其界面薄弱或骨料先天裂纹处发生破坏，再生混凝土在三轴应力作用下其骨料并未破碎成粉末状，而主要是水泥基体的破坏。另外，再生混凝土多轴受压破坏时，破坏面与加力方向的夹角并不是最大切应力方向。因此，再生混凝土的破坏机制是斜截面的内部剪应力大于其界面承载力导致的，而莫尔-库仑破坏准则正是从混凝土内摩擦力导致混凝土最终破坏的角度分析，所以该准则适用于反映三轴受压状态下再生混凝土的破坏。

　　综上所述，莫尔-库仑破坏准则与试验结果比较接近，能更好地揭示再生混凝土的破坏机制，所以采用莫尔-库仑破坏准则解释带有缺陷的再生混凝土的破坏机理更加合理。从再生混凝土多轴应力状态下的破坏机理和组成来看，还有许多问题有待于进一步研究。

2.3.14　应力-应变本构方程

　　1. 单轴应力-应变本构方程

　　以 σ/σ_u 为纵坐标、$\varepsilon/\varepsilon_u$ 为横坐标的单轴受压再生混凝土的应力-应变无量纲曲线如图 2.44 所示，由图 2.44 可知，再生混凝土的应力-应变曲线整体形状与普通混凝土基本相似，均由上升段和下降段组成，曲线上升段受时间龄期、强度和取代率等变化参数的影响不大，上升段曲线基本重合，下降段曲线则相对比较离散。总体而言，取代率对下降段曲线影响规律不明显，随着再生混凝土强度增大增加，下降段曲线变得越陡峭，说明再生混凝土的强度越高，再生混凝土的脆性性质越显著。

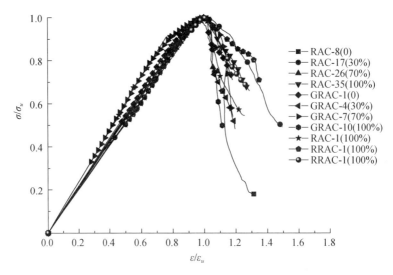

图 2.44　单轴受压再生混凝土的应力-应变无量纲曲线

采用欧洲混凝土规范 CEB-FIP（1990）提出的有理式拟合上升段，过镇海教授提出的普通混凝土单轴受压有理式拟合下降段，得到单轴再生混凝土分段式本构方程如下：

$$y = \begin{cases} \dfrac{\alpha x - x^2}{1 + (\alpha - 2)x}, & 0 \leqslant x < 1 \\ \dfrac{x}{\beta(x-1)^2 + x}, & x \geqslant 1 \end{cases} \qquad (2.32)$$

式中，$x = \varepsilon / \varepsilon_u$；$y = \sigma / \sigma_u$。根据试验及拟合结果，由于时间龄期、强度、取代率对拟合系数 α 影响变化不大，α 统一取 1.1；β 根据不同的混凝土强度等级取值，即当 C50 时，$\beta=40$；当 C35 时，$\beta=14$。

2. 常规三轴受压应力-应变本构方程

三轴受压与单轴受压的应力-应变曲线形状相似，均可分为上升段和下降段，三轴应力状态下应力-应变曲线受取代率和时间龄期影响不大，但随着侧向围压值、再生混凝土强度变化存在本质的不同。

1）随着侧向围压值的增大，其初始刚度越大，再生混凝土应力-应变曲线上升段变得越陡直，下降段的变化更加平缓，表现出良好的延性性能。

2）增加再生混凝土强度等级，对应力-应变曲线上升段基本没有影响，但对下降段影响较大，高强再生混凝土在达到峰值应力以后，强度降低较为迅速，具有明显的脆性性质，此时即使存在围压值也无法改变这种特性。

鉴于再生混凝土三轴应力-应变曲线与普通混凝土形状的相似性，本书作者尝试用过镇海提出的普通混凝土本构方程拟合再生混凝土常规三轴应力-应变关系，分段式本构方程为

$$y = \begin{cases} Ax + (3 - 2A)x^2 + (A - 2)x^3, & 0 \leqslant x \leqslant 1 \\ \dfrac{x}{B(x-1)^2 + x}, & x > 1 \end{cases} \quad (2.33)$$

根据试验数据拟合结果如下。

对于 C35 再生混凝土：当 0MPa$<\sigma_w<$6MPa 时，A 取 1.76；当 6MPa$\leqslant\sigma_w\leqslant$12MPa 时，$A$ 取 2.58；当 12MPa$\leqslant\sigma_w$ 时，A 取 3.49。下降度系数 B 根据围压值不同可得，即当 0MPa$<\sigma_w<$6MPa 时，B 取 0.4；当 6MPa$\leqslant\sigma_w\leqslant$9MPa 时，$B$ 取 0.35；当 9MPa$<\sigma_w\leqslant$12MPa 时，B 取 0.22；当 12MPa$\leqslant\sigma_w$ 时，B 取 0~0.1。

对于 C50 再生混凝土：当 0MPa$<\sigma_w\leqslant$6MPa 时，A 取 1.18，B 取 0.71；当 6MPa$<\sigma_w\leqslant$12MPa 时，A 取 2.2，B 取 0.35。

2.3.15　再生混凝土三轴受压强度计算

国内外学者对普通混凝土的三轴受压强度计算方法进行了大量研究，并取得许多重要成果。欧洲混凝土规范绘制多轴强度计算图，然后通过应力比例 σ_1/σ_3 和 σ_2/σ_3 得到增大系数，计算三轴抗压的强度。我国有关规范通过大量试验数据绘制三轴抗压强度计算图，根据应力比 σ_1/σ_3 按图插值确定混凝土强度，其最高强度值不宜超过 $5f_c$。采用以上两种规范的强度计算方法对再生混凝土三轴受压强度进行计算，计算值与试验值结果比较见表 2.17。

表 2.17　计算值与试验值结果比较

试件编号	σ_u	σ_{c1}	σ_{c1}/σ_u	σ_{c2}	σ_{c2}/σ_u	试件编号	σ_u	σ_{c1}	σ_{c1}/σ_u	σ_{c2}	σ_{c2}/σ_u
RAC-1	18.07	18.07	1.00	19.63	1.00	RAC-17	21.82	21.28	0.98	21.82	1.00
RAC-2	40.21	41.22	1.03	29.44	0.73	RAC-18	43.24	39.36	0.91	33.93	0.79
RAC-3	58.54	54.96	0.94	34.35	0.59	RAC-19	59.03	59.58	1.01	39.63	0.67
RAC-4	68.76	74.59	1.09	40.24	0.59	RAC-20	74.04	72.35	0.98	43.98	0.59
RAC-5	82.13	86.37	1.05	43.77	0.53	RAC-21	89.00	85.12	0.96	46.88	0.53
RAC-6	94.15	100.11	1.06	47.31	0.50	RAC-22	97.00	104.27	1.08	51.60	0.53
RAC-7	107.48	18.071	1.00	19.63	1.00	RAC-23	110.13	114.91	1.04	54.29	0.49
RAC-8	19.65	19.65	1.00	19.65	1.00	RAC-24	126.26	117.04	0.93	55.17	0.44
RAC-9	41.91	36.35	0.87	30.90	0.74	RAC-25	134.23			58.98	0.44
RAC-10	56.08	55.02	0.98	36.74	0.66	RAC-26	22.37	22.37	1.00	22.37	1.00
RAC-11	69.24	74.67	1.08	41.26	0.59	RAC-27	45.17	40.27	0.89	34.26	0.76
RAC-12	82.73	88.42	1.07	44.22	0.54	RAC-28	61.04	62.19	1.02	39.88	0.65
RAC-13	96.76	96.28	0.99	46.58	0.48	RAC-29	75.05	76.06	1.01	44.72	0.59
RAC-14	104.01	112.00	1.08	51.54	0.49	RAC-30	80.60	104.02	1.29	51.20	0.64
RAC-15	114.73			54.28	0.47	RAC-31	99.21	105.14	1.06	51.83	0.52
RAC-16	134.88			52.88	0.392	RAC-32	100.97			60.30	0.59

试件编号	σ_u	σ_{c1}	σ_{c1}/σ_u	σ_{c2}	σ_{c2}/σ_u	试件编号	σ_u	σ_{c1}	σ_{c1}/σ_u	σ_{c2}	σ_{c2}/σ_u
RAC-33	112.03			63.18	0.56	GRAC-7	31.35	31.35	1.00	31.35	1.00
RAC-34	127.32			63.51	0.49	GRAC-8	71.50	72.10	1.01	52.39	0.73
RAC-35	19.04	19.04	1.00	19.04	1.00	GRAC-9	98.04	107.52	1.09	63.45	0.65
RAC-36	38.98	39.98	1.03	30.76	0.79	GRAC-10	31.68	31.68	1.00	31.68	1.00
RAC-37	57.14	53.31	0.93	35.23	0.62	GRAC-11	66.16	74.63	1.13	54.67	0.83
RAC-38	75.29	64.74	0.86	37.99	0.51	GRAC-12	100.69	100.00	0.99	63.10	0.63
RAC-39	85.84	79.97	0.93	41.85	0.49	PRAC-1	23.33	23.33	1.00	23.33	1.00
RAC-40	94.61	95.20	1.01	46.07	0.49	PRAC-2	52.45	39.66	0.76	32.46	0.62
RAC-41	107.38	104.72	0.98	48.49	0.45	PRAC-3	62.77	62.99	1.01	39.25	0.63
RAC-42	118.67			50.98	0.43	PRAC-4	78.58	71.16	0.91	43.57	0.55
RAC-43	134.22			51.47	0.38	PRAC-5	93.77	81.66	0.87	47.02	0.50
RAC-44	147.03			52.76	0.36	PRAC-6	106.39	97.99	0.92	50.64	0.48
GRAC-1	31.11	31.51	1.01	31.11	1.00	RRAC-1	23.82	23.82	1.00	23.82	1.00
GRAC-2	69.28	71.55	1.03	52.66	0.76	RRAC-2	53.23	40.50	0.76	33.03	0.62
GRAC-3	100.50	105.77	1.05	62.04	0.62	RRAC-3	62.45	64.33	1.03	40.18	0.64
GRAC-4	31.68	31.68	1.00	31.68	1.00	RRAC-4	76.88	78.62	1.02	45.14	0.59
GRAC-5	78.69	66.53	0.85	51.00	0.65	RRAC-5	87.67	95.30	1.09	50.51	0.58
GRAC-6	108.38	98.20	0.91	60.42	0.56	RRAC-6	100.04	111.97	1.12	54.42	0.54

注: 表中 σ_u 为试验值 (MPa); σ_{c1} 为 CEB-FIP 计算值 (MPa); σ_{c2} 为《混凝土结构设计规范 (2015 年版)》(GB 50010—2010) 计算值 (MPa)。

由表 2.17 可知, 欧洲混凝土规范 CEB-FIP (1990) 中采用的计算方法所得的计算值与试验值吻合较好, 平均比值 μ=0.994, 标准差 D=0.084, 变异系数 C_v=0.089, 我国的《混凝土结构设计规范 (2015 年版)》(GB 50010—2010) 中采用的计算方法所得的计算值与试验值平均比值 μ= 0.641, 标准差 D=0.182, 变异系数 C_v=0.284, 偏于安全。

2.4　本章小结

本章讲述了由新建建筑垃圾和服役期满建筑垃圾生产的再生粗骨料制备的再生混凝土的单轴受压力学性能, 分析了不同再生粗骨料取代率、不同再生骨料类型 (碎石类和卵石类) 对再生混凝土的弹性模量、峰值应力及峰值应变等力学性能的变化规律, 提出了单轴受压时再生混凝土各强度指标之间的换算关系公式和应力-应变本构方程; 讲述了再生混凝土三轴受压的破坏形态和损伤机理, 分析了取代率、侧向围压值、时间龄期、骨料来源等变化参数对再生混凝土三轴受压力学性能的影响规律, 提出了不同围压值下再生混凝土的弹性模量、峰值应力和峰值应变计算公式, 探讨了再生混凝土三轴受压的破坏准则, 并提出其三轴受压应力-应变本构方程。

第3章 建筑垃圾再生混凝土墙体材料的 配制方法及力学性能

回收利用废弃混凝土、废弃砖块等建筑垃圾，生产再生混凝土、再生墙体材料，可实现建筑业的可持续发展，具有很好的社会、经济和环境综合效益。世界各国对建筑垃圾的再生利用都十分重视，相关学者也进行了大量研究，但对利用废弃混凝土、废弃砖块生产再生墙体材料，相对来说研究较少，尤其是对再生填充墙体材料合理配制方法的研究更少。建筑垃圾再生骨料具有孔隙率高，堆积密度及表观密度比天然材料小等特点，用其生产的墙体材料在隔热、保温和隔声性能等方面优于普通墙体，且具有质轻、环保等优点，因此具有很好的应用前景。

配合比设计是建筑废弃物再生墙体材料应用的重要部分，合理的配合比十分关键，而影响再生填充墙体材料性能的因素很多，各自之间的关系也复杂，难以凭经验判定。

3.1 再生填充墙体材料的力学性能试验及其影响因素分析

3.1.1 试验材料

试验采用 32.5R 普通硅酸盐水泥，拌和水为城市自来水，掺合料采用石灰粉，天然细骨料为连续级配的河砂，再生细骨料为来源于某教学楼改造工程中产生的建筑废弃物，经破碎和筛分而形成的粒径小于 4.75mm 的颗粒。根据再生骨料中砖粉掺量的不同分为 4 种，即 A 类 100%砖粉骨料、B 类 66.6%砖粉骨料、C 类 33.4%砖粉骨料、D 类全混凝土粉骨料。不同成分的再生骨料比例为质量比，其总的质量不变，当为 100%砖粉时，对应的混凝土粉为 0；当为 66.6%砖粉时，对应的混凝土粉为 33.4%；当为 33.4%砖粉时，对应的混凝土粉为 66.6%；当为 0 砖粉时，对应的混凝土粉为 100%。在试验前，对再生细骨料和天然骨料采用同一筛网筛分，均为连续级配。再生骨料及天然骨料的性能指标见表 3.1。

表 3.1 再生骨料及天然骨料的性能指标

骨料类别	表观密度/（kg/m³）	堆积密度/（kg/m³）	孔隙率/%	含泥量/%	吸水率/%
天然骨料	2610	1290	50.5		4.3
再生骨料（A 类）	2350	1159	55.5	13.9	41.2
再生骨料（B 类）	2372.5	1224	51	4.4	35.3
再生骨料（C 类）	2409.7	1266.5	49.2	7.8	33.7
再生骨料（D 类）	2469.5	1322.5	46.5	9.2	31.3

3.1.2　试件成型、养护与加载

搅拌设备为一台容量 30L 的混凝土搅拌机。投料顺序为首先加入砂、水泥及石灰粉，搅拌均匀后，加入再生骨料进行搅拌，最后加入水，搅拌 3～5min。搅拌完毕后将再生墙体材料拌和物注入试模，采用振动台振捣密实并抹平，24h后拆模，拆模后 7d 内进行浇水养护，之后自然养护，28d 后进行力学性能试验。

抗压强度试验在万能试验机上进行，加载时保持 4kN/s 的速度均匀、连续进行。试件尺寸为 100mm×100mm×100mm 的非标准立方体。抗折强度试验采用如图 3.1 所示的加载方式，在抗折试验机上进行，保持 0.2kN/s 的加载速度均匀、连续进行。试件为 100mm×100mm×400mm 的棱柱体，试验段跨度 l=300mm。

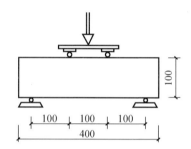

图 3.1　抗折试验加载方式

3.1.3　配合比正交试验设计

为了分析配合比对再生墙体材料力学性能的影响，考虑了以下几种影响因素，主要包括因素 A（骨料类型）、因素 B（水灰比）、因素 C（骨灰比）、因素 D（掺和料）和因素 E（取代率）。配合比因素水平表见表 3.2。

表 3.2　配合比因素水平

水平	因素 A/%	因素 B	因素 C	因素 D/%	因素 E/%
1	100	0.7	7∶1	0	0
2	66.6	0.8	8∶1	10	25
3	33.4	0.9	9∶1	20	50
4	0	1.0	10∶1	30	100

注：因素 A 中，水平 1～3 是指 100%、66% 和 33.4% 的砖粉骨料；水平 4 是指全混凝土粉骨料。

按照正交设计方法进行各因素水平之间的组合，得出相应的正交表 $L_{16}(4^5)$，并在此正交表的基础上按照质量法进行试验各组的配合比设计，具体见表 3.3。

表 3.3　各因素水平组合正交试验表

编号	砖粉含量/%	水灰比	骨灰比	石灰粉掺量/%	取代率/%	水/kg	水泥/kg	天然河砂/kg	再生骨料/kg	石灰粉/kg
L_1	100	0.7	7∶1	0	0	4.3	6.2	43.4	0	0
L_2	100	0.8	8∶1	10	25	4.4	5	33	11	0.6
L_3	100	0.9	9∶1	20	50	4.5	4	22.5	22.5	0.9
L_4	100	1.0	10∶1	30	100	4.5	3.1	0	45	1.4
L_5	0	0.7	8∶1	20	100	3.9	4.5	0	45	1.1
L_6	0	0.8	7∶1	30	50	4.9	4.3	21.4	21.4	1.8
L_7	0	0.9	10∶1	0	25	4.1	4.5	33.7	11.3	0
L_8	0	1.0	9∶1	10	0	4.9	4.4	44	0	0.5
L_9	66.6	0.7	9∶1	30	25	3.5	3.5	33.7	11.3	1.5
L_{10}	66.6	0.8	10∶1	20	0	3.7	3.7	46	0	0.9
L_{11}	66.6	0.9	7∶1	10	100	5.4	5.5	0	42	0.6
L_{12}	66.6	1.0	8∶1	0	50	5.4	5.4	21.6	21.6	0
L_{13}	33.4	0.7	10∶1	10	50	3.2	4.1	23	23	0.5
L_{14}	33.4	0.8	9∶1	0	100	4.0	5	0	45.0	0
L_{15}	33.4	0.9	8∶1	30	0	5.0	3.8	44	0	1.7
L_{16}	33.4	1.0	7∶1	20	25	6.0	4.8	31.5	10.5	1.2

3.1.4　试件的破坏过程及形态

再生墙体材料立方体抗压试块的受压破坏过程大致如下：加载初期，试块表面未发现裂缝；随着荷载的增大，在试块的侧表面开始出现裂缝，此后裂缝不断扩展和延伸，在高度中央位置时为垂直方向，并沿斜向往上、下发展，至加载面处转向角部，形成正倒相连的八字形裂缝。随着荷载的进一步增大，新的裂缝逐渐向里发展，表面混凝土外鼓、开裂。通过对破坏面的细致观察，发现再生墙体材料的断裂模式基本表现为基材破坏和界面脱落，即黏结再生细骨料之间的水泥发生脱落。试件的抗压试验的破坏形态及其破坏断面如图 3.2 所示。

（a）破坏形态　　　　　　　　　　　　　（b）破坏断面

图 3.2　抗压试验试件的破坏形态及其破坏断面

试件的抗折试验的破坏形态与其抗压试验的破坏形态基本相同，表现为基材破坏和界面脱落。试件的抗折试验的破坏形态及其破坏断面如图 3.3 所示。此外，在图 3.3 中还可以发现：再生墙体材料抗折裂缝均分布于两个集中荷载作用线之内，且其裂缝方向均为竖向，即垂直于加载面。

（a）破坏形态　　　　　　　　　　　　　（b）破坏断面

图 3.3　试件抗折试验的破坏形态及其破坏断面

3.1.5　抗压强度及其影响因素分析

通过试验实测，获取了各组不同再生骨料取代率再生墙体材料试件破坏时的荷载值，并按下式计算其抗压强度 f_{cu}：

$$f_{cu} = 0.95 \frac{F}{A} \tag{3.1}$$

式中，F 为试件的破坏荷载；A 为试件的承压面积。

由于本章试验中再生墙体材料试件采用尺寸为 $100\text{mm} \times 100\text{mm} \times 100\text{mm}$ 的非标准立方体试件，按照国家规范要求，需乘以 0.95 的转换系数。

实测各试件的抗压强度及抗折强度见表 3.4。图 3.4 所示为抗压强度影响因素的直观分析曲线。由图 3.4 可知，B_2 以后随着水灰比的增大，再生骨料填充墙体材料的抗压强度呈现出一个很显著的下降趋势，且随着骨灰比、石灰掺量的增加，其抗压强度也呈现出一个减小趋势。另外，随着再生骨料取代率的增大，再生墙体材料抗压强度也略有减小。

表 3.4　实测试件的抗压强度及抗折强度

编号	组合顺序	抗压强度			抗折强度			f_t/f_{cu}
		F_c/kN	承压面积 /mm×mm	f_{cu}/MPa	F_t/kN	弯折尺寸（$b×l$） /(mm×mm)	f_t/MPa	
L_1	A1B1C1D1E1	106.7	98×98	10.1	9.5	99×395	2.4	0.238
L_2	A1B2C2D2E2	63.8	97×97	6.1	6.0	97×396	1.5	0.246
L_3	A1B3C3D3E3	35.2	98×98	3.3	5.1	100×394	1.3	0.394
L_4	A1B4C4D4E4	18.0	98×98	1.7	2.0	100×396	0.5	0.294
L_5	A2B1C2D3E4	14.5	98×98	1.8	2.8	98×389	0.7	0.389
L_6	A2B2C1D4E3	79.7	98×98	7.6	7.1	99×398	1.8	0.237
L_7	A2B3C4D1E2	60.2	99×99	5.7	5.3	99×396	1.4	0.246

续表

编号	组合顺序	抗压强度			抗折强度			f_t/f_{cu}
		F_c/kN	承压面积 /mm×mm	f_{cu}/MPa	F_t/kN	弯折尺寸（$b×l$） /(mm×mm)	f_t/MPa	
L_8	A2B4C3D2E1	43.0	99×99	4.1	4.5	99×398	1.2	0.293
L_9	A3B1C3D4E2	33.3	99×99	3.2	4.2	100×399	1.1	0.344
L_{10}	A3B2C4D3E1	46.4	98×99	4.4	4.8	98×396	1.2	0.273
L_{11}	A3B3C1D2E4	49.0	98×98	4.7	4.1	99×395	1.1	0.234
L_{12}	A3B4C2D1E3	14.5	97×98	1.8	2.4	100×396	0.6	0.333
L_{13}	A4B1C4D2E3	31.7	98×99	3.0	3.4	100×395	0.9	0.300
L_{14}	A4B2C3D1E4	92.7	99×99	8.8	8.7	99×398	2.2	0.250
L_{15}	A4B3C2D4E1	34.8	99×98	3.3	3.3	100×395	0.8	0.242
L_{16}	A4B4C1D3E2	51.3	99×98	4.9	3.4	99×398	0.9	0.184

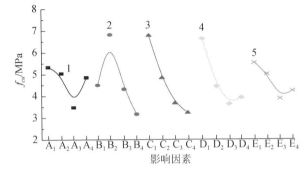

1—影响因素 $A_1 \sim A_4$；2—影响因素 $B_1 \sim B_4$；3—影响因素 $C_1 \sim C_4$；
4—影响因素 $D_1 \sim D_4$；5—影响因素 $E_1 \sim E_4$

图 3.4　抗压强度影响因素的直观分析曲线

表 3.5 所示为抗压强度影响因素的极差、方差分析。由表 3.5 可知，水灰比的极差值最大，为 3.600，骨灰比和石灰掺量影响次之，这初步说明对再生墙体材料抗压强度影响最大因素是水灰比，其次为骨灰比和石灰掺量。观察表中数据发现水灰比影响的方差值也达到最大，为 3.294，它介于 $F_{0.05}$ 与 $F_{0.01}$ 之间，说明水灰比对抗压强度的影响是显著的。另外，骨灰比的方差值为 2.938，其介于 $F_{0.1}$ 与 $F_{0.05}$ 之间，这说明骨灰比对再生骨料墙体材料的抗压强度影响也较为显著，而其他三种影响因素的 F 值均小于 $F_{0.1}$，从而表明其影响不显著。通过方差分析，也进一步说明了水灰比是影响再生骨料填充墙体材料抗压强度的最主要因素。

表 3.5　抗压强度影响因素的极差、方差分析

因素	水平1	水平2	水平3	水平4	极差	自由度	方差	$F_{0.1}$	$F_{0.05}$	$F_{0.01}$	显著性
A	5.300	4.800	3.525	5.000	1.775	3	0.792	2.490	3.290	5.420	不显著
B	4.525	6.725	4.250	3.125	3.600	3	3.294	2.490	3.290	5.420	显著
C	6.825	4.850	3.700	3.250	3.575	3	2.938	2.490	3.290	5.420	较显著
D	6.600	4.475	3.600	3.950	3.000	3	2.342	2.490	3.290	5.420	不显著
E	5.475	4.975	3.925	4.250	1.550	3	0.636	2.490	3.290	5.420	不显著

3.1.6 抗折强度及其影响因素分析

通过试验测试，获取了各组不同再生骨料取代率再生填充墙体材料试件折断时的荷载，并按式（3.2）计算再生填充墙体材料的抗折强度 $f_{t,f}$ 为

$$f_{t,f} = 0.85 \frac{Fl}{bh^2} \tag{3.2}$$

式中，F 为试件的破坏荷载；b、h 分别为试件的截面宽度和高度；l 为试件长度。

由于本节试验采用的再生墙体材料试件为 100mm×100mm×400mm 的非标准试件，需按照规范要求乘以 0.85 的转换系数。

表 3.6 所示为抗折强度影响因素的极差和方差分析，由该表可获取抗折强度影响因素的主次顺序及显著性。结果表明：在试验因素水平变化范围内，对于抗折强度，水灰比是影响强度的主要因素也是影响最显著的因素，骨灰比和石灰掺量影响次之，而其他两种影响呈现波动趋势，故其影响不明显，这与抗压强度相同。因此，可以认为严格控制水灰比对再生骨料墙体材料的力学性能有重要意义。

表3.6　抗折强度影响因素的极差和方差分析

因素	水平1	水平2	水平3	水平4	极差	自由度	方差	$F_{0.1}$	$F_{0.05}$	$F_{0.01}$	显著性
A	1.425	1.275	1.000	1.200	0.425	3	0.854	2.490	3.290	5.420	不显著
B	1.275	1.675	1.150	0.800	0.875	3	3.564	2.490	3.290	5.420	显著
C	1.550	0.900	1.450	1.000	0.650	3	2.848	2.490	3.290	5.420	较显著
D	1.650	1.175	1.025	1.050	0.625	3	2.312	2.490	3.290	5.420	不显著
E	1.400	1.225	1.150	1.125	0.275	3	0.422	2.490	3.290	5.420	不显著

图 3.5 所示为抗折强度影响因素的直观分析曲线。由图 3.5 可知，再生墙体材料的抗折和抗压强度有着相同的变化趋势，其力学性能随着水灰比、骨灰比、石灰掺量及骨料取代率增大均呈现出减小的趋势，并且其因素影响顺序是按水灰比、骨灰比、石灰掺量、骨料取代率及骨料中砖粉掺量排列的。

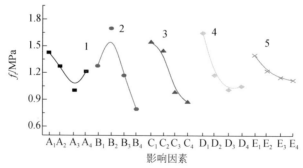

1—影响因素 A_1～A_4；2—影响因素 B_1～B_4；3—影响因素 C_1～C_4；
4—影响因素 D_1～D_4；5—影响因素 E_1～E_4

图 3.5　抗折强度影响因素的直观分析曲线

3.1.7　再生墙体材料的抗折抗压强度比值

本节研究的再生墙体材料的抗压强度为 1.8～10.1MPa，抗折强度介于 0.5～2.4MPa，各试件对应的抗折抗压强度比（f_t/f_{cu}）见表 3.4，其抗折抗压比值介于0.184～0.394。表 3.7 为抗压抗折强度比的极差和方差分析，由表 3.7 可见，对再生骨料填充墙体材料的折压比影响最大的因素是骨灰比，并且其他影响因素均不显著。

表 3.7　抗折抗压强度比的极差和方差分析

因素	水平 1	水平 2	水平 3	水平 4	极差	自由度	方差	$F_{0.1}$	$F_{0.05}$	$F_{0.01}$	显著性
A	0.293	0.291	0.296	0.244	0.052	3	1.346	2.490	3.290	5.420	不显著
B	0.318	0.252	0.279	0.276	0.066	3	1.73	2.490	3.290	5.420	不显著
C	0.223	0.302	0.32	0.278	0.097	3	4.038	2.490	3.290	5.420	显著
D	0.267	0.268	0.31	0.279	0.043	3	0.962	2.490	3.290	5.420	不显著
E	0.261	0.255	0.316	0.292	0.061	3	1.924	2.490	3.290	5.420	不显著

3.1.8　强度计算回归分析

利用回归方法进行分析，先假设再生骨料填充墙体材料的抗压、抗折强度与骨料中砖粉掺量、水灰比、灰骨比、掺和料用量及骨料取代率之间存在着线性关系，采用以下线性回归模型：

$$y = a_0 + a_1x_1 + a_2x_2 + a_3x_3 + a_4x_4 + a_5x_5 + e \tag{3.3}$$

式中，y 为抗压或者抗折强度值；$a_i(i=0, 1, 2, 3, 4, 5)$为回归系数；x_1 为骨料中砖粉掺量比例；x_2 为水灰比；x_3 为灰骨比；x_4 为掺和料比例；x_5 为骨料取代率；e 为试验误差。将表 3.4 的试验数据代入回归模型中，得到关于 a 的最小二乘估计，则回归方程分别如下：

抗压强度为

$$y = 203.152 - 1.747x_1 - 117.414x_2 - 818.369x_3 - 2.979x_4 + 0.293x_5 \tag{3.4}$$
$$R = 0.766, n = 16, F = 2.557$$

抗折强度为

$$y = 43.389 - 0.25x_1 - 25.284x_2 - 171.416x_3 - 0.864x_4 + 0.038x_5 \tag{3.5}$$
$$R = 0.775, n = 16, F = 2.700$$

实测抗压、抗折强度 16 组，变量数目为 6，所以自由度为 10，当置信度=1%时查表得到相应的系数为 0.708；由于 $R= 0.766(0.775)>0.708$，因此，所得到的线性回归方程是有意义的。另外，回归方程的方差 $F=2.557(2.700)>F_{0.1}(10,5)=2.52$。由此可知，回归方程是比较显著的。

3.1.9　再生墙体材料破坏微观机理探讨

再生墙体材料与天然墙体材料相比，其具有更高的不均匀性、复杂的内部结构和高度的随机性。然而，新老骨料界面过渡区又是再生填充墙体材料中最薄弱的环节。改善过渡区的组成、结构与性能是改善和提高再生骨料填充墙体材料力学性能的重要途径之一。水灰比、再生骨料、骨灰比和外加剂的变化对过渡层结构有重要的影响。

1）对于再生骨料填充墙体材料，由于再生骨料具有多孔性和高吸水性特征，低水灰比时水泥水化反应不充分，大部分水泥未能形成胶凝体，从而骨料界面连接较为薄弱，即再生墙体材料力学性能较差。当水灰比超过水化反应所需饱和值后，继续增大水灰比则会使得骨料连接界面中空隙增多，从而减小其力学性能，正如图 3.4 和图 3.5 所示的水灰比曲线。

2）由于再生骨料是由废弃混凝土和废砖块经破碎而成，在老界面处难免会产生大量微裂缝和初始损伤。此外，再生骨料表面会附着大量的粉尘，这些粉尘聚集会使再生骨料填充墙体材料新老界面交界处更加薄弱。因此，随着骨灰比的增大，再生骨料填充墙体材料的力学性能将会降低，如图 3.4 和图 3.5 所示的骨灰比和取代率曲线。

3）石灰掺合料的水化过程会产生大量的 $Ca(OH)_2$，其将会排列于再生骨料和水泥石的接触界面，$Ca(OH)_2$ 富集使该接触区域内几乎无凝胶的存在，从而降低界面的黏结强度并使再生填充墙体材料力学性能降低，如图 3.4 和图 3.5 所示的石灰掺量曲线。

3.1.10 再生墙体材料灾变环境的强度退化

再生墙体材料作为重要的建筑维护材料，除了掌握常规环境下力学性能外，了解高温、潮湿等灾变环境下力学性能变化情况也十分重要。

1. 试件成型、养护与加载

试验材料、试件成型和养护与 3.1.2 节一致。根据研究的需要，对其吸水后的力学性能试验，按《蒸压加气混凝土性能试验方法》（GB 11969—2008）规定进行泡水，并在达到吸水饱和后进行加载测试。高温后力学性能试验时，将试件置于电阻炉中按照图 3.6 所示的升温曲线升温到 300℃，并保持该温度 6h，之后冷却至室温，再进行抗压试验。对再生骨料填充墙体材料加载时应速度均匀、连续地加载，加载速率为 4kN/s。非标准立方体试件的尺寸为 100mm×100mm×100mm。

2. 配合比正交试验设计

为了分析配合比对再生墙体材料力学性能的影响，考虑了以下几种影响因素，主要包括因素 A（骨料类型）、因素 B（水灰比）、因素 C（骨灰比）、因素 D（掺合料）和因素 E（取代率），其具体因素水平表见表 3.2。

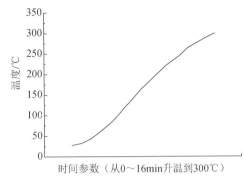

图 3.6　电阻炉及其升温曲线

按照正交设计进行各因素水平之间的组合，得出相应的正交表 L_{16}（4^5），并按在此正交表的基础上按照质量法进行试验各组的配比设计，具体见表 3.3。

3. 试件的破坏过程及破坏形态

水浸、火烧后的试件抗压试验的破坏形态与干燥状态下的试件抗压试验的破坏形态相同。通过图 3.7 中各种环境下试件的破坏形态对比，可明显发现水浸后的试件在压缩的过程中，不断有水从试件表面孔隙中挤出，而火烧后的试件在压碎过程中形成了更多的粉末状颗粒，且其裂缝周围混凝土块更易脱落。

（a）水浸后　　　　　　　　　　　（b）火烧后

图 3.7　水浸、火烧后的试件抗压试验的破坏形态

4. 再生墙体材料力学性能变化规律

通过试验实测，获取了 3 种环境下不同配合比再生墙体材料试件破坏时的荷载，并按式（3.1）计算其抗压强度。由于本书试验采用非标准立方体试件，其尺寸为 100mm×100mm×100mm，按照要求，需乘以 0.95 的转换系数。

普通及水浸、火烧试件的抗压强度及其软化系数见表 3.8。图 3.8 给出了 3 种环境下抗压强度变化规律直观分析曲线，由图 3.8 可知，水浸、火烧后再生骨料力学性能变化规律与普通环境下再生骨料力学性能变化规律一致，即 B_2 以后随着水灰比的增大，再生骨料填充墙体材料的抗压强度呈现出一个很显著的下降趋势。且随着骨灰比、石灰掺量的增大，其抗压强度也呈现出一个减小趋势。另外，随着取代率的增大，再生墙体材料抗压强度也略有减小。从图 3.8 中的变化规律曲线还可以看出，较之普通环境再生填充墙体材料，水浸、火烧后其力学性能均产生了相应的减小，且水浸后力学性能退化更加明显，其各影响因素曲线均处于火烧试件曲线下方。

表 3.8　普通及水浸、火烧试件的抗压强度及其软化系数

编号	组合顺序	抗压强度		普通	水浸	火烧	K_b	K_f
		F_c/kN	承压面积/mm×mm	f_{cu}/MPa	$f_{cu,b}$/MPa	$f_{cu,f}$/MPa		
L_1	$A_1B_1C_1D_1E_1$	106.7	98×98	10.1	7.4	9.1	0.728	0.902
L_2	$A_1B_2C_2D_2E_2$	63.8	97×97	6.1	4.5	5.2	0.736	0.859
L_3	$A_1B_3C_3D_3E_3$	35.2	98×98	3.3	2.5	2.8	0.735	0.834
L_4	$A_1B_4C_4D_4E_4$	18.0	98×98	1.7	1.2	1.3	0.722	0.741
L_5	$A_2B_1C_2D_3E_4$	14.5	98×98	1.8	1.3	1.3	0.736	0.724
L_6	$A_2B_2C_1D_4E_3$	79.7	98×98	7.6	5.7	6.5	0.759	0.864
L_7	$A_2B_3C_4D_1E_2$	60.2	99×99	5.7	4.3	4.7	0.756	0.817
L_8	$A_2B_4C_3D_2E_1$	43.0	99×99	4.1	3.0	3.7	0.733	0.915
L_9	$A_3B_1C_3D_4E_2$	33.3	99×99	3.2	2.8	2.5	0.86	0.795
L_{10}	$A_3B_2C_4D_3E_1$	46.4	98×99	4.4	3.8	3.5	0.854	0.786
L_{11}	$A_3B_3C_1D_2E_4$	49.0	98×98	4.7	3.7	3.0	0.789	0.646
L_{12}	$A_3B_4C_2D_1E_3$	14.5	97×98	1.8	1.4	1.1	0.77	0.621
L_{13}	$A_4B_1C_4D_2E_3$	31.7	98×99	3.0	2.4	2.8	0.811	0.921
L_{14}	$A_4B_2C_3D_1E_4$	92.7	99×99	8.8	6.8	8.2	0.777	0.932
L_{15}	$A_4B_3C_2D_4E_1$	34.8	99×98	3.3	2.4	2.8	0.732	0.847
L_{16}	$A_4B_4C_1D_3E_2$	51.3	99×98	4.9	3.7	3.9	0.75	0.805

注：表中 $f_{cu,b}$、$f_{cu,r}$ 分别为水浸及火烧后再生墙体材料抗压强度值；K_b、K_f 分别为水浸及火烧再生墙体材料软化系数，其中 $K_b=f_{cu,b}/f_{cu}$、$K_f=f_{cu,f}/f_{cu}$。

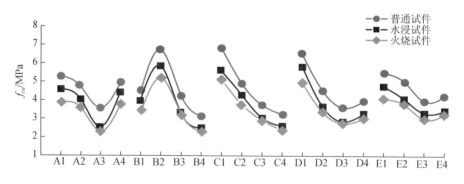

图 3.8　抗压强度变化规律直观分析曲线

表 3.9 为抗压强度影响因素的极差、方差分析。从表 3.11 中可以看出，水灰比的极差值最大，为 3.600，骨灰比和石灰掺量影响次之，这初步说明对再生墙体

材料抗压强度影响最大因素水灰比，其次为骨灰比和石灰掺量。观察表中数据发现水灰比影响的方差值也达到最大为 3.294，它介于 $F_{0.05}$ 与 $F_{0.01}$ 范围内，说明水灰比对灾后试件抗压强度的影响是显著的。另外，骨灰比的方差值为 2.938，其介于 $F_{0.1}$ 与 $F_{0.05}$，这说明骨灰比对再生骨料墙体材料的抗压强度影响也较为显著，而其他 3 种影响因素其 F 值均小于 $F_{0.1}$，从而表明其影响不显著。

表 3.9　抗压强度影响因素的极差、方差分析

因素	水平 1	水平 2	水平 3	水平 4	极差	自由度	方差	$F_{0.1}$	$F_{0.05}$	$F_{0.01}$	显著性
A	5.300	4.800	3.525	5.000	1.775	3	0.792	2.490	3.290	5.420	不显著
B	4.525	6.725	4.250	3.125	3.600	3	3.294	2.490	3.290	5.420	显著
C	6.825	4.850	3.700	3.250	3.575	3	2.938	2.490	3.290	5.420	较显著
D	6.600	4.475	3.600	3.950	3.000	3	2.342	2.490	3.290	5.420	不显著
E	5.475	4.975	3.925	4.250	1.550	3	0.636	2.490	3.290	5.420	不显著

5. 灾变情况下软化系数测试结果及其退化规律分析

表 3.10 和表 3.11 分别为水浸及火烧试件的水浸软化系数及火烧软化系数的极差、方差分析。通过分析极差计算值 R 可知，对水浸、火灾试件软化系数起到决定性作用的因素都为骨料中砖粉掺量，且两表中骨料砖粉掺量的方差值最大为 3.214 和 2.491，3.214 介于 $F_{0.05}$ 与 $F_{0.01}$，说明骨料中砖粉掺量对吸水软化的影响是显著的；2.419 其值介于 $F_{0.1}$ 与 $F_{0.05}$，这说明砖粉掺量对吸水软化的影响较为显著，而其他四种影响因素的 F 值均小于 $F_{0.1}$，从而表明其影响不显著。

表 3.10　水浸软化系数的极差、方差分析

因素	水平 1	水平 2	水平 3	水平 4	极差	自由度	方差	$F_{0.1}$	$F_{0.05}$	$F_{0.01}$	显著性
A	0.73	0.746	0.818	0.768	0.088	3	3.214	2.490	3.290	5.420	显著
B	0.784	0.782	0.753	0.744	0.04	3	0.893	2.490	3.290	5.420	不显著
C	0.757	0.744	0.776	0.786	0.042	3	0.714	2.490	3.290	5.420	不显著
D	0.758	0.767	0.769	0.768	0.011	3	0.000	2.490	3.290	5.420	不显著
E	0.73	0.746	0.818	0.768	0.088	3	0.179	2.490	3.290	5.420	不显著

表 3.11　火烧软化系数的极差、方差分析

因素	水平 1	水平 2	水平 3	水平 4	极差	自由度	方差	$F_{0.1}$	$F_{0.05}$	$F_{0.01}$	显著性
A	0.876	0.854	0.83	0.762	0.164	3	2.491	2.490	3.290	5.420	较显著
B	0.866	0.86	0.786	0.779	0.109	3	0.987	2.490	3.290	5.420	不显著
C	0.804	0.763	0.869	0.816	0.106	3	0.878	2.490	3.290	5.420	不显著
D	0.796	0.812	0.818	0.835	0.048	3	0.115	2.490	3.290	5.420	不显著
E	0.862	0.828	0.81	0.761	0.102	3	0.840	2.490	3.290	5.420	不显著

6. 软化系数主要影响因素分析

图 3.9 所示为不同砖粉掺量对水浸、火烧试件的软化系数的影响。由图 3.9 可知如下几点。

1）水浸后的再生墙体材料试件，其软化系数随着砖粉掺量的降低而提高，骨料中砖粉掺量从 100%降低到 66.6%，以及由 66.6%降低到 33.4%时，其软化系数分别提高了 5.2%和 6.5%。但当再生骨料为全混凝土粉末时，其软化系数发生了明显降低。对泡水软化机理进行分析：混凝土的吸水软化系数与它的孔隙情况密切相关，孔隙率大的情况下，将有更多的水分进入其中，使得材料内部孔隙压迅速增大。进入孔隙中的水分还将对材料产生液体侵蚀作用，使得其力学性能进一步降低。然而，材料孔隙与骨料级配有关，级配较好的情况下，能显著降低材料内部孔隙，因此当砖粉中掺入混凝土粉末时，能对其孔隙起到填充作用，使其有害孔明显减少。

2）火烧后的再生墙体材料试件，其软化系数随着砖粉掺量的降低呈现出一个明显的下降趋势，骨料中砖粉掺量从 100%降低到 0 的过程中，其软化系数分别降低 3.5%、4.2%和 8.3%。火烧后力学性能降低，主要是因为高温下，材料易发生裂解，其内部将形成许多损伤和微小孔隙。而对比黏土和混凝土耐火性能可知，黏土较之混凝土具有更好的耐火性能，因此随着骨料中砖粉掺量的降低，其力学性能降低，软化系数明显减小。

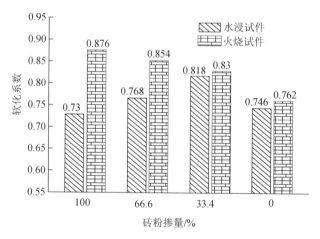

图 3.9　不同砖粉掺量对水浸、火烧试件软化系数的影响

图 3.10 所示为不同水灰比对水浸、火烧试件软化系数的影响。由图 3.10 可知如下几点。

1）水浸、火烧后的再生填充墙体材料，其软化系数随着水灰比的增大，均表现出减小的趋势，且火烧情况下，减小趋势更加明显。

2）水泡后混凝土力学性能降低，部分影响因素为混凝土中 C-S-H 凝胶浓度减小，而水灰比大的情况下，其胶体浓度将进一步降低，从而影响混凝土的力学性能。火烧后混凝土的力学性能降低与混凝土中 C-S-H 凝胶水解有一定的原因，且随着水灰比的增大，C-S-H 凝胶进一步减小，故而软化系数呈现降低的趋势。

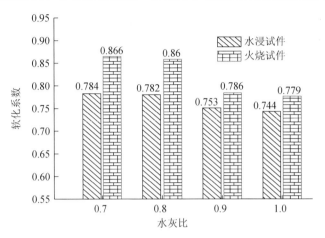

图 3.10 不同水灰比对水浸、火烧试件软化系数的影响

3.2 再生混凝土空心砌块的力学性能

3.2.1 试验材料

再生细骨料来源于破碎废弃混凝土并经筛分后获得，天然细骨料为中砂，根据研究对比需要，两者同条件筛分，如图 3.11 和图 3.12 所示。

图 3.11 天然细骨料

图 3.12 再生细骨料

细骨料的颗粒级配是指不同粒径的再生细骨料的搭配比例。良好的级配能使粗颗粒的孔隙恰好被中颗粒完全填充，而细颗粒又正好填充中颗粒间的孔隙，如此逐级填充，使细骨料形成最密致的堆积状态，从而使堆积密度达到最大值和孔隙率达到最小值。这样可达到节约水泥、提高混凝土综合性能的目标。因此，细骨料的颗粒级配反映了孔隙率的大小。

细度模数是衡量砂粒径的粗细程度及类别的指标，而砂的粗细程度是指不同粒径的砂混合在一起时的平均粗细程度。虽然细度模数的值与平均粒径的值并不相等，但其却能较准确地反映出砂的粗细程度。若细度模数越大，则表示细骨料越粗，比表面积（或单位质量总表面积）越小；相反，若细度模数越小，则表示细骨料越细，比表面积也就越大。拌制混凝土的细骨料不宜过粗，也不宜过细。细骨料过粗，则混凝土的黏聚性将会变差，易产生离析和泌水现象；而若细骨料过细，则细骨料总表面积增大，易产生离析现象，且还需要较多的水泥。因此，在选用细骨料配制混凝土时，宜优先选用Ⅱ类细骨料。细骨料的粗细程度同颗粒级配一样，都是通过筛分析法来确定的。

对于天然细骨料和再生细骨料的颗粒级配及细度模数进行测量，具体见表 3.12和表 3.13，其颗粒级配曲线如图 3.13 所示。

表 3.12　天然细骨料的颗粒级配及细度模数

筛孔尺寸/mm	9.5	4.75	2.36	1.18	0.6	0.3	0.15	<0.15
累计筛余率/%	0	2.5	13.8	23.1	64.5	82.1	93.5	100
细度模数 M_x	2.71							

表 3.13　再生细骨料的颗粒级配及细度模数

筛孔尺寸/mm	9.5	4.75	2.36	1.18	0.6	0.3	0.15	<0.15
累计筛余率/%	0	1.5	20.3	30.2	67.5	83.1	90.5	100
细度模数 M_x	2.90							

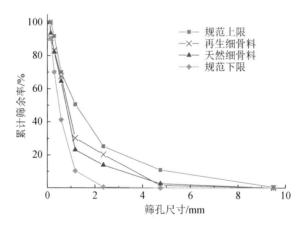

图 3.13　细骨料颗粒级配曲线

由图 3.13 可知，天然细骨料和再生细骨料均为 2 区，这个区的砂粗细适宜，级配最好。配制混凝土时是最佳选择对象。再生细骨料颗粒级配曲线位于天然细骨料级配曲线的上方，但是在 2 区的上限之内。

再生细骨料细度模数的 M_x=2.90 大于天然细骨料 M_x=2.71，说明样品再生细骨料更粗。

依标准试验方法对天然细骨料与再生细骨料的表观密度、堆积密度、孔隙率、吸水率和含泥量进行测试，其结果见表 3.14。由表 3.14 可知，再生细骨料与天然细骨料相比，其表观密度、堆积密度、孔隙率略为降低，分别为 3.76%、0.32% 和 3.77%，但吸水率和含泥量显著增大。

表 3.14　细骨料的表观密度、堆积密度、孔隙率、吸水率和含泥量

细骨料种类	表观密度/（kg/m³）	堆积密度/（kg/m³）	孔隙率/%	吸水率/%	含泥量/%
天然细骨料	2660	1263	53	4.8	2.2
再生细骨料	2560	1259	51	12.36	7.2

注：所用天然细骨料为中砂。

3.2.2　生产工艺

原料采用 32.5 普通硅酸盐水泥，天然碎石、天然河砂和再生细骨料。拌和水为城市自来水。投料顺序为：粗骨料—细骨料—水泥—水。搅拌 3～5min 后，进行坍落度试验，试验合格后，方可将混凝土加入空心砌块模箱中进入下一道工序。再生混凝土的搅拌如图 3.14 所示。

再生混凝土空心砌块成型工艺。将混凝土拌和料放进模箱后刮平，开动机器，在设备振动状态下，使混凝土拌和料在模具内流动充填至预定高度，充满整个模箱所有壁和肋。压头落到混凝土拌和料上表面，再通过设备的强力振动和加压，使混凝土拌和料从松散的状态内部流动填充孔隙达到混凝土紧密成型。再生混凝土空心砌块成型工艺如图 3.15 所示。

图 3.14　再生混凝土的搅拌

图 3.15　再生混凝土空心砌块成型工艺

再生混凝土空心砌块的养护工艺应符合国家相关规范要求，即先静养 24h 左右（这一阶段不浇水，利用拌和物本身的水分进行养护），之后将再生混凝土空心

砌块脱开底板堆放统一浇水养护，堆放高度不超过 1.4～1.6m，每天浇水 6 次以上，如图 3.16 所示。

图 3.16　再生混凝土空心砌块的养护工艺

再生混凝土空心砌块的配合比考虑 4 种再生细骨料取代率，其分别为 0、30%、60% 和 100%。进行混凝土配制时，以取代率为 0 为基准，试配混凝土砌块强度等级为 MU10、MU7.5，水灰比分别为 0.55、0.70，细骨料砂率分别为 41%、44% 的混凝土。对于各种不同骨料取代率的再生混凝土，保持水泥、碎石完全相同，细骨料的总质量一致，唯一改变的是细骨料的组成成分，即再生细骨料增加时，天然细骨料相应减少，水随着再生细骨料的添加按再生细骨料的吸水率调整。

配合比和各材料用量如下：再生混凝土空心砌块强度等级为 MU10 配合比为 $M_c : M_s : M_g : M_w$=280：1470：490：160。再生混凝土空心砌块强度等级为 MU7.5 配合比为 $M_c : M_s : M_g : M_w$=220：1515：505：160。考虑再生细骨料的吸水率为 12.36%，天然细骨料吸水率为 4.80%，所以随着再生细骨料取代率的增加，为保证同样的和易性，用水量逐级增加附加用水量。各材料用量见表 3.15 和表 3.16（每批 0.55m³）。

表 3.15　MU10 再生混凝土空心砌块试验所需材料用量

试件编号	取代率/%	水泥/kg	天然碎石连续粒级 5～10（mm/kg）	天然细骨料/kg	再生细骨料/kg	水/kg
RCB-10-1	0	154	270	808	0	88
RCB-10-2	30	154	270	566	242	91.4
RCB-10-3	60	154	270	323	485	94.8
RCB-10-4	100	154	270	0	808	98.2

表 3.16　MU7.5 再生混凝土空心砌块试验所需材料用量

试件编号	取代率/%	水泥/kg	天然碎石连续粒级 5～10（mm/kg）	天然细骨料/kg	再生细骨料/kg	水/kg
RCB-7.5-1	0	121	278	833	0	88
RCB-7.5-2	30	121	278	583	250	91.5
RCB-7.5-3	60	121	278	333	500	95.0
RCB-7.5-4	100	121	278	0	833	98.5

每组试件的 3 块砌块均做了密度和空心率测定试验。再生混凝土砌块密度的测定是将砌块放入干燥箱内干燥 24h，再利用电子秤称其质量，接着测量砌块的长、宽、高。利用公式 $\rho = m/V$ 计算出砌块密度。空心率测定按填砂法进行。不同取代率再生混凝土砌块的密度和空心率见表 3.17。

表 3.17 不同取代率再生混凝土砌块的密度和空心率

砌块类型	测试项目	取代率为 0	取代率为 30%	取代率为 60%	取代率为 100%
MU10 再生混凝土空心砌块	密度/（kg/m³）	1278	1236	1240	1144
	空心率/%	41.2	42.3	42.3	41.7
MU7.5 再生混凝土空心砌块	密度/（kg/m³）	1237	1164	1158	1188
	空心率/%	42.7	41.7	45.3	46.0

由表 3.17 和表 3.18 可知，在空心率为 41%～46% 时，随着再生细骨料取代率的增加，再生混凝土空心砌块的体积密度有所降低。再生细骨料不同取代率混凝土空心砌块体积密度为 1100～1250kg/m³，比普通混凝土空心砌块体积密度小约 10%，这是由于再生细骨料的表观密度比天然细骨料表观密度小的缘故。

表 3.18 再生混凝土空心砌块与普通混凝土空心砌块的比较

测试项目	普通混凝土空心砌块	再生细骨料混凝土空心砌块
抗压强度	MU5.0～20.0	MU7.5～10.0
体积密度/（kg/m³）	1200～1400	1100～1250

3.2.3 抗压强度

每组取代率制作一批尺寸为 290mm×190mm×190mm 双排孔孔底盲孔混凝土空心砌块，分别用于进行抗压、抗折强度测试。采用 YA200A 压力试验机加载，如图 3.17 所示。加载前用高强度水泥砂浆将试件找平，先将钢板平放室内地面，在钢板上涂刷一层薄机油；然后铺上一层薄水泥砂浆，将混凝土空心砌块铺浆面放于铺好的砂浆上面；接下来在砌块的坐浆面铺上一层砂浆，然后压上玻璃平板，边压边观察，直至砂浆层气泡被全部挤出；最后用水平尺调平。在室内养护 7d 后进行抗压试验。试件找平如图 3.18 所示。

图 3.17 YA200A 压力试验机

图 3.18 试件找平

在试件的破坏过程中，加载初始阶段，试件表面完好，随着荷载的增加，在角部位置首先开裂，此后发展为对角线斜裂缝或竖向裂缝，直至整个砌块破坏，在破坏过程中砌块表面出现不同程度的剥落现象。试件抗压的破坏形态如图 3.19 所示。

图 3.19 试件抗压的破坏形态

试验实测得到了再生混凝土空心砌块破坏时的荷载值，用式（3.6）计算可得其抗压强度 f 为

$$f = \frac{F'}{LB} \tag{3.6}$$

式中，F' 为再生混凝土空心砌块的极限荷载值；B、L 分别为空心砌块受压面的长度和宽度值。

不同取代率再生混凝土空心砌块的抗压强度值见表 3.19。

表 3.19 不同取代率再生混凝土空心砌块的抗压强度值

砌块类型	取代率为 0	取代率为 30%	取代率为 60%	取代率为 100%
MU10 系列抗压强度值/MPa	10.51	8.58	7.07	6.38
MU7.5 系列抗压强度值/MPa	7.59	6.75	5.39	5.13

由表 3.19 可知，随着再生细骨料取得率的增加，按相同配方生产出来的再生混凝土砌块，其轴心抗压强度逐渐降低，因此建议不同取代率再生混凝土空心砌块的配制方法应单独确定，不能直接采用天然骨料混凝土的配制方法。

3.2.4 抗折强度

试件抗折强度测试采用抗折试验机加载，如图 3.20 所示。

图 3.20 抗折试验机

在试件的破坏过程中，加载初始阶段，表面完好，随着竖向荷载的增加，砌块在破坏时断裂为两截，破坏面一般出现在砌块侧面的中部附近。破坏显得比较突然，有明显的响声，属于脆性破坏。试件抗折的破坏形态如图 3.21 所示。

试验实测得到了再生混凝土空心砌块破坏时的荷载值，并通过式（3.7）计算，得其抗折强度 f_z 如下：

$$f_z = \frac{3F'L}{2BH^2} \qquad (3.7)$$

式中，F' 为再生混凝土空心砌块的极限荷载值；B、H 分别为再生混凝土空心砌块的宽度和高度值；L 为抗折支座间中心线长度，$L=367mm$。

图 3.21　试件抗折的破坏形态

不同取代率下再生混凝土空心砌块的抗折强度值见表 3.20。

表 3.20　不同取代率下再生混凝土空心砌块的抗折强度值

砌块类型	取代率为 0	取代率为 30%	取代率为 60%	取代率为 100%
MU10 系列抗压强度值/MPa	2.69	1.87	1.84	1.38
MU7.5 系列抗压强度值/MPa	2.16	1.42	1.25	1.03

由表 3.20 可知，与抗压强度类似，随着再生细骨料取得率的增加，按相同配方生产出来的再生混凝土空心砌块的抗压强度逐渐降低。

表 3.21 给出了不同取代率下不同系列再生混凝土空心砌块抗折强度与抗压强度的比值。由表 3.21 可知，再生混凝土空心砌块抗折强度与抗压强度的比值受强度等级和再生骨料取代率的影响不大，其取值在 0.201～0.285 范围内变化。

表 3.21　不同取代率下再生混凝土空心砌块抗折强度与抗压强度的比值

砌块类型	取代率为 0	取代率为 30%	取代率为 60%	取代率为 100%
MU10 系列抗折强度与抗压强度比值	0.256	0.218	0.260	0.216
MU7.5 系列抗折强度与抗压强度比值	0.285	0.210	0.232	0.201

3.2.5　高温抗压强度

高温后试件与上述常温试件相同，升温设备（图 3.22）采用济南德天力电炉制造有限公司生产的高温箱式电阻加热炉 RX3-45-9。其主要技术参数如下：额定温度为 950℃，控温精度为 ±1℃，炉膛尺寸为 1200mm×600mm×400mm，最大一次装载量为 400kg，额定功率为 45kW，额定电压为 380V。

试验方案:将不同取代率再生混凝土空心砌块，分组分别升温到 300℃、600℃、900℃，升温达到预定温度后恒温 6h，打开炉门静置 30min 以上，再用耐热工具将再生混凝土空心砌块取出。在自然通风状态下冷却至室温。

图 3.22　升温设备

　　高温后再生混凝土空心砌块的外观发生了显著的变化。在常温状态下再生混凝土空心砌块呈青灰色；当温度升高为 300℃ 后变为微红；温度升高为 600℃ 后变为浅粉红色，且表面的裂缝清晰可见；温度升高为 900℃ 后颜色变为青灰色，龟裂、掉角严重，疏松脱落，冷却后没有一个完整成型的砌块，手指可轻易捏碎。高温后再生混凝土空心砌块的外观如图 3.23 所示。

　（a）300℃后　　　　　　　　（b）600℃后　　　　　　　　（c）900℃后

图 3.23　高温后再生混凝土空心砌块的外观

　　对每组试件测量其遭受高温前后的质量变化，获取其高温质量烧失率，具体数值见表 3.22。

表 3.22　不同取代率再生混凝土空心砌块高温后的质量烧失率

砌块类型	温度/℃	烧失率/%			
		取代率为 0	取代率为 30%	取代率为 60%	取代率为 100%
MU10 再生混凝土空心砌块	300	2.98	3.93	4.20	5.27
	600	3.71	4.63	6.49	8.95
	900	9.36	9.87	10.74	11.10
MU7.5 再生混凝土空心砌块	300	3.18	2.89	3.81	5.06
	600	3.21	4.49	5.54	7.23
	900	8.20	9.04	9.52	10.72

　　由表 3.22 可知，再生混凝土空心砌块随着温度的升高以及再生骨料取代率的增加，烧失率呈现逐渐增长的发展趋势。从常温升高到 300℃、600℃和 900℃时质量烧失率先后经历了快速增加，然后减慢，再快速增加的变化过程。300～600℃时烧失率增速相对减慢，这可能是由于内部自由水及结合水依次散失所导致的结果。

　　高温后试件抗压破坏裂缝更多，破坏更充分，其破坏形态如图 3.24 所示。

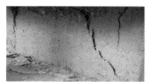

图 3.24　高温后再生混凝土空心砌块抗压的破坏形态

高温后再生混凝土空心砌块的抗压强度见表 3.23。

表 3.23　不同取代率高温后再生混凝土空心砌块的抗压强度

砌块类型	温度/℃	抗压强度/MPa			
		取代率为 0	取代率为 30%	取代率为 60%	取代率为 100%
MU10 再生混凝土空心砌块	常温	10.51	8.58	7.07	6.38
	300	8.25	7.91	6.66	3.83
	600	4.91	3.57	4.14	2.75
MU7.5 再生混凝土空心砌块	常温	7.59	6.75	5.39	5.13
	300	6.18	4.61	4.34	3.32
	600	3.88	2.26	2.18	2.17

注：900℃时，试件直接破坏，无抗压数据。

由表 3.23 可知，随着温度的升高，再生混凝土空心砌块的残余抗压强度逐渐降低，并随着再生细骨料取代率的增加，同一高温后再生混凝土空心砌块的残余抗压强度也逐渐降低。

3.3　再生透水混凝土的力学性能

3.3.1　试验材料

本节试验材料选用 32.5 普通硅酸盐水泥，再生粗骨料来源于某旧房拆迁产生的废弃混凝土和废弃砖块，如图 3.25 所示，经机械破碎和筛分而得。细骨料为天然河砂，掺加聚羟酸高效减水剂，拌和水为城市自来水。

本节试验考虑 3 类不同再生骨料成分，即 A 类为全部废弃混凝土，B 类为废弃混凝土与废弃砖块，质量之比为 1∶2，C 类为全部废弃砖块。依标准试验方法测定各种再生骨料的物理性能指标见表 3.24。由表 3.24 可知，不同组分的再生骨料，其表观密度、堆积密度、孔隙率和吸水率

图 3.25　破碎后的再生骨料

不同，含砖粉多的表观密度和堆积密度均较小，但孔隙率和吸水率大。

表 3.24　再生骨料的物理性能指标

再生骨料	表观密度/（kg/m³）	堆积密度/（kg/m³）	孔隙率/%	吸水率/%
A 类	2592	1269	51	8.5
B 类	2545	1182	54	10.9
C 类	2491	1071	57	16.6

3.3.2　配合比设计

采用体积法计算再生透水混凝土的配合比。

$$\frac{m_w}{\rho_w} + \frac{m_c}{\rho_c} + \frac{m_G}{\rho_G} + P = 1 \tag{3.8}$$

式中，m_w、ρ_w 分别为再生透水混凝土中水的质量和密度；m_c、ρ_c 分别为水泥的质量和密度；m_G、ρ_G 分别为再生骨料的质量和密度；P 为孔隙率（根据生产需要而定），这与透水效果直接相关。

　　水灰比是透水混凝土配制的一个重要指标。它不仅决定透水混凝土强度的大小，还对透水性有很大影响。水灰比过大，水泥浆流动性大，水泥浆不仅要从骨料表面滑下，降低强度，还能堵塞透水混凝土内的有效孔隙，降低透水效果。水灰比过小，流动性过差，难以生产。根据生产经验，透水混凝土的水灰比一般控制为 0.2～0.5，通过对再生透水混凝土的试配，发现水灰比为 0.40 时，手握混凝土后没有水泥浆液流出，松开后凝而不散开，此时效果较好。水灰比大于 0.4 的水灰比，再生透水混凝土的流动性大，有水泥浆液流出，建议不采用。至于其他较小水灰比时，为了提高其施工和易性，可适当添加外加剂，添加量以手抓混凝土没有水泥浆液流出，松开后凝而不散为标准如图 3.26 和图 3.27 所示。

　　　　　　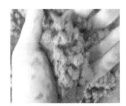

图 3.26　拌和透水混凝土　　　　　图 3.27　手握后不松散

　　根据上述配合比理论计算得到不同孔隙率再生透水混凝土的配合比相关值，详见表 3.25。

表 3.25　不同孔隙率再生透水混凝土的配合比相关值

粗骨料种类	孔隙率/%	水灰比（W/C）	m_c/g	m_w/g	m_G/g	G/C
A 类	20	0.25	450	113	1382	3.1
		0.30	414	124	1382	3.3
		0.35	383	134	1382	3.6
		0.40	357	143	1382	3.9
	25	0.25	363	91	1382	3.8
		0.30	333	100	1382	4.2
		0.35	309	108	1382	4.5
		0.40	287	115	1382	4.8
	30	0.25	275	69	1382	5.0
		0.30	253	76	1382	5.5
		0.35	234	82	1382	5.9
		0.40	218	8.7	1382	6.3

粗骨料种类	孔隙率/%	水灰比（W/C）	m_c/g	m_w/g	m_G/g	G/C
B 类	20	0.25	484	121	1323	2.7
		0.30	445	134	1323	3.0
		0.35	412	144	1323	3.2
		0.40	383	153	1323	3.5
	25	0.25	397	99	1323	3.3
		0.30	365	109	1323	3.6
		0.35	338	118	1323	3.9
		0.40	314	126	1323	4.2
	30	0.25	309	77	1323	4.3
		0.30	284	85	1323	4.7
		0.35	263	92	1323	5.0
		0.40	245	98	1323	5.4
C 类	20	0.25	510	127	1275	2.5
		0.30	469	141	1275	2.7
		0.35	434	152	1275	2.9
		0.40	404	162	1275	3.2
	25	0.25	423	91	1275	3.0
		0.30	389	117	1275	3.3
		0.35	360	126	1275	3.5
		0.40	335	134	1275	3.8
	30	0.25	335	84	1275	3.8
		0.30	308	93	1275	4.1
		0.35	285	100	1275	4.5
		0.40	266	106	1275	4.8

注：G/C 为骨灰比。

3.3.3　再生透水混凝土的制作工艺

再生透水混凝土拌和物的制作工艺如下：先将水泥、水和减水剂置于搅拌机中，搅拌均匀，然后加入自来水，搅拌成均匀的水泥砂浆后，再投入骨料进行搅拌。采用振动成型的方法制作尺寸为 100mm×100mm×100mm 的试块，振动完成后放置阴凉处，24h 后拆模，然后在标准养护室中进行养护。

3.3.4　抗压强度

1. 试件破坏过程及破坏形态

再生透水混凝土由于自身内部结构的特征，决定了它与普通混凝土破坏过程的差异。普通混凝土一般呈正倒相接的四角锥破坏形态，而再生透水混凝土则呈现出像砂粒一样"散""碎"的松散颗粒状破坏形态。这可能是由于透水混凝土采用单一粒径的骨料，内部孔隙率大，不够密实，水泥浆体包裹骨料，然后将这些单一的粒径堆积在一起，内部传力靠骨料与骨料之间的连接点传递所致。

　　骨料 A 类组成的混凝土是包裹骨料的水泥浆体发生了破坏。原因是骨料 A 类由强度较高的废弃混凝土破碎而成，而这种骨料的强度要高于 32.5 水泥组成的水泥浆体的强度，其破坏点是在骨料的连接处水泥浆体的破坏。骨料 C 类组成的混凝土，绝大部分破坏界面是发生在砖块材料上，这是由于废弃砖块的强度低于包裹粗骨料的水泥浆体的强度，当试件受到外界荷载时，强度低的砖块最先发生材料破坏，这是骨料 A 类组成的透水混凝土与骨料 C 类组成破坏形态的最大不同。图 3.28 为透水混凝土的破坏形态。

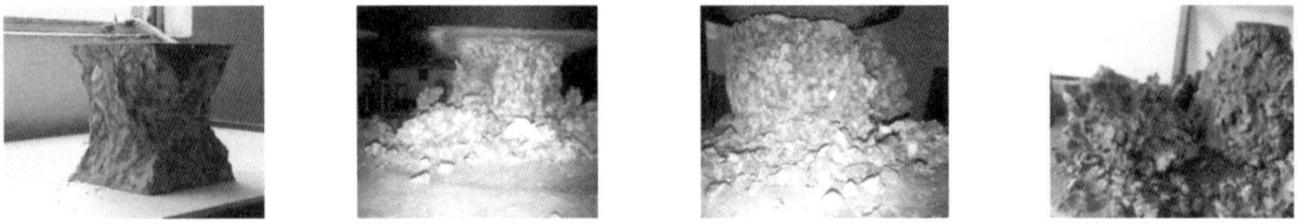

　　（a）普通混凝土　　　　（b）骨料 A 类　　　　（c）骨料 B 类　　　　（d）骨料 C 类

图 3.28　透水混凝土的破坏形态

2. 再生透水混凝土的力学性能

　　依据标准试验方法对再生透水混凝土试块进行测试，获取其立方体的抗压强度（表 3.26）。由于本节试验采用的试件尺寸是 100mm×100mm×100mm，因此需要乘以抗压强度换算系数 0.95。按式（3.9）获取轴心抗压强度值为

$$f_{ck} = 0.88\alpha_{c1}\alpha_{c2}f_{cu} \tag{3.9}$$

式中，f_{ck} 为轴心抗压强度值，MPa；α_{c1} 为棱柱体强度与立方体强度之比，本试验取 0.76；α_{c2} 为高强度混凝土的脆性折减系数，本试验取 1.00；f_{cu} 为立方体抗压强度标准值，MPa。

表 3.26　再生透水混凝土试件的抗压强度

水灰比	类别	孔隙率								
		A 类			B 类			C 类		
		20%	25%	30%	20%	25%	30%	20%	25%	30%
0.25	F	299	178	116	153	136	88	137	123	117
	f_{cu}	29.9	17.8	11.6	15.3	13.6	8.8	13.7	12.3	11.7
	$f_{cu,150}$	28.5	17.0	11.0	14.6	13.0	8.4	13.0	11.7	11.1
	f_{ck}	19.0	11.3	7.4	9.7	8.7	5.6	8.7	7.8	7.5
0.30	F	203	137	154	132	104	95	124	119	102
	f_{cu}	20.3	13.7	15.4	13.2	10.4	9.5	12.4	11.9	10.2
	$f_{cu,150}$	19.3	13.0	14.7	12.6	9.9	9.0	11.8	11.3	9.7
	f_{ck}	12.9	8.7	9.8	8.4	6.6	6.1	7.9	7.6	6.5

续表

水灰比	类别	孔隙率								
		A 类			B 类			C 类		
		20%	25%	30%	20%	25%	30%	20%	25%	30%
0.35	F	178	134	92	130	110	83	122	103	98
	f_{cu}	17.8	13.4	9.2	13	11	8.3	12.2	10.3	9.8
	$f_{cu,150}$	17.0	12.8	8.8	12.4	10.5	7.9	11.6	9.8	9.3
	f_{ck}	11.3	8.5	5.9	8.3	7.0	5.3	7.8	6.6	6.2
0.40	F	173	118	86	122	105	81	108	95	72
	f_{cu}	17.3	11.8	8.6	12.2	10.5	8.1	10.8	9.5	7.2
	$f_{cu,150}$	16.5	11.2	8.2	11.6	10.0	7.7	10.3	9.0	6.9
	f_{ck}	11.0	7.5	5.5	7.8	6.7	5.2	6.9	6.1	4.6

注：F 为极限承载力，kN；$f_{cu,150}$ 为边长 150mm 立方体抗压强度，MPa。

图 3.29 所示为再生透水混凝土的抗压强度与水灰比和孔隙率之间的关系。由图 3.29 可知，随着水灰比的增大，各种组分再生骨料透水混凝土的抗压强度逐渐

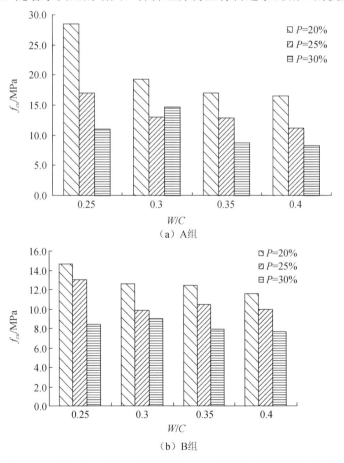

图 3.29 再生透水混凝土抗压强度与水灰比和孔隙率之间的关系

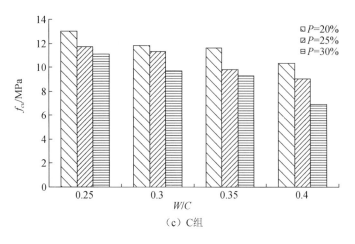

（c）C组

图 3.29（续）

降低，这种降低程度跟骨料的种类有关，A 类降低最为显著，C 类则是缓慢降低。相同水灰比下，再生骨料透水混凝土的抗压强度随着目标孔隙率的增大而显著降低，这种降低程度，A 类降低最为显著，C 类则是较为缓慢。

表 3.27 给出再生透水混凝土的抗压强度与其相对应的干密度值。由表 3.27 可知，再生透水混凝土试块抗压强度和干密度呈正相关关系。在相同的取代率和目标孔隙率下，随着干密度的增大，其抗压强度逐渐增高。

表 3.27　再生透水混凝土抗压强度与其相对应的干密度值

| 类别 | 目标孔隙率 P/% | W/C | | | | | | | |
| | | 0.25 | | 0.30 | | 0.35 | | 0.40 | |
		f_{cu}/ MPa	干密度/ (kg/m³)	f_{cu}/ MPa	干密度/ (kg/m³)	f_{cu}/ MPa	干密度/ (kg/m³)	f_{cu}/ MPa	干密度/ (kg/m³)
A 类	20	28.5	1927	19.3	1888	17.0	1848	16.5	1821
	25	17.0	1825	13.0	1768	12.8	1763	11.2	1728
	30	11.0	1700	14.7	1673	8.8	1645	8.2	1628
B 类	20	14.6	1897	12.6	1873	12.4	1836	11.6	1814
	25	13.0	1795	9.9	1766	10.5	1742	10.0	1709
	30	8.4	1678	9.0	1656	7.9	1625	7.7	1603
C 类	20	13.0	1884	11.8	1861	11.6	1836	10.3	1809
	25	11.7	1765	11.3	1743	9.8	1724	9.0	1697
	30	11.1	1673	9.7	1647	9.3	1621	6.9	1596

3.3.5　透水性能

再生透水混凝土内部含有上下或者左右贯通的连续空隙，混凝土上面的水可以通过这些连续的空隙渗透到混凝土的下面，一方面可以减少混凝土上部的积水量，另一方面还可以让水进入地下，使自然界的水循环系统有效运行起来。

根据达西定律可测定再生透水混凝土的透水系数为

$$K = v = \frac{\Delta h}{t} \tag{3.10}$$

式中，K 为透水系数；Δh 为水位高度的变化差值；t 为水位高度的变化所经历的时间。

为了方便测量，本节研究采用了以下试验材料及设备：高 300mm、直径 75mm 的 PVC 塑管若干，橡皮泥 2 盒，环氧树脂 1 组，2L 量筒 1 个，秒表 1 个，水盆等。

试验步骤：将再生透水混凝土试块四周抹浆密封，只留浇筑时的两个相对侧面来透水，安放 PVC 管的一面从四周往管周围抹浆；拌和环氧树脂，待流动性较差时涂抹在 PVC 管与试块接触的四周，待凝固；往管内注水，检查密封性，如发现漏水处则用橡皮泥封住；把前面做好的装置放置在筛网正中，保持稳定；用量筒往 PVC 管内注水，注满后开始计时，待管内水流完后结束计时。透水系数测试如图 3.30 所示。

图 3.30　透水系数测试

此时将式（3.10）变换为

$$K = \frac{h}{t} \tag{3.11}$$

式中，K 为透水系数；h 为 PVC 管高；t 为水从管最高处流到最低处所需时间。

依据上述方法对各组分再生透水混凝土的透水系数（竖向）进行测试，透水试验效果如图 3.31 所示，各组分透水系数试验数据具体见表 3.28。

图 3.31　透水试验效果

表 3.28　再生透水混凝土的透水系数试验数据

类别	孔隙率/%	试件	W/C							
			0.25		0.30		0.35		0.40	
			K	K_m	K	K_m	K	K_m	K	K_m
A 类	20	a	3.2		5.5		7.2		7.3	
		b	3.2	3.2	5.3	5.5	7.0	7.0	8.2	7.6
		c	3.2		6.0		6.9		7.4	

续表

类别	孔隙率/%	试件	W/C							
			0.25		0.30		0.35		0.40	
			K	K_m	K	K_m	K	K_m	K	K_m
A类	25	a	9.7	9.4	8.1	8.2	10.0	9.5	9.0	8.6
		b	9.2		8.2		8.9		8.5	
		c	9.4		8.4		9.5		8.4	
	30	a	9.6	9.6	9.7	9.9	9.3	9.4	9.3	9.3
		b	9.2		9.7		9.7		9.5	
		c	10.1		10.3		9.2		9.0	
B类	20	a	4.0	3.9	4.6	4.6	4.2	4.0	4.8	4.5
		b	3.9		4.8		4.0		4.4	
		c	3.7		4.4		3.9		4.3	
	25	a	5.5	5.5	5.2	5.2	5.6	5.5	5.8	5.8
		b	5.7		5.1		5.4		5.6	
		c	5.4		5.3		5.6		6.0	
	30	a	9.8	10.0	10.9	10.9	9.7	9.8	10.8	10.2
		b	10.9		10.6		10.1		9.9	
		c	9.4		11.2		9.6		9.8	
C类	20	a	8.2	7.4	7.2	7.2	6.8	7.3	—	7.9
		b	6.8		7.4		7.6		7.8	
		c	7.1		6.9		7.4		8.0	
	25	a	7.5	7.7	8.1	8.2	7.8	8.2	9.0	9
		b	8.2		8.5		8.5		8.6	
		c	7.3		7.9		8.2		9.4	
	30	a	8.2	8.6	9.2	9.6	—	10.1	9.0	9.2
		b	8.2		10.0		9.8		9.2	
		c	9.4		11.8		10.4		9.4	

注：K 为本试验的渗透系数，mm/s；K_m 为渗透系数均值，mm/s。

由表 3.30 可知，随着有效孔隙率的增大，透水系数也随之增大，不同材料成分，这种变化程度不同，运用最小二乘法原理，在不考虑其他因素的前提下，对实测的孔隙率及透水系数进行多项式拟合，其关系为

A 类材料：

$$K_A = -0.0178 P_A^2 + 1.0188 P_A - 4.2811 \tag{3.12}$$

B 类材料：

$$K_B = 0.0609 P_B^2 - 1.8285 P_B + 17.741 \tag{3.13}$$

C 类材料：

$$K_C = 0.02 P_C^2 - 0.4602 P_C + 9.6797 \tag{3.14}$$

3.4　再生细骨料水泥砂浆的力学性能

目前国内外对建筑垃圾再生混凝土有一定的研究，但对利用再生细骨料制成砂浆的相关性能研究很少。

3.4.1　试验材料

试验材料包括：天然细骨料采用天然河砂，再生细骨料通过对废弃的混凝土破碎后经筛分取粒径小于 5mm 的骨料，城市自来水，32.5 R 普通硅酸盐水泥。

3.4.2　试验内容及仪器

1）测定天然和再生细骨料的各物理指标为表观密度、堆积密度、孔隙率、吸水率。使用的主要仪器有鼓风烘箱（105℃±5℃）、天平、500mL 容量瓶、容量筒等。

2）测定不同再生骨料取代率（0～100%，中间级差为10%）下新拌砂浆的各物理指标，包括流动性（沉入度）、保水性（分层度）、密度。使用的主要仪器有砂浆稠度仪、分层度筒、容量筒（1L）等。

砂浆的配合比设计：配置水泥砂浆，强度等级为 M10。经初步计算得水泥：砂=1：3.8，1m³ 砂浆拌和物用水量为 300kg。

3）测定不同再生骨料取代率（0～100%，中间级差为10%）下砂浆试块的抗压强度：制作 66 个边长为 70.7mm×70.7mm×70.7mm 的砂浆试块，标准养护 28d 后，用液压式万能试验机进行加载。

3.4.3　试验结果及分析

1. 天然和再生细骨料的各物理指标

（1）试验数据及处理

通过对各试样采取国家标准试验方法进行测试，天然细骨料和再生细骨料的表现密度、堆积密度及孔隙率、吸水率见表 3.29～表 3.31。

表 3.29　天然细骨料和再生细骨料的表观密度

试样		烘干试样质量/g	试样、水及瓶总质量/g	水及瓶总质量/g	表观密度/（kg/m³）	
					测定值	平均值
天然细骨料	试样 1	300	864	678	2608.7	2610
	试样 2	300	825	640	2608.7	
再生细骨料	试样 1	300	817	648	2290.1	2300
	试样 2	300	832	662	2307.7	

表 3.30 天然细骨料和再生细骨料的堆积密度及孔隙率

试样		筒和试样总质量/g	筒质量/g	堆积密度/（kg/m³）		孔隙率/%	
				测定值	平均值	测定值	平均值
天然细骨料	试样 1	1855	565	1290	1290	50.6	50
	试样 2	1860	565	1295		50.4	
再生细骨料	试样 1	1761	565	1196	1200	47.8	48
	试样 2	1765	565	1200		48.0	

表 3.31 天然细骨料和再生细骨料的吸水率

试样		饱和面干试样质量/g	烘干后试样质量/g	吸水率 $w_{干}$ /%	
				测定值	平均值
天然细骨料	试样 1	500	479	4.38	4.3
	试样 2	500	480	4.17	
再生细骨料	试样 1	500	431	16.01	16.0
	试样 2	500	431	16.01	

表 3.29 中表观密度按下式计算（精确至 10kg/m³）：

$$\rho_0 = \left(\frac{G_0}{G_0 + G_2 - G_1} \right) \times \rho_w \qquad (3.15)$$

式中，ρ_w 为水的密度（1000kg/m³）；G_0 为烘干试样质量；G_1 为试样、水及瓶总质量；G_2 为水及瓶总质量。

表观密度取两次试验结果的算术平均值，精确至 10kg/m³；如果两次试验结果之差大于 20 kg/m³，必须重新试验。

表 3.30 中堆积密度按下式计算（精确至 10kg/m³）：

$$\rho_1 = \left(\frac{G_1 - G_2}{V} \right) \qquad (3.16)$$

式中，ρ_1 为堆积密度；V 为体积；G_1 为筒和试样总质量；G_2 为筒质量。

孔隙率按式（3.17）计算（精确至 1%）：

$$V_0 = \left(1 - \frac{\rho_1}{\rho_0} \right) \times 100 \qquad (3.17)$$

堆积密度取两次试验结果的算术平均值，精确至 10kg/m³。孔隙率取两次试验结果的算术平均值，精确至 1%。

表 3.31 中以干试样为基准的吸水率按下式计算（精确至 0.1%）：

$$w_{干} = \frac{G_1 - G_2}{G_2} \times 100\% \qquad (3.18)$$

式中，$w_{干}$ 为以干试样为基准的吸水率；G_1 为饱和面干试样质量；G_2 为烘干后试样质量。

以两个试样试验结果的算术平均值作为测定值。两次结果的差值超过 0.5% 时，应重新取样进行试验。

（2）试验数据整理与分析

天然细骨料和再生细骨料的各物理指标分析具体见表 3.32。

表 3.32　天然和再生细骨料的各物理指标

种类	表观密度/（kg/m³）	松散堆积密度/（kg/m³）	孔隙率/%	吸水率/%
天然细骨料	2610	1290	50	4.3
再生细骨料	2300	1200	48	16.0

由表 3.32 可以看出：

1）再生细骨料比天然细骨料表观密度和松散堆积密度小，说明材料在自然状态和松散堆积状态下，单位体积的再生细骨料的质量比天然细骨料的小，这是由其构造决定的。再生细骨料表观密度降低的原因主要是再生骨料表面全部或部分包裹着一层硬化水泥砂浆，水泥砂浆孔隙率大、密度小，因此同质量同级配的骨料中，再生骨料含量越多，骨料中砂浆含量就越多，骨料的表观密度就会减少得越多。

2）孔隙率接近。同天然砂细骨料相比，再生骨料表面包裹着相当数量的硬化水泥砂浆，表面粗糙、棱角较多。砂浆孔隙率大、吸水率高，再加上混凝土块在解体、破碎过程中损伤积累使再生骨料内部存在的大量微裂纹，从而导致再生骨料的表观密度低、吸水率高、吸水速率快。

2. 新拌砂浆的各项物理指标

（1）试验数据

通过对各试样采取国家标准试验方法进行测试，沉入度、分层度及砂浆密度的试验数据见表 3.33～表 3.35。

表 3.33　沉入度试验数据

取代率/%		0	10	20	30	40	50	60	70	80	90	100
沉入度/cm	试样 1	7.2	8.5	10.5	7.3	6.7	8.6	9.2	9.1	9.3	11	9.6
	试样 2	7.3	8.1	10.4	7.2	6	9.4	8.8	8	9.5	10	9.6
	平均值	7.25	8.3	10.45	7.25	6.35	9	9	8.55	9.4	10.5	9.6

表 3.34　分层度试验数据

取代率/%	满筒时沉入度/cm		剩余砂浆沉入度/cm		砂浆分层度/cm		
	试样 1	试样 2	试样 1	试样 2	试样 1	试样 2	平均值
0	7.2	7.3	6.1	6.2	1.1	1.1	1.1
10	8.5	8.1	6.6	6.3	1.9	1.8	1.85

取代率/%	满筒时沉入度/cm		剩余砂浆沉入度/cm		砂浆分层度/cm		
	试样 1	试样 2	试样 1	试样 2	试样 1	试样 2	平均值
20	10.5	10.4	6.8	6.89	3.7	3.51	3.61
30	7.3	7.2	5.8	5.5	1.5	1.7	1.6
40	6.7	6	4.8	4.6	1.9	1.4	1.65
50	8.6	9.4	7	6.9	1.6	2.5	2.05
60	9.2	8.8	8.2	6.8	1	2	1.5
70	9.1	8	7	6.5	2.1	1.5	1.8
80	9.3	9.5	6.8	5.8	2.5	3.7	3.1
90	11	10	5.5	5	5.5	5	5.25
100	9.6	9.6	5.1	6.1	4.5	3.5	4

注：分层度＝满筒时沉入度减剩余砂浆沉入度。

表 3.35 砂浆密度试验数据

取代率/%	容量筒质量/kg	体积/m³	砂浆与筒总质量/kg		砂浆密度/（kg/m³）		
			试样 1	试样 2	试样 1	试样 2	平均值
0	1.099	0.001	3.15	3.16	2051	2061	2060
10	1.099	0.001	3.148	3.149	2049	2050	2050
20	1.099	0.001	3.106	3.108	2007	2009	2010
30	1.099	0.001	3.088	3.096	1989	1997	1990
40	1.099	0.001	3.054	3.066	1955	1967	1960
50	1.099	0.001	3.098	3.141	1999	2042	2020
60	1.099	0.001	3.015	3.054	1916	1955	1940
70	1.099	0.001	3.038	3.099	1939	2000	1970
80	1.099	0.001	3.044	3.1	1945	2001	1970
90	1.099	0.001	3.004	3.026	1905	1927	1920
100	1.099	0.001	3.007	2.997	1908	1898	1900

表 3.37 中砂浆密度按下式计算（精确至 $10kg/m^3$）：

$$\rho = \frac{G_2 - G_1}{V} \times 1000 \tag{3.19}$$

式中，V 为体积；G_1 为容量筒质量；G_2 为砂浆与筒总质量。

取两次试验结果的算术平均值，计算值精确至 $10kg/m^3$。

（2）试验数据分析

新拌砂浆的各项物理指标具体见表 3.36。

表 3.36　新拌砂浆的各项物理指标

取代率/%	0	10	20	30	40	50	60	70	80	90	100
沉入度/cm	7.25	8.30	10.45	7.25	6.35	9.00	9.00	8.55	9.40	10.50	9.60
分层度/cm	1.10	1.85	3.61	1.60	1.65	2.05	1.50	1.80	3.10	5.25	4.00
砂浆密度/（kg/m³）	2060	2050	2010	1990	1960	2020	1940	1970	1970	1920	1900

砂浆骨料取代率与沉入度、分层度、砂浆密度关系如图 3.32～图 3.34 所示。

由图 3.33 可知，随着再生细骨料取代率的增大，砂浆的沉入度总体呈增加趋势，增幅不大，离散性较大；因此砂浆随着取代率增大，砂浆流动性较好。

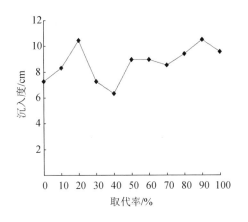

图 3.32　取代率与沉入度关系

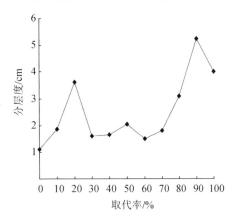

图 3.33　取代率与分层度关系

由图 3.33 可知，随着再生细骨料取代率的增大，砂浆的分层度总体呈增加趋势，增幅可达 4cm，而且 0、10%、30%～70%下的分层度都在 1～2cm 范围内，属于较合理的。砂浆的离析程度随再生细骨料的增多而增大，这也是由再生细骨料的结构造成的，再生细骨料的表面粗糙，表面积大，吸附能力强，随着取代率增加，更多的水泥和再生细骨料结合，砂浆悬浮物减少，砂浆内部水分流出较多，相比之下保水性差，砂浆产生较严重离析、分层。因此，砂浆在砌筑时水分容易被吸收，从而影响砂浆的正常硬化，降低砌筑的质量。

由图 3.34 可知，随着再生细骨料取代率的增大，砂浆的密度总体呈减小趋势，这是因为再生细骨料比天然细骨料的表观密度小，且随着取代率的增加，砂浆密度会减小。

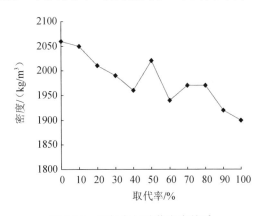

图 3.34　取代率与砂浆密度关系

3. 砂浆试块的抗压强度

（1）试验数据

通过对各试块采取有关国家标准试验方法进行测试，试验数据见表 3.37。

表 3.37　砂浆试块抗压强度试验数据

取代率/%	试验极限荷载 N_u/kN						立方体抗压强度 $f_{m,cu}$/MPa						
	试块 1	试块 2	试块 3	试块 4	试块 5	试块 6	试块 1	试块 2	试块 3	试块 4	试块 5	试块 6	平均值
0	68.6	73	67	72.2	70.6	67.6	13.7	14.6	13.4	14.4	14.1	13.5	14
10	35.8	38.2	36	35.8	45.4	43.2	7.16	7.64	7.2	7.16	9.08	8.64	7.8
20	38.2	38.2	36.2	37.4	36.8	37	7.64	7.64	7.24	7.48	7.36	7.4	7.5
30	44.2	42.4	39	41.2	39.4	42.4	8.84	8.48	7.8	8.24	7.88	8.48	8.3
40	41.2	38.8	36.2	43.6	40.6	40.8	8.24	7.76	7.24	8.72	8.12	8.16	8.0
50	37.4	41.5	40.2	42	41.5	35	7.48	8.3	8.04	8.4	8.3	7	7.9
60	34.8	32	32.7	35.2	34.6	35.4	6.96	6.4	6.54	7.04	6.92	7.08	6.8
70	38.9	36.5	39.6	37	40.6	34.8	7.78	7.3	7.92	7.4	8.12	6.96	7.6
80	31	31.6	33.6	30.2	32.4	30.4	6.2	6.32	6.72	6.04	6.48	6.08	6.3
90	27	33.4	32.4	23.7	30.6	24.6	5.4	6.68	6.48	4.74	6.12	4.92	5.7
100	30.6	35.6	36.4	32.2	36	—	6.12	7.12	7.28	6.44	7.2	—	6.8

砂浆立方体抗压强度 $f_{m,cu}$ 的计算公式如下：

$$f_{m,cu} = \frac{N_u}{A} \tag{3.20}$$

式中，A 为试件面积，$A=4998\text{mm}^2$；$f_{m,cu}$ 为抗压强度；N_u 为试验极限荷载。

以 6 个试件测值的算术平均值作为该组试件的抗压强度值，计算精确至 0.1MPa。当 6 个试件的最大值或最小值与平均值的差超过 20%时，以中间 4 个试件的平均值作为该组试件的抗压强度值。

（2）试验数据分析

砂浆试块的抗压强度分析具体见表 3.38。

表 3.38　砂浆试块的抗压强度

取代率/%	0	10	20	30	40	50	60	70	80	90	100
抗压强度/MPa	14.0	7.8	7.5	8.3	8.0	7.9	6.8	7.6	6.3	5.7	6.8

取代率与抗压强度之间的关系如图 3.35 所示。由图 3.35 可知，随着取代率的增加，砂浆试块的抗压强度总体呈减小趋势，但 10%～100%范围内减小的幅度很小，取代率对再生细骨料砂浆抗压强度影响较小，而且这 10 组比取代率为 0 的试块的抗压强度下降了 50%左右。这是由再生细骨料坚固性差，表面疏松所导致的。

砂浆试块破坏形态如图 3.36 所示。由图 3.36 可知，砂浆试块破坏形态和混凝土试块破坏形态相似。观察其破坏过程：试件加载后，竖向发生压缩变形，试件的上、下端因受加载仪器的约束而横向变形小，中部的膨胀变形最大。试件破坏前，首先在试件高度的中央，靠近侧表面的位置出现竖向裂缝，然后往上和往下延伸，逐渐转向试件角部，形成图 3.36 所示的正倒相连的八字形裂缝。

取代率为 0～100%砂浆试块破坏面对比照片如图 3.37 所示。由图 3.37 可知，取代率为 0 的砂浆试块破坏面更密实，100%的砂浆试块破坏面比较疏松多孔，这是再生细骨料本身的坚固性差、表面疏松导致的。

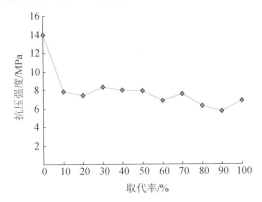

图 3.35　取代率与抗压强度关系

图 3.36　砂浆试块破坏面照片

图 3.37　取代率为 0～100%砂浆试块破坏面对比

3.5　本 章 小 结

本章主要讲述了建筑垃圾生产再生混凝土填充墙体材料的配制方法及其关键影响因素，研究了历经水浸及高温等灾变环境后各类建筑垃圾生产再生填充墙体材料的性能退化规律，揭示了建筑垃圾再生混凝土空心砌块的力学性能，探讨了再生透水混凝土的生产工艺及其力学、透水性能指标，深入研究了再生细骨料砂浆的物理及力学性能等问题。

第4章 钢筋再生混凝土构件的力学性能

4.1 高强钢筋与再生混凝土的黏结性能

再生混凝土作为新近发展的环保型绿色建材，已引起行业内的高度关注，它不仅解决了环境保护的重大课题，而且有利于实现废弃混凝土的循环利用。钢筋再生混凝土结构作为一种新的结构形式，国内外学者已从其构件到结构体系进行了深入的研究，并取得了大量的研究成果。高强钢筋的推广应用已成为一种趋势，将其与再生混凝土结合从而形成高强钢筋再生混凝土结构，有利于扩大再生混凝土的应用范围。高强钢筋与再生混凝土之间的黏结作用是保证该类结构正常工作的基础，然而由于材料使用上的不同，普通混凝土与钢筋间的黏结机理是否同样适用于高强钢筋与再生混凝土还有待进一步考证。基于此，本章介绍了高强钢筋再生混凝土黏结性能的试验研究，通过 15 个试件揭示其在不同再生粗骨料取代率及高强钢筋埋置长度下所具有的破坏机理和黏结强度。

4.1.1 试验设计

1. 黏结应力与界面滑移的测量方案

参照普通钢筋与混凝土的研究成果，试验采用将高强钢筋开槽后粘贴电阻应变片的方式来测得其与再生混凝土界面之间的应变分布。在推出试验的全过程中，根据钢材与再生混凝土之间的力学平衡原理，利用实测的高强钢筋应变差梯度与其截面面积的乘积，可获取黏结应力的传递及分布规律。其方案如下：将钢筋沿轴线对半切割开铣凹槽，每 20mm 贴 1 个应变片，上下交错布置。通过在加载端和自由端布置位移传感器，量测试件加载过程中的滑移值。

2. 试验材料

高强钢筋再生混凝土试件中的再生混凝土是指部分或全部采用再生粗骨料的混凝土，试验所用的再生粗骨料来源于服役期满的废弃混凝土电杆，原设计强度为 C30，试验强度为 31MPa，经过人工破碎筛分后获得。对于相同强度等级不同取代率的再生混凝土配制，采用取代率为 0（即天然粗骨料混凝土）的强度配方，不同取代率时，仅改变再生粗骨料与天然粗骨料的比例，总的粗骨料质量不变，其他成分保持不变，最大粗骨料粒径为 31.5mm。本试验的再生粗骨料取代率为 0～100%变化，中间极差为 20%，本节再生混凝土设计强度为 C30，水：水泥：砂：

粗骨料=1：2.44：2.57：5.71（该配合比指单位体积的材料用量之比）；各配比试件依标准试验方法预留立方体试块，混凝土试件设计参数及特征点数据见表 4.1。所用高强钢筋为 HRB400，公称直径为 16mm 的螺纹钢，依标准金属试验方法测得其屈服强度 f_y=433.21MPa，极限强度 f_u=623.63MPa，弹性模量 E_s=2.03×10^{5}MPa。

表 4.1　试件设计参数及特征点数据

试件编号	γ /%	强度等级	f_{cu} /MPa	l_e /mm	备注
HSRAC-1	0	C30	34.33	130	
HSRAC-2	20	C30	27.70	130	
HSRAC-3	40	C30	36.43	130	取代率对比
HSRAC-4	60	C30	40.30	130	
HSRAC-5	80	C30	38.30	130	
HSRAC-6	100	C30	38.90	130	
HSRAC-7	0	C30	34.33	80	
HSRAC-8	0	C30	34.33	100	
HSRAC-9	0	C30	34.33	120	
HSRAC-10	40	C30	36.43	80	
HSRAC-11	40	C30	36.43	100	界面埋置长度对比
HSRAC-12	40	C30	36.43	120	
HSRAC-13	100	C30	38.90	80	
HSRAC-14	100	C30	38.90	100	
HSRAC-15	100	C30	38.90	120	

注：取代率为 γ；混凝土试验强度为 f_{cu}；埋置长度为 l_e。

3. 试件设计及加载

设计了 15 个边长为 150mm 的立方体试件，考虑了再生粗骨料取代率及高强钢筋埋置长度对其黏结性能的影响，各试件设计参数见表 4.1。浇筑时首先在一端面的钢筋套上直径略大于钢筋直径的 PVC 管，作为加载时的加载端，套管长20mm；另一端钢筋伸出混凝土面作为自由端，试件制作及加载如图 4.1 所示。

试件采用 RMT-201 力学试验机进行推出试验加载和位移控制的加载制度。

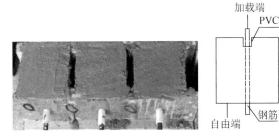

图 4.1　试件制作及加载

4.1.2　试验结果与分析

1. 试验过程及破坏形态

推出试验的加载初期，大多数试件在较小的推出荷载作用下加载端便开始出现微小的滑移，但随着加载的继续，相对滑移量略有增加。持续增加荷载后，首先在加载端的混凝土面上出现微裂缝，并且在推力作用下裂缝逐渐增多、增宽、增深，同时形成几条主裂缝，不断向四周扩展，此时加载端和自由端的滑移急速加大。当荷载增加至一定水平后，裂缝沿着试件侧面逐渐向自由端发展，并伴随微细裂缝的出现。接近峰值荷载时，主裂缝已开展至自由端，随后荷载快速降低，相对滑移不断加快。随着主裂缝相互贯通后，试件宣告破坏，试件的破坏形态如图 4.2 所示。

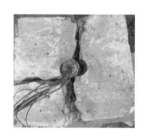

图 4.2　试件的破坏形态

由图 4.2 可知，高强钢筋与再生混凝土试件的破坏以劈裂破坏为主，裂缝贯穿高强钢筋将其劈成两块，部分试件形成主次裂缝相交，次裂缝将半边破坏的混凝土块劈成对半。

2. 特征荷载

通过在加载端和自由端布设位移传感器，可获取推出试验全过程的荷载-滑移曲线，并找出在不同荷载水平下的特征点参数，加载端和自由端典型荷载-滑移曲线如图 4.3 所示。通过对比两类曲线可知，加载端的初始滑移比自由端发展得早，且最终滑移量也较之自由端的大。根据图 4.3 所示，将加载端高强钢筋与再生混凝土开始出现滑移时的荷载定义为初始滑移荷载 P_s，亦称起滑荷载；当加载至试件加载端面出现可见裂缝时，定义此时的荷载为开裂荷载 P_{cr}；至试件破坏时，产生贯通的劈裂裂缝时的荷载称为极限荷载 P_u，此时对应的滑移为极限滑移。

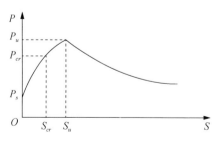

图 4.3　典型荷载-滑移曲线

3. 特征黏结强度及回归分析

采用名义黏结强度定义高强钢筋与再生混凝土界面间黏结应力具有概念清晰的特点，即假定在整个钢筋埋置长度内其黏结应力均匀分布，因此，可按式（4.1）计算为

$$\overline{\tau} = \frac{1000P}{\pi d l_e} \tag{4.1}$$

式中，$\overline{\tau}$ 为钢筋与混凝土间均值黏结强度；P 为推出荷载；d 为钢筋直径。各特征点对应的特征荷载和特征黏结强度见表 4.2。

表 4.2　特征荷载和特征黏结强度

试件编号	P_s/kN	P_{cr}/kN	P_u/kN	S_u/mm	$\overline{\tau}_s$/MPa	$\overline{\tau}_{cr}$/MPa	$\overline{\tau}_u$/MPa
HSRAC-1	11.06	59.78	72.05	0.73	1.69	9.15	11.03
HSRAC-2	10.35	60.41	70.64	1.61	1.58	9.24	10.81
HSRAC-3	8.87	48.43	58.32	1.31	1.36	7.41	8.92
HSRAC-4	8.28	46.38	58.23	1.57	1.27	7.10	8.91
HSRAC-5	8.65	47.42	57.42	1.37	1.32	7.26	8.79
HSRAC-6	7.35	47.76	50.94	2.08	1.12	7.31	7.80
HSRAC-7	2.42	17.87	22.29	2.06	0.60	4.44	5.54
HSRAC-8	4.78	35.43	43.86	2.01	0.95	7.05	8.73
HSRAC-9	2.84	20.53	25.41	2.00	0.47	3.40	4.21
HSRAC-10	3.96	26.42	32.79	1.98	0.98	6.57	8.15
HSRAC-11	5.04	28.09	46.62	1.97	1.00	5.59	9.27
HSRAC-12	4.01	29.05	35.78	1.82	0.66	4.82	5.93
HSRAC-13	2.53	20.64	27.78	1.96	0.63	5.13	6.91
HSRAC-14	3.74	28.64	35.52	1.38	0.74	5.70	7.07
HSRAC-15	4.61	34.07	41.19	1.04	0.76	5.65	6.83

参考表 4.2，分析各变化参数对高强钢筋与再生混凝土界面性能的影响，可得各主要因素对初始滑移黏结强度 $\overline{\tau}_s$、开裂黏结强度 $\overline{\tau}_{cr}$ 及极限黏结强度 $\overline{\tau}_u$ 的影响与相互关系。通过 15 个试件的统计回归分析，得到各特征黏结强度的计算公式。

初始滑移黏结强度为

$$\overline{\tau}_s = (-0.008808\gamma + 0.000338l_e - 0.00531)f_{cu} \tag{4.2}$$

开裂黏结强度为

$$\overline{\tau}_{cr} = (-0.039563\gamma + 0.001310l_e + 0.050943)f_{cu} \tag{4.3}$$

极限黏结强度为

$$\overline{\tau}_u = (-0.051475\gamma + 0.001155l_e + 0.116779)f_{cu} \tag{4.4}$$

4.1.3　影响因素分析

1. 再生粗骨料取代率对黏结强度的影响

图 4.4 所示为黏结强度随取代率的变化曲线。由图 4.4 可知，3 条曲线的走势基本一致，即位于不同荷载水平的黏结强度均表现为随取代率的增加而呈现下降的趋势，但初始滑黏结值的变化幅度相对开裂和极限黏结强度的要小，而后两者在取代率超过 40% 后具有相当大的降低现象。究其原因在于再生粗骨料与天然粗骨料相比，前者的物理力学性能比后者更好，再生粗骨料因破碎后其弹性常数均有所降低，随着取代率的增加，这种不利因素进一步显现，当界面间开始产生滑移时，高强钢筋与混凝土之间的化学黏结力逐渐退出工作，但此时该部分黏结作用并未完全失效，因此初始滑移黏结强度的降低程度较小；随着荷载的进一步增高，化学胶着力绝大部分退出工作，转而由高强钢筋与混凝土之间的机械咬合力和摩擦力承担界面抗剪作用，由于再生粗骨料表面包裹着较多原始水泥基体且其性质较脆，不利于黏结强度的后续发挥，开裂和极限黏结强度会随取代率的增加而明显降低。

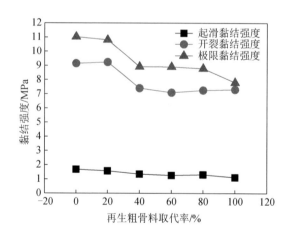

图 4.4　黏结强度随取代率的变化曲线

2. 埋置长度对黏结强度的影响

图 4.5 所示为黏结强度随埋置长度的变化曲线。由图 4.5 可知，总体而言，除个别试件外，高强钢筋与再生混凝土的界面黏结强度随埋置长度的增加而有所增高，但以埋长为 120mm 设计时，所有的特征黏结值均处于曲线的谷值。从分析曲线的变化趋势来看，高强钢筋的埋长越长越有利于其与再生混凝土黏结强度的发挥。由于在推出试验全过程中，界面间的黏结作用由化学胶着力、机械咬合力及

摩擦力先后主要承担两种材料间的黏结抗剪作用，在材料使用一致的条件下，若钢筋埋置得越长，抵抗界面滑移的能力可由此得到增强，如图 4.5（a）所示，处于滑移的弹性阶段，化学胶着力随埋置长度变化的影响更大。对比不同再生粗骨料取代率下的曲线可知，当取代率达 100%时，在位于滑移的非线性阶段，高强钢筋与再生混凝土间的黏结变化随钢筋埋长的增加而变小。

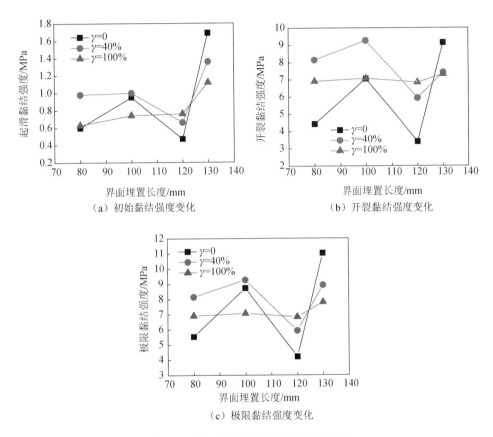

（a）初始黏结强度变化　　　　　　（b）开裂黏结强度变化

（c）极限黏结强度变化

图 4.5　黏结强度随埋置长度的变化曲线

4.1.4　黏结强度实用计算方法分析

由于材料使用上的不同，高强钢筋与再生混凝土的黏结强度和普通钢筋与天然混凝土的黏结强度会有本质上的区别。为了验证现有关于钢筋混凝土界面黏结强度的计算模式是否适用于高强钢筋与再生混凝土的黏结强度，本节选取了以下 6 种计算方法对此展开探讨。

1）王传志和滕智明公式为

$$\tau_u = \begin{cases} \left(1.325 + 1.6\dfrac{d}{l_e}\right)\dfrac{c}{d}f_t, & \dfrac{c}{d} \leqslant 2.5 \\[3mm] \left[\left(5.5\dfrac{c}{d} - 9.76\right)\left(\dfrac{d}{l_e} - 0.4\right) + 1.965\dfrac{c}{d}\right]f_t, & 2.5 < \dfrac{c}{d} < 5 \end{cases} \quad (4.5)$$

2）徐有邻公式 1 为

$$\tau_u = \left(1.6 + 0.7\frac{c}{d} + 20\rho_{sv}\right)f_t \quad (4.6)$$

3）徐有邻公式 2 为

$$\tau_u = \left(1.01 + 1.54\sqrt{\frac{c}{d}}\right)\left(1.0 + 8.5\rho_{sv}\right)f_t \quad (4.7)$$

4）徐有邻公式 3 为

$$\tau_u = \left(0.2 + 4\frac{d}{l_e}\right)\left(5.9 + 0.7\frac{c}{d} + 18\rho_{sv}\right)f_t \quad (4.8)$$

5）徐有邻公式 4 为

$$\tau_u = \begin{cases} \left(0.82 + 0.9\dfrac{d}{l_e}\right)\left(1.9 + 0.8\dfrac{c}{d} + 20\rho_{sv}\right)f_t, & \text{螺纹钢筋} \\[3mm] \left(0.82 + 0.9\dfrac{d}{l_e}\right)\left(1.6 + 0.7\dfrac{c}{d} + 20\rho_{sv}\right)f_t, & \text{月牙钢筋} \end{cases} \quad (4.9)$$

6）CEB-FIP 公式为

$$\tau_u = 2.5\sqrt{f_c} \quad (4.10)$$

式中，c 为钢筋保护层厚度；ρ_{sv} 为箍筋配箍率；A_{sv} 为单肢箍筋面积；d 为箍筋直径；f_c 为混凝土抗压强度设计值，取 $f_c=0.76f_{cu}$；f_t 为混凝土抗拉强度设计值，其值按过镇海研究提供的经验公式 $f_t=0.26f_{cu}^{2/3}$ 计算。其中，式（4.5）和式（4.6）适用于 $l_e/d=2\sim20$，本书中试件设计均不考虑箍筋，各模型计算结果及比较见表 4.3。

表 4.3　各模型计算结果及比较　　　　　　　　　　　　　（单位：MPa）

试件编号	试验值 τ_u	王、滕公式（τ_{WT}）	τ_{WT}/τ_{tu}	徐 1 公式（τ_{X1}）	τ_{X1}/τ_{tu}	徐 2 公式（τ_{X2}）	τ_{X2}/τ_{tu}	徐 3 公式（τ_{X3}）	τ_{X3}/τ_{tu}	徐 4 公式（τ_{X4}）	τ_{X4}/τ_{tu}	CEB-FIP公式（τ_{CE}）	τ_{CE}/τ_{tu}
HSRAC-1	11.03	12.51	1.13	12.44	1.13	11.43	1.04	16.79	1.52	13.42	1.22	12.77	1.16
HSRAC-2	10.81	10.84	1.00	10.79	1.00	9.91	0.92	14.55	1.35	11.63	1.08	11.47	1.06
HSRAC-3	8.92	13.01	1.46	12.95	1.45	11.89	1.33	17.47	1.96	13.96	1.56	13.15	1.47
HSRAC-4	8.91	13.92	1.56	13.85	1.55	12.72	1.43	18.69	2.10	14.93	1.68	13.84	1.55

续表

试件编号	试验值 τ_{tu}	王、滕公式（τ_{WT}）	τ_{WT}/τ_{tu}	徐1公式（τ_{X1}）	τ_{X1}/τ_{tu}	徐2公式（τ_{X2}）	τ_{X2}/τ_{tu}	徐3公式（τ_{X3}）	τ_{X3}/τ_{tu}	徐4公式（τ_{X4}）	τ_{X4}/τ_{tu}	CEB-FIP公式（τ_{CE}）	τ_{CE}/τ_{tu}
HSRAC-5	8.79	13.45	1.53	13.39	1.52	12.29	1.40	18.06	2.06	14.44	1.64	13.49	1.53
HSRAC-6	7.80	13.59	1.74	13.53	1.74	12.42	1.59	18.25	2.34	14.59	1.87	13.59	1.74
HSRAC-7	5.54	15.31	2.76	12.44	2.25	11.43	2.06	24.25	4.38	14.42	2.60	12.77	2.30
HSRAC-8	8.73	13.85	1.59	12.44	1.43	11.43	1.31	20.37	2.33	13.90	1.59	12.77	1.46
HSRAC-9	4.21	12.88	3.06	12.44	2.95	11.43	2.71	17.79	4.22	13.55	3.22	12.77	3.03
HSRAC-10	8.15	15.93	1.95	12.95	1.59	11.89	1.46	25.23	3.09	15.00	1.84	13.15	1.61
HSRAC-11	9.27	14.41	1.55	12.95	1.40	11.89	1.28	21.20	2.29	14.46	1.56	13.15	1.42
HSRAC-12	5.93	13.40	2.26	12.95	2.18	11.89	2.00	18.50	3.12	14.10	2.38	13.15	2.22
HSRAC-13	6.91	16.64	2.41	13.53	1.96	12.42	1.80	26.36	3.82	15.67	2.27	13.59	1.97
HSRAC-14	7.07	15.05	2.13	13.53	1.91	12.42	1.76	22.14	3.13	15.11	2.14	13.59	1.92
HSRAC-15	6.83	14.00	2.05	13.53	1.98	12.42	1.82	19.33	2.83	14.73	2.16	13.59	1.99

注：表中 τ_{tu} 为试验所测的高强钢筋与再生混凝土的黏结强度；τ_{WT} 为王传志和滕智明所推出的钢筋混凝土界面黏结强度计算公式的黏结强度；$\tau_{X1} \sim \tau_{X4}$ 为徐有邻所推出的钢筋混凝土界面黏结强度的 4 个计算公式的黏结强度；τ_{CE} 为 CEB-FIP Model Code 1990: Design Code 所提出的钢筋混凝土界面黏结强度计算公式的黏结强度。

　　由表 4.3 可知，所得计算结果均大于试验值，其中徐有邻公式 2 较其余计算模式略微接近试验结果，但平均高于试验值 2 倍左右；比较各取代率下的极限黏结强度，较低取代率下的计算值普遍比高取代率下的更为接近各计算值，这可能是因再生混凝土的天然缺陷导致其与高强钢筋之间的黏结作用有所降低所致。

4.2　钢筋再生混凝土板的力学性能

　　楼板作为结构体系和建筑空间的重要组成成分，不仅承受结构的竖向荷载，还起着水平分隔的作用，其在整个建筑结构中同梁、柱等一样十分重要。研究钢筋再生混凝土楼板对推广再生混凝土的工程应用具有重要意义。

4.2.1　试验材料与试件设计

　　采用 32.5R 普通硅酸盐水泥、天然河砂、粗骨料及城市自来水进行本次试验，其中粗骨料包括天然粗骨料和再生粗骨料，再生粗骨料由试验室废弃混凝土试件经人工破碎筛分而得，原混凝土强度等级为 C30。天然粗骨料和再生粗骨料皆为碎石类，最大粒径为 30mm。混凝土的配制以普通混凝土为基准，试配强度为 C40，水灰比为 0.41，砂率为 31%。对于不同粗骨料取代率的再生混凝土，保持水、水泥、砂完全相同，在粗骨料总质量不变的前提下改变粗骨料的组成成分。混凝土的配合比及抗压强度见表 4.4。

表 4.4 混凝土的配合比及抗压强度

取代率/%	水灰比	砂率/%	水/kg	水泥/kg	砂/kg	天然骨料/kg	再生骨料/kg	抗压强度/（N/mm²）
0	0.41	31	48.88	119.15	144.5	321.53	0	48.7
50	0.41	31	48.88	119.15	144.5	160.77	160.77	44.7
100	0.41	31	48.88	119.15	144.5	0	321.53	44.9

试验共设计并制作了 6 块钢筋再生混凝土板，其中 3 块为单向板（RRCB-1、RRCB-2、RRCB-3），3 块为双向板（RRCB-4、RRCB-5、RRCB-6）。单向板的试件尺寸为 1600mm×500mm×80mm，双向板的试件尺寸为 1200mm×1200mm×80mm。单向板采用单层单向配筋形式，双向板采用单层双向配筋形式，受力纵筋及构造钢筋均采用直径为 8mm 的 HPB235 钢筋。根据设计方案进行绑扎钢筋和制作模板，浇筑时保证混凝土的浇捣质量，保护层厚度均为 15mm。此外，为了测定混凝土的实际强度，在浇筑钢筋混凝土板试件的同时，按照不同取代率分别制作 3 块混凝土标准立方体试块，在相同条件下进行养护，然后进行抗压强度试验，试验强度见表 4.4。试件的设计参数见表 4.5，试件尺寸及配筋图如图 4.6 所示。钢筋的实测屈服强度和极限抗拉强度分别为 245N/mm²、386N/mm²。

表 4.5 试件的设计参数

试件编号	取代率/%	混凝土强度等级	配筋	
			短向	长向
RRCB-1	0	C40	Φ8@200	Φ8@150
RRCB-2	50	C40	Φ8@200	Φ8@150
RRCB-3	100	C40	Φ8@200	Φ8@150
RRCB-4	0	C40	Φ8@200	
RRCB-5	50	C40	Φ8@200	
RRCB-6	100	C40	Φ8@200	

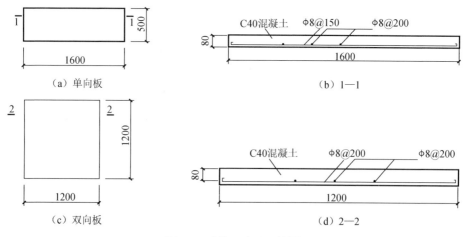

图 4.6 试件尺寸及配筋图

　　试验采用标准铸铁砝码的重力间接加载法进行加载。对于单向板，试验时使板两端简支于刚性支座上，在板面 1/3 跨位置处分别布置钢辊轴，并通过分配梁施加集中荷载。若施加的外荷载为 N，则通过分配梁和钢辊轴分配到 1/3 跨位置处的集中荷载 $Q=0.5N$。为了获取单向板试件受力过程中的荷载-位移全过程曲线，分别在支座和跨中位置布置 3 个位移计，具体情况如图 4.7 和图 4.8 所示。

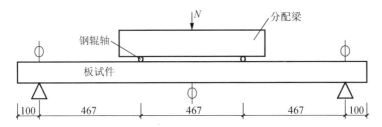

图 4.7　单向板加载装置及位移计布置

图 4.8　单向板加载照片

　　对于双向板，试验时使板四边简单支在刚性支座上，净跨 1000mm，在板试件中央位置布置刚性垫块以承受竖直向下的荷载，刚性垫块是边长为 120mm、厚度为 45mm 的正方体钢板，刚性垫块与试件之间设置沙垫层。为了测量双向板受力过程中的位移，分别在跨中、两边及角部与中点连线的 1/2 处布置 5 个位移计，具体情况如图 4.9 和图 4.10 所示。

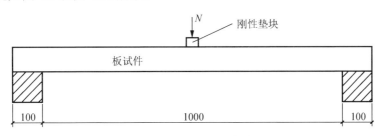

（a）Ⅰ—Ⅰ和Ⅱ—Ⅱ剖面

图 4.9　双向板加载装置及位移计布置

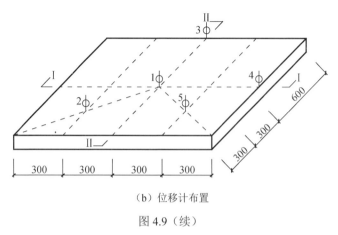

（b）位移计布置

图 4.9（续）

图 4.10　双向板加载照片

　　试验加载时，首先预加载一次，加载值为试件预估极限荷载的 5%，然后采用单向板每级 0.4kN、双向板每级 0.6kN 的加载制度分级加载，在接近开裂或屈服的情况下，减小荷载的级差，以寻找开裂荷载和屈服荷载。试件屈服以后采用位移控制加载，当达到极限荷载的 90% 左右后，连续加载直至破坏，并观察每级荷载下的裂缝发展情况。

4.2.2　试件的荷载-变形过程及破坏形态特征

　　单向板的弯矩-挠度关系曲线如图 4.11（a）所示。由图 4.11（a）可知，单向板的弯矩和挠度关系可分为两个阶段。第 I 阶段：当弯矩较小时，挠度和弯矩关系接近直线变化，板尚未出现裂缝。第 II 阶段：当弯矩超过开裂弯矩 M_{cr} 后，随着第一条裂缝的出现，其他新的裂缝随后不断出现，挠度的增长速度也随之加快。当单向板受压区混凝土边缘纤维压应变达到混凝土抗压强度致使板底裂缝过大，或者底部受拉钢筋屈服，此时标志着板的破坏。

　　双向板的荷载-挠度的关系曲线如图 4.11（b）和（c）所示。由图 4.11（b）和（c）可知，在荷载较小时，两者之间的关系曲线和单向板近似，在荷载到达一定程度时，不同骨料取代率的双向板均出现较为明显的挠度突变；而钢筋普通混凝土双向板的挠度变化则较为平缓。

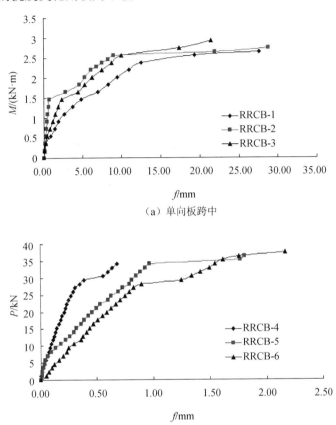

（a）单向板跨中

（b）双向板1/4跨

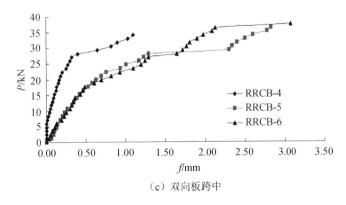

（c）双向板跨中

图 4.11　试件的荷载-挠度关系曲线

试验过程中观察裂缝发展情况：单向板底部裂缝的发展趋势基本相同，随荷载的增大，在底部跨中及施加荷载处形成了 3 条主裂缝，接近破坏时裂缝延伸至板侧面，最大裂缝的宽度达 5.5mm，单向板底部裂缝如图 4.12（a）所示。

双向板底部裂缝的发展趋势也基本相同，随荷载的增大，在底部形成一条通长裂缝，底部裂缝如图 4.12（b）所示。

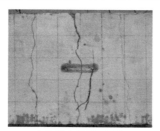 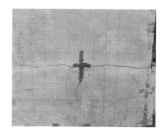

　　　（a）单向板底部裂缝　　　　　　　　　　　（b）双向板底部裂缝

图 4.12　试件裂缝情况

由图 4.11 可知，对于单向板，再生混凝土板的挠度增长速度比普通混凝土板慢。对不同取代率再生混凝土板的挠度进行对比发现，在混凝土开裂前，取代率为 100%的再生混凝土板的挠度增长速度比取代率为 50%的再生混凝土板快；而在混凝土开裂后，取代率为 100%的再生混凝土板的挠度增长速度比取代率为 50%的再生混凝土板慢。对于双向板，在整个试验过程中，再生混凝土板的挠度增长速度比普通混凝土板快。在加载前期，取代率为 50%和取代率为 100%的再生混凝土板的跨中挠度增长速度基本相同，直至加载后期，取代率为 50%的再生混凝土板的挠度增长速度比取代率为 100%的再生混凝土板快。

4.2.3　有限元数值模拟分析

为了进一步研究钢筋再生混凝土板的受力性能，采用 ABAQUS 软件，对试验 6 块钢筋再生混凝土板试件进行全过程非线性模拟分析，并考虑配筋率、板厚等变化参数进行扩展参数分析，共增设了 26 个钢筋再生混凝土板模型（编号 RRCB-7—RRCB-30），其中钢筋的混凝土保护层厚度等设计参数均与试验试件相同，有限元拓展分析模型参数见表 4.6。

表 4.6　有限元拓展分析模型参数

试件编号	取代率/%	抗压强度试验值 /MPa	板厚/mm	边长/mm		钢筋配置	
						短向	长向
RRCB-7	10	29.14	80	1600	500	Φ8@200	Φ8@150
RRCB-8	20	28.20	80	1600	500	Φ8@200	Φ8@150
RRCB-9	30	32.36	80	1600	500	Φ8@200	Φ8@150
RRCB-10	40	33.82	80	1600	500	Φ8@200	Φ8@150

续表

试件编号	取代率/%	抗压强度试验值/MPa	板厚/mm	边长/mm		钢筋配置	
						短向	长向
RRCB-11	60	30.33	80	1600	500	Φ8@200	Φ8@150
RRCB-12	70	35.86	80	1600	500	Φ8@200	Φ8@150
RRCB-13	80	36.96	80	1600	500	Φ8@200	Φ8@150
RRCB-14	90	34.30	80	1600	500	Φ8@200	Φ8@150
RRCB-15	10	29.14	80	1200	1200	Φ8@200	
RRCB-16	20	28.20	80	1200	1200	Φ8@200	
RRCB-17	30	32.36	80	1200	1200	Φ8@200	
RRCB-18	40	33.82	80	1200	1200	Φ8@200	
RRCB-19	60	30.33	80	1200	1200	Φ8@200	
RRCB-20	70	35.86	80	1200	1200	Φ8@200	
RRCB-21	80	36.96	80	1200	1200	Φ8@200	
RRCB-22	90	34.30	80	1200	1200	Φ8@200	
RRCB-23	50	44.7	80	1600	500	Φ8@200	Φ8@80
RRCB-24	50	44.7	80	1600	500	Φ8@200	Φ8@100
RRCB-25	50	44.7	80	1600	500	Φ8@200	Φ8@200
RRCB-26	50	44.7	80	1200	1200	Φ8@100	
RRCB-27	50	44.7	80	1200	1200	Φ8@150	
RRCB-28	50	44.7	80	1200	1200	Φ8@80	
RRCB-29	50	44.7	100	1600	500	Φ8@200	Φ8@150
RRCB-30	50	44.7	120	1600	500	Φ8@200	Φ8@150
RRCB-31	50	44.7	100	1200	1200	Φ8@200	
RRCB-32	50	44.7	120	1200	1200	Φ8@200	

1. ABAQUS 软件建模

采用分离式方法建立有限单元模型。混凝土板、刚性加载垫块以及刚性支座垫块均采用三维八节点六面体一阶实体单元（C3D8R）模拟。垫块与混凝土的连接采用 Tie 方式，离散的钢筋全部采用三维两节点桁架单元（T3D2），离散钢筋采用 Merge 方法合并成钢筋网后，再利用 Embedded Region 的方式植入混凝土中，即建立钢筋与再生混凝土共同工作的板模型。板及钢筋网模型如图 4.13 所示。

  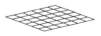

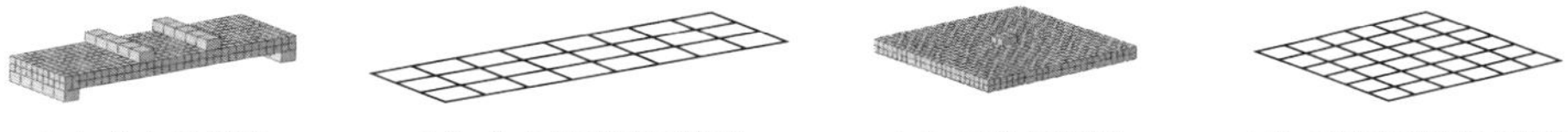

（a）单向板模型　　（b）单向板钢筋网模型　　（c）双向板模型　　（d）双向板钢筋网模型

图 4.13　板及钢筋网模型

再生混凝土与普通混凝土相比，两者在应力-应变曲线的整体变化趋势上基本一致，但由于再生混凝土受再生粗骨料的影响，两者在峰值应力、峰值应变、极限应变和曲线下降过程等方面具有一定差别。

材料本构关系的选取将影响数值模拟计算结果的精确程度。本节试件主要限于平面问题的非线性分析，因此选用单轴受力状态下混凝土的本构模型。ABAQUS 软件为低压力混凝土提供了三种本构模型，选取其中的 Concrete Damage Plasticity 本构关系，它适用于混凝土在各种荷载情况下的分析，包括拉伸开裂和压缩破碎，也可以模拟硬度退化及反向加载刚度恢复的混凝土力学特性，因此，其能较为全面地反映混凝土材料的非线性行为。本章采用同济大学肖建庄提出的再生混凝土单轴受压应力-应变关系，其表达式为

$$a = 2.2 \times (0.748\gamma^2 - 1.231\gamma + 0.975)$$
$$b = 0.8 \times (7.6483\gamma + 1.142)$$
$$y = \frac{\sigma}{f_{c,r}}, x = \frac{\xi}{\xi_c} \tag{4.11}$$
$$y = \begin{cases} ax + (3-2a)x^2 + (a-2)x^3, & 0 \leqslant x < 1 \\ \dfrac{x}{b - (x-1)^2 + x}, & x > 1 \end{cases}$$

式中，γ 为再生粗骨料取代率；$f_{c,r}$ 为混凝土单轴抗压强度代表值，此处取 f_c；ξ_c 为与单轴抗压强度代表值相应的混凝土峰值压应变。

根据有关规范确定混凝土单轴受拉应力-应变关系，公式如下：

$$\sigma = (1 - d_t)E_c\varepsilon$$
$$d_t = \begin{cases} 1 - \rho_t(1.2 - 0.2x^5), & 0 \leqslant x \leqslant 1 \\ 1 - \dfrac{\rho_t}{\alpha_t(x-1)^{1.7} + x}, & x > 1 \end{cases} \tag{4.12}$$
$$\rho_t = \frac{f_{t,r}}{E_c\varepsilon_{t,r}}, x = \frac{\varepsilon}{\varepsilon_{t,r}}$$

式中，α_t 为混凝土单轴受拉应力-应变曲线下降段的参数值；d_t 为混凝土单轴受拉损伤演化参数；$f_{t,r}$ 为混凝土单轴抗拉强度代表值，此处取 f_t；$\varepsilon_{t,r}$ 为与单轴抗拉强度代表值相应的混凝土峰值拉应变，引用肖建庄课题组研究成果，按照下列公式取值：

$$\varepsilon_{t,r} = (55 + a\gamma)(f_{t,r})^{0.54} \times 10^{-6}, \quad a = 14 \tag{4.13}$$

本书作者及其课题组前期研究得到再生混凝土轴心抗压强度标准值可按下式确定：

$$f_{ck} = 0.87f_{cu,k} \tag{4.14}$$

引用肖建庄课题组研究成果，再生混凝土轴心抗拉强度标准值可按下式确定：

$$f_{ck} = (a\gamma + 0.24)f_{cu,k}^{\frac{2}{3}}, \quad a = -0.06 \tag{4.15}$$

式中：γ 为混凝土再生粗骨料取代率；$f_{cu,k}$ 为立方体试块抗压强度试验值。

钢筋采用理想弹塑性模型，选用 ABAQUS 软件提供的 Plasticity 本构关系，在达到屈服应力之前，钢材接近理性弹性体，屈服后塑性应变范围很大而应力保持不变，接近理想塑性体。

2. 有限元分析与试验结果对比

各试件极限承载力试验值与计算值对比见表 4.7。

表 4.7　试验值与计算值对比

试件编号	γ/%	M_t/(kN·m)	M_s/(kN·m)	M_t/M_s	试件编号	γ/%	P_t/kN	P_s/kN	P_t/P_s
RRCB-1	0	2.65	3.22	0.82	RRCB-4	0	34.10	37.23	0.92
RRCB-2	50	2.74	2.43	1.13	RRCB-5	50	36.46	32.44	1.12
RRCB-3	100	2.93	2.55	1.15	RRCB-6	100	38.81	28.73	1.35

注：M_t 为弯矩试验值；M_s 为弯矩计算值；P_t 为极限承载力试验值；P_s 为极限承载力计算值。

对于单向板，极限弯矩的试验值与计算值之比的均值为 1.03，方差为 0.0223，变异系数为 0.0215；对于双向板，均值为 1.13，方差为 0.0316，变异系数为 0.0279。采用该有限元模拟方法精度能满足一般工程要求。误差来源主要是由于模拟过程中忽略了钢筋与再生混凝土的黏结滑移，且未考虑剪切应力及钢筋局部屈曲的影响。

4.2.4　基于试验和数值计算的影响因素分析

1. 取代率的影响

图 4.14 给出不同再生粗骨料取代率下各类再生混凝土的极限承载力对比。由图 4.14 可知，随着取代率的增加，试件的极限承载力呈波动下降之势。为便于分析，以取代率 γ=0 的试件为基准，进行归一化处理，如图中 4.14（c）和（d）所示。由图 4.14 可知，对单向板，取代率 γ=40% 时极限承载能力最高，取代率 γ=50% 时最低，两者比值约为 1.37；对双向板，取代率 γ=40% 时极限承载能力最高，取代率 γ=100% 时最低。可见对再生混凝土板而言，选取取代率为 40% 的再生混凝土较好。

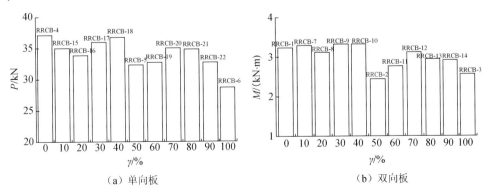

（a）单向板　　　　　　　　　　　　　　（b）双向板

图 4.14　取代率-极限承载力关系

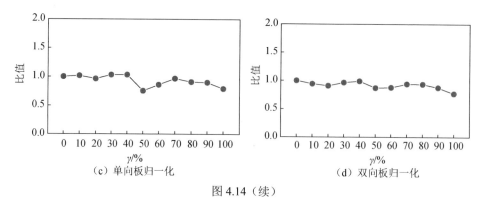

（c）单向板归一化   （d）双向板归一化

图 4.14（续）

2. 配筋率的影响

图 4.15 所示为不同配筋率板再生混凝土的弯矩及极限承载力对比。由图 4.15 可知，对于单向板，在本节研究的配筋率范围内（ρ_{sv}=0.39%～0.97%），当配筋率发生变化时，其极限承载能力变化幅度很小（在 3%之内）。但对双向板，则随着配筋率的增大，极限承载力有上升趋势，当 ρ_{sv} 从 0.39 增大到 0.97%时，其极限承载力提高 6.34%。

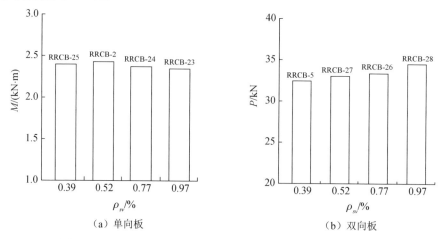

（a）单向板   （b）双向板

图 4.15　不同配筋率钢筋再生混凝土板的弯矩及极限承载力对比

图 4.16 所示为不同配筋率钢筋再生混凝土板的弯矩及极限承载力曲线。由图 4.16 可知，在屈服前的初始阶段不同配筋率的试件曲线几乎重合，这表明改变配筋率对再生混凝土楼板的初始承载性能几乎没有影响；配筋率的变化对峰值荷载和挠度影响也不大，但在峰值过后，配筋率较小的试件下降曲线较陡峭。

3. 板厚的影响

图 4.17 所示为不同板厚下钢筋再生混凝土板的极限承载力变化。由图 4.17 可知，无论是单向板还是双向板，随着板厚的增加，其极限承载力显著增高。板厚

从 80mm 增加到 120mm 时，其极限承载力提高 2.77 倍（单向板）和 3.00 倍（单向板），可见，在保持同样配筋率的前提下，增加板厚对提高其承载能力十分有效。

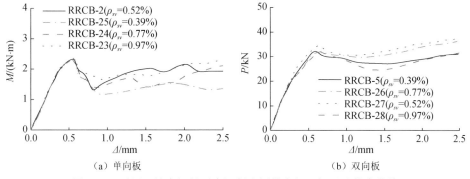

（a）单向板　　　　　　　　　　　　（b）双向板

图 4.16　不同配筋率钢筋再生混凝土板的弯矩及极限承载力曲线

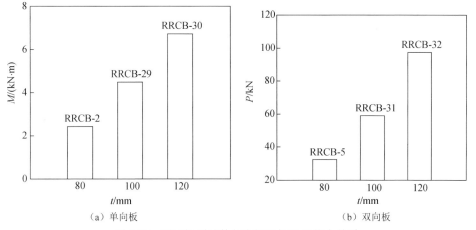

（a）单向板　　　　　　　　　　　　（b）双向板

图 4.17　不同板厚试件与弯矩及极限承载力关系

图 4.18 所示为不同板厚试件的荷载-挠度曲线。由图 4.18 可知，增加板厚能有效提高初始刚度和峰值荷载，板厚增加的试件其荷载-挠度曲线包围的面积更大，表明其耗能能力更强。

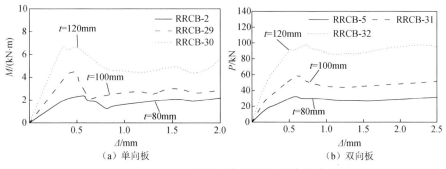

（a）单向板　　　　　　　　　　　　（b）双向板

图 4.18　不同板厚试件的荷载-挠度曲线

4.2.5 极限承载力计算

试验表明，尽管钢筋再生混凝土板由于采用了再生混凝土，其材料性能有所差异，但其宏观破坏形态与普通的钢筋混凝土板相似，其受力破坏机理相同，故可以参考普通钢筋混凝土板的承载力计算理论进行强度计算，考虑到再生混凝土材料性能的差异，有必要在混凝土相关系数上进行修正，基于此思路，对钢筋再生混凝土板的强度计算方法进行探讨。

1. 钢筋再生混凝土单向板极限承载力计算

参照有关规范的计算方法，钢筋再生混凝土单向板极限承载力表达式为

$$\begin{cases} \alpha_1 f_c bx = f_y A_s \\ M_u^c = \alpha_1 f_c bx \left(h_0 - \dfrac{x}{2} \right) \end{cases} \tag{4.16}$$

式中，b 为板宽；x 为混凝土板受压区高度；f_y 为钢筋屈服强度；A_s 为受拉钢筋截面积；h_0 为截面有效高度，取 $h_0 = h - a_s$；α_1 为混凝土系数，取 $\alpha_1 = 1.0$。按式（4.16）计算所得 M_u^c（表 4.8），同时引入参数 $\mu = M_s / M_u^c$，其中 M_s 为数值模拟计算值。

表 4.8　μ 值计算

试件编号	γ/%	M_s /（kN·m）	M_u^c /（kN·m）	μ
RRCB-1	0	3.22	2.61	1.23
RRCB-2	50	2.43	2.61	0.93
RRCB-3	100	2.55	2.61	0.98
RRCB-7	10	3.27	2.60	1.26
RRCB-8	20	3.10	2.60	1.19
RRCB-9	30	3.32	2.61	1.27
RRCB-10	40	3.32	2.61	1.27
RRCB-11	60	2.77	2.60	1.06
RRCB-12	70	3.11	2.61	1.19
RRCB-13	80	2.93	2.62	1.12
RRCB-14	90	2.90	2.61	1.11

由表 4.8 可知，μ 值随再生粗骨料取代率的增大有降低之势。为进一步研究 μ 与 γ 的量化关系（图 4.19），采用 MATLAB 软件对两者之间的数值分布进行拟合，所得拟合结果如图 4.19 所示。通过比较可知，拟合结果与原数据的标准差为 0.1030，误差平方和为 0.0848，可见拟合程度较好。μ 与 γ 之间的函数关系可由式（4.17）进行表达为

$$\mu = 1.2583 - 0.2168\gamma - 0.0063\gamma^2 \tag{4.17}$$

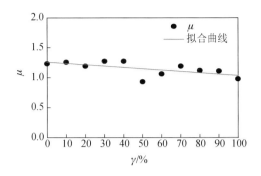

图 4.19　μ 与 γ 的量化关系

考虑结构设计的安全性，以再生粗骨料取代率为 0 时（即普通混凝土）的构件为基准，将 $\gamma=0$ 时的 μ 值调整为 1，即通过调整式（4.17）得到 γ 与 μ' 之间新的函数关系式，即

$$\mu' = 1 - 0.2168\gamma - 0.0063\gamma^2 \tag{4.18}$$

基于此，对钢筋再生混凝土单向板进行正截面抗弯承载力计算时，建议采用式（4.19）进行设计，即

$$M \leqslant \mu'_{(\gamma)}\alpha_1 f_c bx\left(h_0 - \frac{x}{2}\right) \tag{4.19}$$

2. 钢筋再生混凝土双向板极限承载力计算

双向板的极限承载力计算式如下：

$$q = \frac{F}{l_a^2} \tag{4.20}$$

$$q_1 = \frac{\alpha(3 - \alpha^2)}{2} \tag{4.21}$$

$$m_x = m_y = 0.0368 q_1 l_0^2 \tag{4.22}$$

$$F_x = \frac{8m_x}{l_0}, \quad F_y = \frac{8m_y}{l_0} \tag{4.23}$$

$$F = \sqrt{F_x^2 + F_y^2} \tag{4.24}$$

式中，l_a 为刚性垫块边长；q 为刚性垫块范围内的均布荷载；q_1 为等效均布荷载。

双向板的试验值与理论值的比较见表 4.9。由表 4.9 可知，随着骨料取代率的增加，再生混凝土双向板的开裂荷载降低，峰值荷载增加。

表 4.9　双向板的试验值与理论值的比较

试件编号	γ/%	N_u / kN	N_u^t /kN	N_u^c /kN	N_u^t / N_u^c
RRCB-4	0	31.75	34.10	33.76	1.01
RRCB-5	50	29.40	36.46	33.78	1.08
RRCB-6	100	28.22	38.81	35.95	1.08

注：N_u^t 为极限荷载试验值；N_u^c 为极限荷载理论值。

经比较分析，不同再生粗骨料取代率的双向板的试验值与计算值的比值相同，而且比值较吻合，表明钢筋混凝土双向板构件极限承载力计算公式适用于钢筋再生混凝土双向板。

3. 钢筋再生混凝土板的变形计算

参照相关理论公式，单向板挠度计算采用下列方法：

$$\sigma_{sk} = \frac{M_k}{0.87 h_0 A_s} \tag{4.25}$$

$$\Psi = 1.1 - 0.65 \frac{f_{tk}}{\rho_{te} \sigma_s} \tag{4.26}$$

$$B_s = \frac{E_s A_s h_0^2}{1.15\Psi + 0.2 + 6\alpha_E \rho} \tag{4.27}$$

$$B = \frac{M_k}{M_q(\theta - 1) + M_k} B_s \tag{4.28}$$

$$q_1 = \frac{8}{3} \frac{F}{l_0} \tag{4.29}$$

$$f = \frac{5}{384} \frac{q_1 l_0^4}{B} \tag{4.30}$$

式中，σ_{sk} 为按荷载效应的标准组合计算的钢筋混凝土构件纵向受拉钢筋的应力；M_k 为按荷载标准组合计算的弯矩值；h_0 为截面有效高度；A_s 为受拉钢筋截面积；ψ 为裂缝间纵向受拉钢筋应变不均匀系数；f_{tk} 为再生混凝土的轴心抗拉强度标准值；ρ_{te} 为按受拉混凝土截面面积计算的纵向受拉钢筋配筋率；σ_s 为纵向钢筋的应力；B_s 为按荷载永久组合计算的钢筋混凝土受弯构件的短期刚度；E_s 为钢筋的弹性模量；α_E 为钢筋弹性模量与混凝土弹性模量的比值；ρ 为纵向受拉钢筋配筋率；B 为受弯构件的截面刚度；M_q 为按准永久组合计算的弯矩值；θ 为考虑荷载长期作用对挠度增大的影响系数；q_1 为等效均布荷载；F 为集中荷载设计值；l_0 为板的计算跨度；f 为单向板的挠度。

按式（4.25）～式（4.30）计算单向板正常使用阶段的挠度试验值与理论值对比，结果见表 4.10。

表 4.10 单向板的挠度试验值与理论值对比

试件编号	γ /%	f_t/mm	f_c/mm	f_t/f_c
RRCB-1	0	27.60	26.20	1.05
RRCB-2	50	28.81	28.10	1.03
RRCB-3	100	21.47	21.00	1.02

注：f_t 为挠度试验值；f_c 为挠度理论值。

经分析，再生骨料的取代率对单向板构件的刚度有一定的影响，与 RRCB-1 构件相比，RRCB-2 构件跨中最终挠度提高 4.4%，RRCB-3 跨中最终挠度降低 22.2%。由试验值和计算值的比值可见，钢筋混凝土构件挠度计算公式仍可用于钢筋再生混凝土单向板的计算。

双向板挠度的计算式如下：

$$B_c = \frac{Eh^3}{12(1-\nu^2)} \tag{4.31}$$

$$q = \frac{F}{l_a^2} \tag{4.32}$$

$$q_1 = \frac{\alpha(3-\alpha^2)}{2}q \tag{4.33}$$

$$f = 0.004\,06\frac{q_1 l_0^4}{B_c} \tag{4.34}$$

式中，B_c 为板的抗弯刚度；E 为混凝土弹性模量；h 为板厚；ν 为混凝土的泊松比；l_a 为刚性垫块的边长；q 为刚性垫块范围内的均布荷载；q_1 为等效均布荷载。

按式（4.31）～式（4.34）计算双向板正常使用阶段的挠度计算值与试验值对比，结果见表 4.11。由表 4.11 可知，再生骨料的取代率对双向板构件的刚度有很大的影响，随着骨料取代率的增加，构件挠度也逐渐增大。由试验值和计算值的比值可见，钢筋混凝土构件挠度计算公式用于钢筋再生混凝土双向板时，误差较大，因此该计算公式不适用于钢筋再生混凝土双向板。

表 4.11 双向板板挠度的试验值与计算值对比

试件编号	γ /%	f_t/mm	f_c/mm	f_t/f_c
RRCB-4	0	1.10	1.05	1.05
RRCB-5	50	2.83	1.27	2.23
RRCB-6	100	3.08	1.36	2.26

4.3 钢筋再生混凝土梁的受力性能

4.3.1 钢筋再生混凝土梁的受力性能试验

通过设计 6 根钢筋再生混凝土梁试件,本节考虑了再生骨料取代率和剪跨比 2 个变化参数,研究钢筋再生混凝土梁的受力机理及破坏形态,并探讨其极限抗弯、抗剪承载力计算方法。

1. 试验材料

再生粗骨料来源于已服役期满的混凝土电杆,经人工破碎、清洗、筛分而得,原生混凝土强度为 C30。水泥采用 32.5R 普通硅酸盐水泥,天然粗骨料采用粒径为 10～28mm 连续级配的碎石,堆积密度为 1437kg/m³,再生粗骨料粒径为 10～28mm,堆积密度为 1385kg/m³,细骨料为天然河砂。混凝土的配制以普通混凝土为基准,试配强度为 C40,水灰比为 0.41,砂率为 31%。对于不同骨料取代率的再生混凝土,保持水、水泥、砂完全相同,在粗骨料总质量不变的前提下改变天然和再生粗骨料的比例。混凝土配合比及其预留立方体试块强度试验值详见表 4.12。

表 4.12 混凝土的配合比及强度试验值

取代率/%	水灰比	砂率%	各种材料用量（kg/m³）				抗压强度
			水泥	自来水	天然粗骨料	再生粗骨料	
0	0.41	32	431	176	992	0	46.5
50	0.41	32	431	176	496	496	42.0
100	0.41	32	431	176	0	992	41.6

试验采用直径为 18mm 的变形钢筋作为纵向钢筋,直径为 6.0mm 的光圆钢筋作为箍筋。依标准试验方法对其进行材性试验,其力学性能见表 4.13。

表 4.13 钢筋力学性能

钢材类型	f_y/MPa	f_u/MPa	E_s/GPa
Φ18	396.0	562.0	200
Φ6	340.3	472.8	206

2. 试件设计

试验考虑了再生粗骨料取代率和剪跨比两个变化参数,粗骨料的取代率分别为 0、50% 和 100%,剪跨比为 1.5 和 3.2。试件尺寸及配筋设计参数详见表 4.14,截面配筋如图 4.20 所示。

表 4.14　试件尺寸及配筋设计参数

试件编号	试件长度/mm	剪跨比	取代率/%	配筋率/%	配箍形式	极限荷载/kN
RACB-1	2050	3.2	0	2.187	Φ6@200	126.00
RACB-2	2050	3.2	50	2.187	Φ6@200	117.13
RACB-3	2050	3.2	100	2.187	Φ6@200	107.10
RACB-4	1250	1.5	0	2.187	Φ6@200	238.38
RACB-5	1250	1.5	50	2.187	Φ6@200	213.15
RACB-6	1250	1.5	100	2.187	Φ6@200	202.49

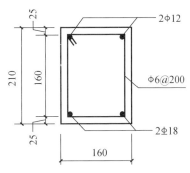

图 4.20　试件截面尺寸及配筋

3. 加载装置及加载制度

试验采用两点对称集中加载，加载装置示意图如图 4.21 所示。采用荷载和位移混合控制的加载制度，在预估极限荷载的 90%以前，采用分级荷载控制，每级以预估极限荷载的 1/10 进行加载，并续荷载 3~5min；之后转为位移控制，控制的跨中位移级差为 2mm，当由于试件挠度、裂缝宽度过大而不能继续加载时，试验结束。测试内容主要包括在每级荷载下的挠度、钢筋的应变及裂缝等。

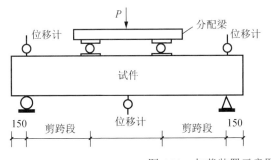

图 4.21　加载装置示意图

4. 荷载-跨中挠度曲线

图 4.22 为试件的荷载-跨中挠度曲线。由图 4.22 可知，钢筋再生混凝土梁的荷载挠度曲线具有很好的变形能力，剪跨比对试件的强度和刚度均有明显影响；

剪跨比较大（$\lambda=3.2$）的试件（RACB-1～RACB-3）与剪跨比较小（$\lambda=1.5$）的试件（RACB-4～RACB-6）相比，其弹性刚度和极限承载力均显著降低，但剪跨比大的试件的延性更好。

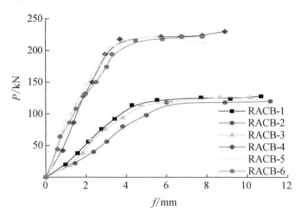

图 4.22　试件的荷载-跨中挠度曲线

5. 荷载-应变曲线

图 4.23 为试件受力纵筋的荷载-应变曲线。由图 4.23 可知，试件的纵向受力钢筋在试件破坏时均达到了屈服强度，对于剪跨比较大的弯曲型破坏试件在 $0.6P_u$ 左右时，纵向受力钢筋已经达到屈服强度；而剪切斜压破坏试件（剪跨比较小）则是在 $0.9P_u$ 左右时才达到屈服。

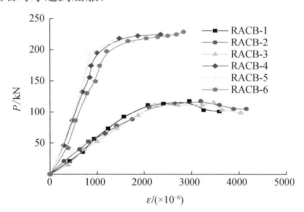

图 4.23　试件受力纵筋的荷载-应变曲线

4.3.2　有限元模拟分析

1. 模型的建立

基于试验数据，本节将截面尺寸、计算长度、剪跨比、箍筋间距等参数进行拓展，建立有限元分析模型 RACB-7～RACB-33，模型参数详见表 4.15。采用分离式方法建立有限单元模型：再生混凝土梁、刚性加载垫块、刚性支座垫块选取三维八节点六面体一阶实体单元（C3D8R）进行模拟，离散的钢筋全部采用三维两节点桁架单元（T3D2）；垫块与梁的连接采用 Tie 方式，离散钢筋采用 Merge 方法合并成钢筋笼后，再利用 Embedded Region 的方式植入混凝土中，即建立钢筋与再生混凝土共同工作的梁模型。梁及钢筋笼模型如图 4.24 所示。

表 4.15　有限元模型参数

试件编号	截面尺寸/（mm×mm）	计算长度/mm	剪跨比	取代率/%	箍筋间距/mm	受力纵筋	抗压强度/MPa
RACB-7	160×210	2000	3.2	0	200	2Φ6	46.5
RACB-8	160×210	2000	3.2	0	200	2Φ12	46.5
RACB-9	160×210	2000	3.2	0	200	2Φ20	46.5
RACB-10	160×210	2000	3.2	100	200	2Φ6	41.6
RACB-11	160×210	2000	3.2	100	200	2Φ12	41.6
RACB-12	160×210	2000	3.2	100	200	2Φ20	41.6
RACB-13	160×210	2000	3.2	0	100	2Φ18	46.5
RACB-14	160×210	2000	3.2	0	160	2Φ18	46.5
RACB-15	160×210	2000	3.2	0	300	2Φ18	46.5
RACB-16	160×210	2000	3.2	100	100	2Φ18	41.6
RACB-17	160×210	2000	3.2	100	160	2Φ18	41.6
RACB-18	160×210	2000	3.2	100	300	2Φ18	41.6
RACB-19	160×210	2000	2.0	0	200	2Φ18	46.5
RACB-20	160×210	2000	2.0	50	200	2Φ18	42.0
RACB-21	160×210	2000	2.0	100	200	2Φ18	41.6
RACB-22	250×300	2600	3.2	0	200	3Φ22	46.5
RACB-23	250×500	3900	3.2	0	200	4Φ25	46.5
RACB-24	250×300	2600	3.2	100	200	3Φ22	41.6
RACB-25	250×500	3900	3.2	100	200	4Φ25	41.6
RACB-26	160×210	1200	1.5	10	200	2Φ18	46.5
RACB-27	160×210	1200	1.5	20	200	2Φ18	44.7
RACB-28	160×210	1200	1.5	30	200	2Φ18	47.2
RACB-29	160×210	1200	1.5	40	200	2Φ18	46.8
RACB-30	160×210	1200	1.5	60	200	2Φ18	49.2
RACB-31	160×210	1200	1.5	70	200	2Φ18	44.6
RACB-32	160×210	1200	1.5	80	200	2Φ18	48.4
RACB-33	160×210	1200	1.5	90	200	2Φ18	47.4

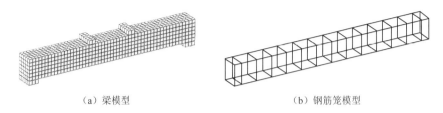

（a）梁模型　　　　　　　　　　　　（b）钢筋笼模型

图 4.24　梁及钢筋笼模型

再生混凝土单轴受压的应力-应变关系如式（4.11）所示。

再生混凝土单轴受拉的应力-应变曲线，按式（4.12）确定。其中，本书作者及其课题组前期研究得到再生混凝土轴心抗压强度标准值可按式（4.14）确定。

根据作者研究成果，再生混凝土的轴心抗拉强度标准值可按式（4.35）确定：

$$f_{tk} = 0.12 f_{cu,k} \tag{4.35}$$

钢筋采用理想弹塑性模型，选用 ABAQUS 软件提供的 Plasticity 本构关系，在达到屈服应力之前，钢材接近理性弹性体，屈服后塑性应变范围很大而应力保持不变，接近理想塑性体。

2. 模拟与试验结果比较

对钢筋再生混凝土梁的试验和模拟结果进行对比，见表 4.16。由表 4.16 可知，对于极限挠度而言，试验值（Δ_t）和模拟值（Δ_c）较为接近，两者的平均比值 1.02，变异系数为 5.39%；对于极限承载力的比较，再生粗骨料取代率为 0 时的钢筋混凝土梁，试验值略大于模拟计算值，但当再生粗骨料取代率为 50% 和 100% 时，其模拟结果比试验值大，这可能是，再生混凝土在力学性能方面的劣势，以及骨料的离散性很难在本构关系中得到体现，导致计算承载力会有所提高。

表 4.16　试验值与模拟计算值对比

试件编号	γ/%	极限挠度			极限承载力		
		Δ_t/mm	Δ_c/mm	Δ_t/Δ_c	P_t/kN	P_c/kN	P_t/P_c
RACB-1	0	5.91	5.62	1.05	126.00	125.80	1.00
RACB-2	50	6.13	6.40	0.96	117.13	129.62	0.90
RACB-3	100	6.18	5.76	1.07	107.10	117.16	0.91
RACB-4	0	3.92	4.19	0.94	238.38	230.69	1.03
RACB-5	50	4.08	3.85	1.06	213.15	221.94	0.96
RACB-6	100	4.17	4.06	1.03	202.49	215.83	0.94

注：Δ_t 表示极限挠度试验值；Δ_c 表示极限挠度模拟计算值。

通过上述分析，虽然采用 ABAQUS 软件的数值模拟技术在计算精度上存在一定的误差，但很大程度上反映了钢筋再生混凝土梁力学行为的演变过程，在缺乏试验条件的情况下，可为工程计算提供便捷途径。

4.3.3　基于试验和数值计算的影响因素分析

为了深入分析钢筋再生混凝土梁的受力性能，在试验基础上增设了 27 根再生混凝土梁模型，并选用 ABAQUS 软件提供的 Plasicity 本构关系，拓展模型的影响因素有再生粗骨料取代率、剪跨比、箍筋间距、纵筋配筋率及梁计算长度等，相关参数详见表 4.15。

1. 剪跨比的影响

图 4.25 给出不同取代率试件的极限承载力随剪跨比的变化。由图 4.25 可知，梁的承载力随着剪跨比的增大而显著降低。相比剪跨比由 2.0 变化至 3.2，当剪跨比由 1.5 增至 2.0 时，钢筋再生混凝土梁的承载能力降幅更大。以剪跨比为 1.5 梁的承载力为基准，对取代率为 0 的试件：当 $\lambda=2.0$ 时，极限承载力减小 32.1%；当 $\lambda=3.2$ 时，极限承载力减小 43.8%。对取代率为 50% 的试件：当 $\lambda=2.0$ 时，极限承载力减小 39.2%；当 $\lambda=3.2$ 时，极限承载力减小 41.6%。对取代率为 100% 的试件：当 $\lambda=2.0$ 时，极限承载力减小 34.8%；当 $\lambda=3.2$ 时，极限承载力减小 46.8%。

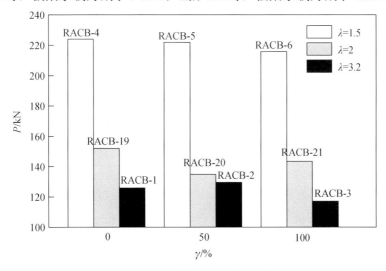

图 4.25　不同取代率试件的极限承载力随剪跨比的变化

再生粗骨料取代率为 100% 时，不同剪跨比钢筋再生混凝土梁的荷载-挠度曲线如图 4.26（a）所示。由图 4.26（a）可知，相比剪跨比大的试件，较小剪跨比试件初始阶段的曲线形状较陡，开裂荷载较小，但承载能力有所提高，变形量变小，试件的破坏较为突然。与钢筋普通混凝土梁类似，增大剪跨比会显著降低其承载力，但变形能力得到改善。

当再生粗骨料取代率为 50% 时，不同剪跨比试件的荷载-挠度曲线的变化趋势如图 4.18（b）所示。由图 4.18 可知，与取代率 100% 类似，小剪跨比试件与大剪跨比试件相比，其初始阶段曲线形状较陡，开裂荷载较小，但承载能力有所提高，变形量减小，试件的破坏较为突然，即增大剪跨比会显著降低梁的承载力，但变形能力改善。

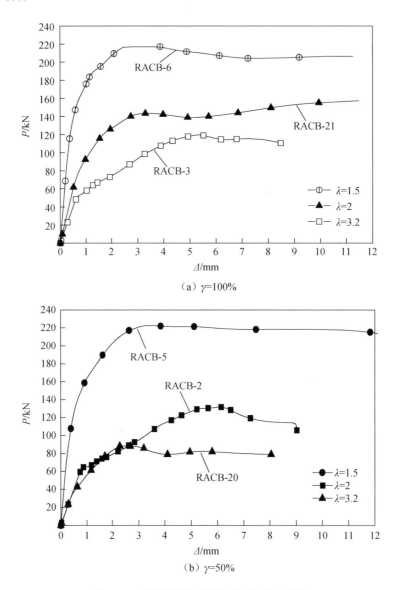

图 4.26 不同剪跨比试件的荷载-挠度曲线

综上所述：当剪跨比变化时，各取代率试件的破坏发展规律相似，故后续分析配筋率、纵筋配筋率及截面尺寸对试件承载能力的影响时，均以取代率 100% 进行。

2. 配箍率的影响

图 4.27 所示为钢筋再生混凝土梁的极限承载力随箍筋间距变化的分布。由图 4.27 可知，箍筋间距增大，试件的极限承载力显著降低。以 S_v=100mm 为基准，对于取代率为 0 的试件：当 S_v=160mm 时，极限承载力降低 17.5%；当 S_v=200mm 时，极限承载力降低 30.5%；当 S_v=300mm 时，极限承载力降低 36.9%。对于取代率为 100%的试件：当 S_v=160mm 时，极限承载力降低 19.5%；当 S_v=200mm 时，极限承载力降低 32.7%；当 S_v=300mm 时，极限承载力降低 37.8%。

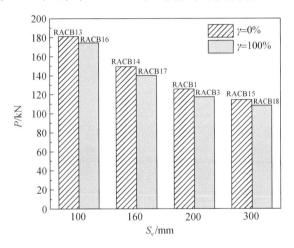

图 4.27　不同箍筋间距试件的极限承载力随箍筋间距变化的分布

图 4.28 所示为再生粗骨料取代率为 100%时不同箍筋间距试件的荷载-挠度曲线。由图 4.28 可知，随着箍筋间距的增大，试件的开裂荷载及开裂时的挠度变化

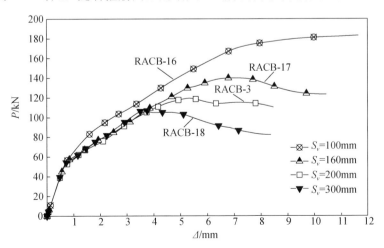

图 4.28　不同箍筋间距试件的荷载-挠度曲线（γ=100%）

不大；但峰值荷载及其对应的挠度均随箍筋间距的增大而明显减小，并且在下降段表现更为显著。

3. 纵筋配筋率的影响

图 4.29 所示为不同截面纵筋配筋率试件的极限承载力变化。由图 4.29 可知，提高截面配筋率，试件的极限承载力显著增大。以ρ_s=0.3%时的荷载为基准，对取代率为 0 的试件：当ρ_s=0.7%时，极限承载力提高 34.0%；当ρ_s=1.5%时，极限承载力提高 46.1%；当ρ_s=1.9%时，极限承载力提高 62.4%。对取代率 100%的试件：当ρ_s=0.7%时，极限承载力提高 28.8%；当ρ_s=1.5%时，极限承载力提高 36.5%；当ρ_s=1.9%时，极限承载力提高 55.2%。

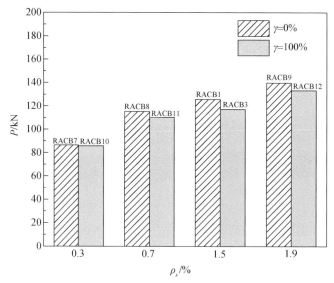

图 4.29 不同截面纵筋配筋率试件的极限承载力变化

对再生粗骨料取代率 100%的试件，不同截面配筋率试件的荷载-挠度曲线如图 4.30 所示。由图 4.30 可知，开裂前，随着截面配筋率的增大，其开裂荷载及开裂时的挠度均有所提高（与配箍率类似，变幅不大）；而随着混凝土的开裂，位于受拉区配筋率小的试件，其挠度增长较快，并迅速达到极限值，而配筋率较大的试件，在达到峰值点后，随着挠度的增长，承载力会迅速下降。

4. 再生粗骨料取代率的影响

为充分研究取代率对梁承载性能的影响，根据课题组各取代率下立方体试块（150mm×150mm×150mm）实测其抗压强度，增设拓展模型 RACB-26～RACB-33，具体参数见表 4.16。参照肖建庄研究成果，按式（4.15）可计算混凝土抗拉强度标准值。

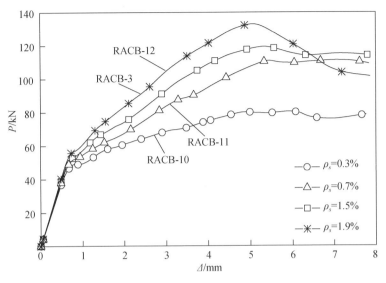

图 4.30 不同配筋率试件的荷载-挠度曲线（γ=100%）

极限承载力-取代率的关系如图 4.31 所示。由图 4.31 可知，随着再生粗骨料取代率的增加，试件的极限承载力在小范围内波动，总体呈降低趋势。

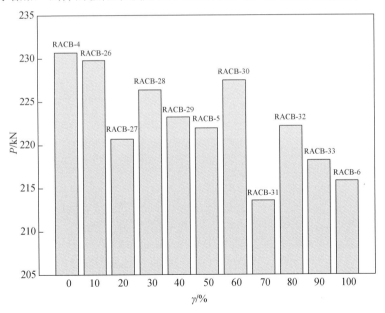

图 4.31 极限承载力-取代率的关系

5. 截面尺寸的影响

拓展模型中，在配筋率、剪跨比等不变前提下，设置了截面为 250mm×300mm

及 250mm×500mm 的梁试件，图 4.32 给出极限承载力与截面尺寸之间的关系。由图 4.32 可知，当剪跨比及纵筋配筋率不变时，随着梁横截面积的增长，极限承载力显著增大。以 160mm×210mm 为基准，取代率为 0 的试件：当截面尺寸为 250mm×300mm 时，极限承载力提高 1.80 倍；截面尺寸为 250mm×500mm 时，极限承载力提高 2.99 倍。取代率 100%的试件：截面尺寸为 250mm×300mm 时，极限承载力提高 1.83 倍；截面尺寸为 250mm×500mm 时，极限承载力提高 2.84 倍。

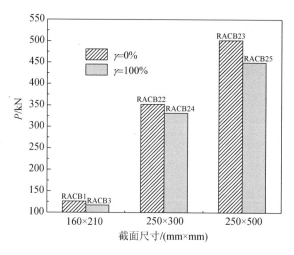

图 4.32　极限承载力与截面尺寸之间的关系

图 4.33 给出再生粗骨料取代率为 100%的不同截面尺寸试件的荷载-挠度曲线。由图 4.33 可知，在其他因素不变时，随着截面尺寸的增大，荷载-挠度曲线逐渐平缓，开裂荷载及开裂挠度有所提高，峰值点荷载及挠度明显增大。

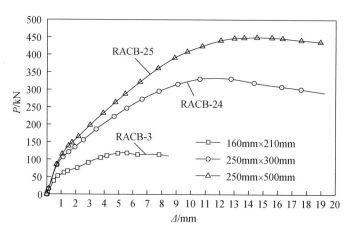

图 4.33　不同截面试件的荷载-挠度曲线（γ=100%）

4.3.4　极限承载力计算

1. 正截面极限承载力

钢筋混凝土梁的正截面极限承载力计算公式如下:

$$
\begin{cases}
M_u = \alpha_s bh_0^2 \alpha_1 f_c \\
\alpha_s = \xi(1 - 0.5\xi) \\
\xi = \dfrac{A_s f_y}{bh_0 \alpha_1 f_c}
\end{cases}
\tag{4.36}
$$

式中, f_c 为混凝土抗压强度的设计值; α_s 为受弯构件截面抵抗矩系数; ξ 为受弯构件受压区高度与截面有效高度的比值; α_1 为等效矩形应力图系数,对于配置 HRB335 钢筋、混凝土强度不超过 C50 的构件,取 $\alpha_1=1.0$。根据计算所得正面极限弯矩 M_c,将其与用上述规范方法计算所得极限弯矩 M_u 进行比较,并引入参数 $\mu=M_c/M_u$,计算结果见表 4.17。

表 4.17　μ 值计算结果

试件编号	$\gamma/\%$	$M_c/(\text{kN·m})$	$M_u/(\text{kN·m})$	μ
RACB-4	0	30.2	24.2	1.2490
RACB-26	10	30.1	24.2	1.2442
RACB-27	20	28.9	24.1	1.1999
RACB-28	30	29.7	24.2	1.2237
RACB-29	40	29.2	24.2	1.2078
RACB-5	50	29.1	23.9	1.2152
RACB-30	60	29.8	24.3	1.2246
RACB-31	70	28.0	24.1	1.1614
RACB-32	80	29.1	24.3	1.1980
RACB-33	90	28.6	24.2	1.1791
RACB-6	100	28.3	23.9	1.1830

由表 4.17 可知,模拟值比规范计算值偏大,其差值随着取代率的增加有减小趋势。为研究 μ 值与取代率 γ 之间关系,采用 MATLAB 软件进行拟合得

$$
\mu = 0.0312\gamma^2 - 0.0952\gamma + 1.244
\tag{4.37}
$$

结构设计时,考虑强度富余、可靠度等因素,以取代率为 0 时(即普通混凝土)的试件为基准,将 $\gamma=0$ 时的 μ 值缩减至 1,即将 γ 与 μ 的函数关系式调整为

$$
\mu = 0.0312\gamma^2 - 0.0952\gamma + 1
\tag{4.38}
$$

再生混凝土梁正截面极限承载力计算,建议采用以下修正公式:

$$
M \leqslant \mu M_u
\tag{4.39}
$$

利用上述方法对试件进行计算，并与试验值进行对比，见表 4.18。由表 4.18 可知，试验值 M_t 与（$\mu M_{u,c}$）值之比均大于 1，其平均值为 1.32，变异系数为 7.40%，略偏保守，强度有富余。

表 4.18　试验值与计算值结果对比

试件编号	M_t /（kN·m）	μ	$\mu M_{u,c}$/（kN·m）	M_t/（$\mu M_{u,c}$）
RACB-1	35.3	1.000	24.20	1.45
RACB-2	32.8	0.960	22.97	1.43
RACB-3	30.0	0.936	22.37	1.34
RACB-4	31.2	1.000	24.20	1.29
RACB-5	27.9	0.960	22.97	1.22
RACB-6	26.5	0.936	22.37	1.19

2. 斜截面极限承载力

《混凝土结构设计规范（2015 年版）》（GB 50011—2010）中给出了钢筋混凝土梁斜截面极限承载力计算公式为

$$V = \frac{1.75}{\lambda + 1} f_t b h_0 + f_{yv} \frac{A_{sv}}{s} h_0 + 0.07N \qquad (4.40)$$

式中，f_t 为混凝土抗拉强度设计值；f_{yv} 为箍筋抗拉强度设计值；A_{sv} 为配置在同一截面内箍筋各肢的全部截面面积；s 为沿构件长度方向箍筋的间距。

为考虑取代率对斜截面极限承载力的影响，将式（4.40）中系数 1.75 调整为系数 ν，即

$$V' = \frac{\nu}{\lambda + 1.0} f_t b h_0 + f_{yv} \frac{A_{sv}}{s} h_0 + 0.07N \qquad (4.41)$$

将数值模拟计算值 V_c 代入式（4.41）中，得出取代率 γ 与 ν 值计算关系，见表 4.19。

表 4.19　取代率 γ 与 ν 值计算关系

模型编号	γ /%	ν
RACB-4	0	2.3493
RACB-26	10	2.3394
RACB-27	20	2.3275
RACB-28	30	2.2669
RACB-29	40	2.2512
RACB-5	50	2.4925
RACB-30	60	2.1864
RACB-31	70	2.2493
RACB-32	80	2.1654
RACB-33	90	2.1676
RACB-6	100	2.4399

由表 4.19 可知，ν 值均大于 1.75，即意味着模拟计算值比按照现行规范计算的结果偏大，偏于安全。但与正截面极限承载力类似，这种强度富余随着取代率的增加有减小的趋势。采用 MATLAB 软件进行拟合得

$$\nu = 0.0844\gamma^2 - 0.2881\gamma + 2.3600 \tag{4.42}$$

结构设计时，考虑强度富余、可靠度等因素，以取代率 0 为基准，将 $\gamma=0$ 时的 ν 值缩减至 1.75，即将 γ 与 ν 的函数关系式调整为

$$\nu = 0.0844\gamma^2 - 0.2881\gamma + 1.75 \tag{4.43}$$

再生混凝土梁斜截面极限承载力计算，建议采用以下修正公式：

$$V \leqslant \frac{\nu}{\lambda+1.0}f_t bh_0 + f_{yv}\frac{A_{sv}}{s}h_0 \tag{4.44}$$

为确定建议方法的可靠性，对试件 RACB-1～RACB-6 进行计算，并将试验值与拟合计算值对比，具体见表 4.20。由表 4.20 可知，RRCB-1～RRCB-3 试验值比计算值大，RACB-4～RACB-6 的试验值比计算值小，有一定的误差。

表 4.20　试验值与拟合式计算值对比

模型编号	V_t/kN	ν	V_u/kN	V_t/V_u
RACB-1	63.000	1.75	69.063	0.91
RACB-2	58.565	1.63	59.675	0.98
RACB-3	53.550	1.55	56.788	0.94
RACB-4	119.190	1.75	104.217	1.14
RACB-5	106.575	1.63	89.196	1.19
RACB-6	101.245	1.55	84.577	1.20

3. 钢筋再生混凝土梁的短期刚度计算

参照《混凝土结构设计规范（2015 年版）》（GB 50010—2010）中短期刚度的计算公式，对钢筋再生梁的短期刚度进行计算。

$$B_s = \frac{E_s A_s h_0^2}{1.15\psi + 0.2 + \dfrac{6\alpha_E \rho}{1+3.5\gamma_f}} \tag{4.45}$$

式中，参数按《混凝土结构设计规范（2015 年版）》（GB 50010—2010）选取。

再生混凝土的弹性模量参照有关文献，采用下式确定：

$$E = 13100 + 370f_{cu,k} \tag{4.46}$$

本节对 6 根再生梁试件的短期刚度进行计算，进一步确定对应峰值荷载的挠度计算值，并与试验值进行对比，具体数值见表 4.21。由表 4.21 可知，试件 RACB-4 的短期刚度最大，试件 RACB-3 的短期刚度最小，且跨中挠度计算值均大于试验值，试验值和计算值之比的均值为 0.92，标准差为 0.013，变异系数为 0.014。略偏于安全，因此，可利用我国现行《混凝土结构设计规范（2015 年版）》（GB 50010—2010）进行再生钢筋混凝土梁的短期刚度及挠度计算。

表 4.21　挠度计算值与试验值对比

试件编号	E/MPa	短期刚度/（10^{11}N·mm^2）	Δ_c/mm	Δ_t/mm	Δ_t/Δ_c
RACB-1	30	6.22	6.48	5.91	0.91
RACB-2	29	6.14	6.56	6.13	0.93
RACB-3	28	6.10	6.60	6.18	0.94
RACB-4	30	7.75	4.31	3.92	0.91
RACB-5	29	7.40	4.51	4.08	0.90
RACB-6	28	7.19	4.64	4.17	0.90

注：试验值与计算值之比的均值为 0.92，标准差为 0.013，变异系数为 0.014。

4.4　钢筋再生混凝土柱的力学性能

4.4.1　试验材料

再生混凝土的配制采用 42.5R 普通硅酸盐水泥、普通天然河砂、城市自来水、天然和再生两种粗骨料。天然粗骨料为连续级配的碎石，粒径为 1.0～2.8cm，堆积密度为 1437kg/m^3。再生粗骨料由服役期满的电杆经人工破碎、清洗和筛分得到，粒径范围为 1.0～2.8cm，堆积密度为 1385kg/m^3，原电杆混凝土强度为 C30。试验纵向钢筋采用直径为 14mm 的 HRB335 热轧钢筋，箍筋采用直径为 6mm 的 HPB235 热轧钢筋。依据有关标准试验方法测得钢材的力学性能具体见表 4.22。

表 4.22　钢材的材料性能

钢材	f_y/MPa	f_u/MPa	E_s/MPa
Φ14	385.32	556.86	2.06×10^5
Φ6	340.36	472.89	2.0×10^5

4.4.2　配合比设计

本节试验的再生混凝土强度等级预设计为 C40。各试件再生混凝土具体材料用量比例及每种配合比及强度试验值见表 4.23。

表 4.23　混凝土的配合比及强度试验值

试件编号	水灰比	砂率/%	各种材料用量/（kg/m³）					$f_{cu,k}$/MPa
			水泥	砂	天然粗骨料	再生粗骨料	水	
RRAC-1	0.42	32	488	546	0	1161	205	48.06
RRAC-2	0.42	32	488	546	0	1161	205	48.06
RRAC-3	0.42	32	488	546	580.5	580.5	205	52.27
RRAC-4	0.42	32	488	546	580.5	580.5	205	52.27
RRAC-5	0.42	32	488	546	0	1161	205	48.06
RRAC-6	0.42	32	488	546	0	1161	205	48.06

4.4.3　试件设计

试验以配箍率、再生粗骨料取代率和相对偏心距为变化参数，共设计了 6 根钢筋再生混凝土柱试件。截面尺寸及配筋图如图 4.34 所示，试件设计参数详见表 4.24。

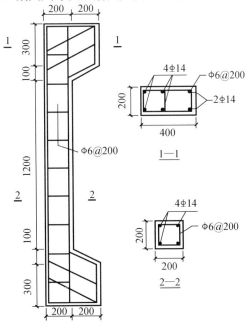

（a）偏心受压试件（RRAC-3～RRAC-6）

图 4.34　截面尺寸及配筋图

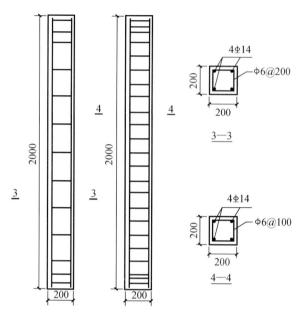

（b）轴心受压试件（RRAC-1和RRAC-2）

图 4.34（续）

表 4.24　试件设计参数

试件编号	e_0/mm	l_0/mm	l_0/h	γ/%	ρ_s/%	ρ_{sv}/%
RRAC-1	0	2000	10	100	1.54	0.14
RRAC-2	0	2000	10	100	1.54	0.29
RRAC-3	60	1200	6	50	1.54	0.14
RRAC-4	70	1200	6	50	1.54	0.14
RRAC-5	60	1200	6	100	1.54	0.14
RRAC-6	70	1200	6	100	1.54	0.14

注：γ 为再生粗骨料取代率；l_0 为试件计算长度；h 为试件截面高度；ρ_s 为纵筋配筋率；ρ_{sv} 为箍筋配箍率。

4.4.4　加载装置及加载制度

试验在电液伺服试验机 YE-10000F 上完成，通过试验机上下端头设置的滚轴铰支座传递荷载。试验采用荷载控制的加载制度，以预估极限荷载的 5% 为级差分级加载，在接近破坏时慢速加载，直至破坏。

4.4.5　试件破坏过程描述

对于轴心抗压试件，加载初期，钢筋和混凝土的应变线性递增；随着荷载增大，首先在试件端部出现竖向裂缝并向下延伸；荷载继续增加，端部附近混凝土保护层剥落，裂缝迅速向下延伸扩展，混凝土被压碎，试件破坏。

相对偏心距（e_0/h）为 0.3 及 0.35 的试件，破坏过程基本相似，加载初期，试件的侧向变形很小，远离加载点一侧混凝土首先水平开裂，随着荷载的增大，水平裂缝的数量、宽度和长度不断增加，加载点近侧混凝土也出现竖向裂缝并被压碎，试件破坏，表现为大偏心受压破坏形态。

4.4.6　截面应变分布

对于偏心受压试件，在试件高度中部截面均匀粘贴了 5 个长标距电阻应变片，可以测定加载过程中该截面混凝土应变分布情况，如图 4.35 所示，图中 n 为该级荷载值与试验极限荷载之比。由图 4.35 可知，钢筋再生混凝土柱截面的应变分布符合平截面假定。

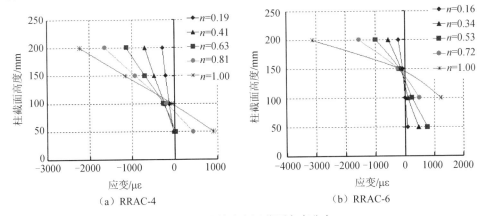

（a）RRAC-4　　　　　　　　（b）RRAC-6

图 4.35　试件应变沿截面高度分布

4.4.7　有限元模拟

1. 模型的建立

采用 ABAQUS 软件对配筋率、配箍率、长细比、再生粗骨料取代率和相对偏心距 5 个参数进行拓展分析，增设 36 根钢筋再生混凝土柱试件（RRAC-7～RRAC-42），其中截面尺寸、混凝土强度等级等参数均与试验试件相同。采用分离式方法建立有限单元模型：再生混凝土柱、刚性支座垫块均选用三维八节点六面体一阶实体单元（C3D8R）进行模拟，离散的钢筋全部采用三维两节点桁架单元（T3D2），垫块与柱的连接采用 Tie 方式，离散钢筋采用 Merge 方法合并成钢筋笼后，再利用 Embedded Region 的方式植入混凝土中。柱模型及钢筋笼模型如图 4.36 所示，有限元模型参数见表 4.25。

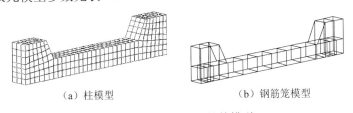

（a）柱模型　　　　　　　　（b）钢筋笼模型

图 4.36　柱模型及钢筋笼模型

表 4.25　有限元模型参数

试件编号	e_0/mm	l_0/mm	γ/%	$f_{cu,k}$/MPa	箍筋间距/mm	ρ_{sv}/%	纵筋参数/mm	ρ_s/%
RRAC-7	0	2000	50	52.27	200	0.14	4Φ14	1.54
RRAC-8	0	2000	100	48.06	150	0.19	4Φ14	1.54
RRAC-9	0	2000	100	48.06	250	0.11	4Φ14	1.54
RRAC-10	70	1200	100	48.06	100	0.28	4Φ14	1.54
RRAC-11	70	1200	100	48.06	150	0.19	4Φ14	1.54
RRAC-12	70	1200	100	48.06	250	0.11	4Φ14	1.54
RRAC-13	0	600	100	48.06	200	0.14	4Φ14	1.54
RRAC-14	0	1200	100	48.06	200	0.14	4Φ14	1.54
RRAC-15	0	2400	100	48.06	200	0.14	4Φ14	1.54
RRAC-16	0	3000	100	48.06	200	0.14	4Φ14	1.54
RRAC-17	0	2000	100	48.06	200	0.14	4Φ10	0.79
RRAC-18	0	2000	100	48.06	200	0.14	4Φ18	2.54
RRAC-19	70	1200	100	48.06	200	0.14	4Φ10	0.79
RRAC-20	70	1200	100	48.06	200	0.14	4Φ18	2.54
RRAC-21	0	2000	0	45.30	200	0.14	4Φ14	1.54
RRAC-22	0	2000	10	46.50	200	0.14	4Φ14	1.54
RRAC-23	0	2000	20	44.70	200	0.14	4Φ14	1.54
RRAC-24	0	2000	30	47.20	200	0.14	4Φ14	1.54
RRAC-25	0	2000	40	46.80	200	0.14	4Φ14	1.54
RRAC-26	0	2000	60	49.20	200	0.14	4Φ14	1.54
RRAC-27	0	2000	70	44.60	200	0.14	4Φ14	1.54
RRAC-28	0	2000	80	48.40	200	0.14	4Φ14	1.54
RRAC-29	0	2000	90	47.40	200	0.14	4Φ14	1.54
RRAC-30	70	1200	0	45.30	200	0.14	4Φ14	1.54
RRAC-31	70	1200	10	46.50	200	0.14	4Φ14	1.54
RRAC-32	70	1200	20	44.70	200	0.14	4Φ14	1.54
RRAC-33	70	1200	30	47.20	200	0.14	4Φ14	1.54
RRAC-34	70	1200	40	46.80	200	0.14	4Φ14	1.54
RRAC-35	70	1200	60	49.20	200	0.14	4Φ14	1.54
RRAC-36	70	1200	70	44.60	200	0.14	4Φ14	1.54
RRAC-37	70	1200	80	48.40	200	0.14	4Φ14	1.54
RRAC-38	70	1200	90	47.40	200	0.14	4Φ14	1.54
RRAC-39	50	1200	50	52.27	200	0.14	4Φ14	1.54
RRAC-40	80	1200	50	52.27	200	0.14	4Φ14	1.54
RRAC-41	90	1200	50	52.27	200	0.14	4Φ14	1.54
RRAC-42	100	1200	50	52.27	200	0.14	4Φ14	1.54

　　再生混凝土与普通混凝土相比,两者在应力-应变曲线的整体变化趋势上基本一致,且由于再生混凝土中再生粗骨料的影响,两者在峰值应力、峰值应变、极限应变和曲线下降段过程等方面具有一定的差别。

再生混凝土的单轴受压应力-应变关系式如式（4.11）所示。

根据《混凝土结构设计规范（2015 年版）》（GB 50010—2010）确定混凝土单轴受拉应力-应变关系，公式如下：

$$\begin{cases} \sigma = (1-d_t)E_c\varepsilon \\ d_t = \begin{cases} 1+\rho_t(1.2+0.2x^5), & 0 \leqslant x < 1 \\ 1-\dfrac{\rho_t}{\alpha_t(x-1)^{1.7}+x}, & x \geqslant 1 \end{cases} \\ \rho_t = \dfrac{f_t^r}{E_c\varepsilon_{t,r}}, \quad x = \dfrac{\varepsilon}{\varepsilon_{t,r}} \end{cases} \tag{4.47}$$

式中，f_t^r 为混凝土单轴抗拉强度代表值，此处取 f_t；$\varepsilon_{t,r}$ 为与单轴抗拉强度代表值相应的混凝土峰值拉应变，参照有关文献按照下列公式取值：

$$\varepsilon_{t,r} = (55 + a\gamma)(f_t^r)^{0.54} \times 10^{-6}, \quad a = 14 \tag{4.48}$$

本书作者前期研究表明，再生混凝土的轴心抗压强度标准值可按式（4.14）确定：

引用肖建庄课题组的研究成果，再生混凝土的轴心抗拉强度标准值可按下式确定：

$$f_{tk} = (a\gamma + 0.24)f_{cu,k}^{\frac{2}{3}}, \quad a = -0.06 \tag{4.49}$$

式中，γ 为混凝土再生粗骨料取代率；$f_{cu,k}$ 为立方体试块抗压强度试验值。

钢筋采用理想弹塑性模型，选用 ABAQUS 软件提供的 Plasticity 本构关系，在达到屈服应力之前，钢材接近理性弹性体，屈服后塑性应变范围很大而应力保持不变，接近理想塑性体。

2. 有限元分析与试验结果对比

各试件极限承载力试验值与模拟计算值的对比见表 4.26。由表 4.26 可知，模拟计算值与试验值吻合较好。

表 4.26　试验值与模拟计算值的对比

试件编号	P_t/kN	P_c/kN	P_t/P_c
RRAC-1	1260	1364	0.92
RRAC-2	1520	1385	1.10
RRAC-3	920	758	1.21
RRAC-4	640	662	0.97
RRAC-5	880	747	1.18
RRAC-6	640	615	1.04

3. 再生粗骨料取代率的影响

以取代率 0 为基准，不同取代率进行归一化对比，如图 4.37 所示。由图 4.37 可知，相对偏心距为 0 及 0.35 的试件，当取代率由 0 增加到 100%时，其极限承载力呈波动性小幅度变化。其中，当相对偏心距为 0 时，承载力最低和最高试件，两者相差约 13.8%；当相对偏心距为 0.35 时，承载力最低和最高的试件相差约 10.9%。

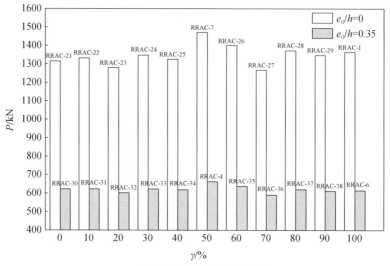

（a）极限承载力-取代率关系

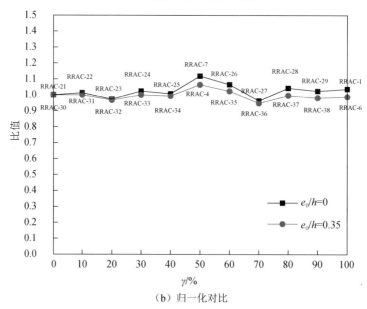

（b）归一化对比

图 4.37　取代率-极限承载力关系及其归一化对比

4. 配箍率的影响

图 4.38 所示为不同配箍率下的试件极限承载力关系及以 ρ_{sv} =0.11%为基准的

归一化对比。不难发现，对不同偏心距的试件，提高配箍率，其极限承载力均有提高，但幅度不明显。以 ρ_{sv} =0.11%为基准，相对偏心距为 0 的试件：当 ρ_{sv} =0.14%时，极限承载力提高了 0.44%；当 ρ_{sv} =0.19%时，极限承载力提高了 1.40%；当 ρ_{sv} =0.28%时，极限承载力提高 3.39%。相对偏心距为 0.35 的试件：当 ρ_{sv} =0.14%时，极限承载力提高 0.33%；当 ρ_{sv} =0.19%时，极限承载力提高 1.14%；当 ρ_{sv} =0.28%时，极限承载力提高 3.26%。适当增大体积配箍率对提高承载力有利，但影响较微弱，并随相对偏心距的增大而削弱。

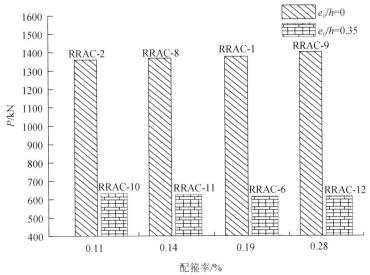

（a）配箍率-极限承载力关系

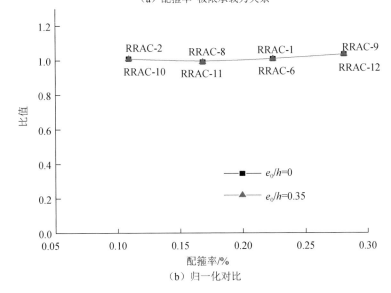

（b）归一化对比

图 4.38　不同配箍率的极限承载力关系及其归一化对比

图 4.39 所示为不同配箍率试件的荷载-位移曲线。由图 4.39 可知，在同样的偏心距下，增大配箍率，对试件的荷载-位移曲线几乎没有影响，仅是峰点荷载有小幅度提高和峰点位移有小幅度波动。

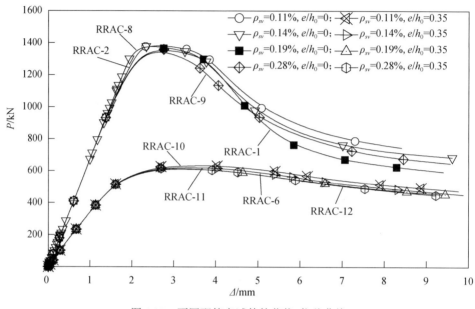

图 4.39　不同配箍率试件的荷载-位移曲线

5. 配筋率的影响

极限承载力随纵筋配筋率的变化及以 ρ_s =0.79% 为基准的归一化对比，如图 4.40 所示。由图 4.40 可知，相对偏心距为 0 的试件：当 ρ_s =1.54% 时，极限承载力提

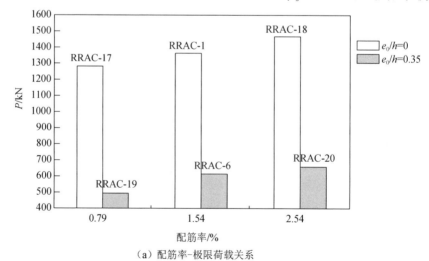

（a）配筋率-极限荷载关系

图 4.40　配筋率-极限承载力关系及其归一化对比

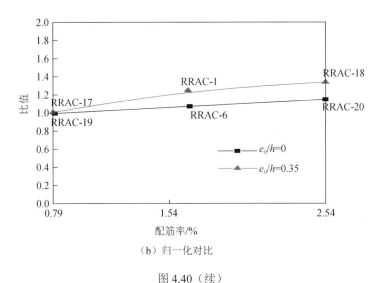

（b）归一化对比

图 4.40（续）

高 6.40%；当 ρ_s=2.54% 时，极限承载力提高 14.51%。相对偏心距为 0.35 的试件：当 ρ_s=1.54% 时，极限承载力提高 24.49%；当 ρ_s=2.54% 时，极限承载力提高 33.40%。

　　图 4.41 所示为不同配筋率时试件的极限承载力-位移曲线。由图 4.41 可知，提高试件配筋率能显著提高其极限承载力，并且峰点变形有小幅度增大趋势。

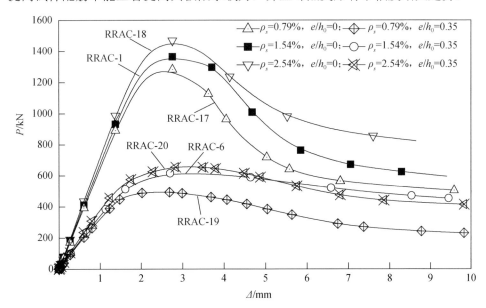

图 4.41　不同配筋率试件的极限承载力-位移曲线

6. 长细比的影响

不同长细比-极限承载力关系如图 4.42 所示。由图 4.42 可知，随着长细比增大，试件的极限承载力逐渐减小，以长细比为 3 的试件为基准：当长细比为 6 时，极限承载力减小 6.52%；当长细比为 10 时，极限承载力减小 8.27%；当长细比为 12 时，极限承载力减小 9.15%；当长细比为 15 时，极限承载力减小 8.81%。当长细比从 3 增大到 10 时，极限承载力减小得较为显著；当长细比从 10 增大到 15 时，极限承载力减小的速率变缓。

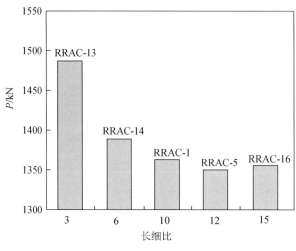

图 4.42　长细比-极限承载力关系

不同长细比试件的荷载-位移曲线如图 4.43 所示。由图 4.43 可知，上升段，随着长细比增大，曲线斜率逐渐减小，峰点荷载减小，峰点位移明显增大；下降段，随着长细比增大，曲线逐渐趋于平缓。

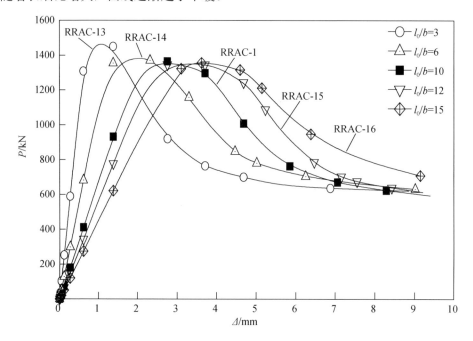

图 4.43　不同长细比试件的荷载-位移曲线

7. 相对偏心距的影响

图 4.44 给出极限承载力随相对偏心距变化情况，以及以相对偏心距 0.25 为基准的归一化对比。由图 4.44 可知，相对偏心距对试件的极限承载力有较大影响。随着相对偏心距的增大，试件的极限承载力显著降低。以相对偏心距为 0.25 为基准：当偏心距提高到 0.3 时，极限承载力降低 13.96%；当偏心距提高到 0.35 时，极限承载力降低 24.86%；当偏心距增大到 0.4 时，极限承载力降低 33.83%；当偏心距增大到 0.45 时，极限承载力降低 40.75%；当偏心距增大到 0.5 时，极限承载力降低 46.42%。

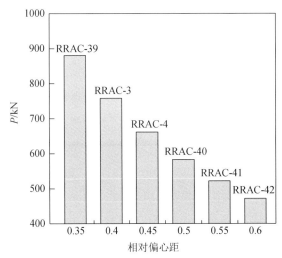

（a）相对偏心距-极限承载力关系（γ=50%）

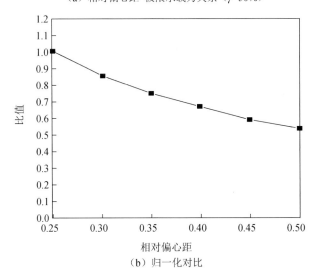

（b）归一化对比

图 4.44　相对偏心距-极限承载力关系及其归一化对比（γ=50%）

图 4.45 所示为不同相对偏心距试件的 P-Δ 曲线。由图 4.45 可知，上升段，随着相对偏心距的提高，曲线斜率逐渐减小，峰点荷载值显著减小，峰点位移有增大趋势，但不明显；在下降段，随着相对偏心距的增大，曲线逐渐趋于平缓，即相同位移增量时，荷载下降幅度减小。

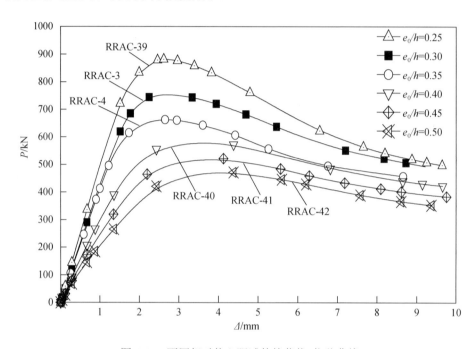

图 4.45　不同相对偏心距试件的荷载-位移曲线

4.4.8　极限承载力计算

1. 轴心受压柱正截面极限承载力计算

钢筋混凝土轴心受压柱的正截面极限承载力采用的计算式如下：

$$N_u = 0.9\varphi(f_c A + f_y' A_s') \tag{4.50}$$

式中，φ 为钢筋混凝土构件的稳定系数，按照《混凝土结构设计规范（2015 年版）》（GB 50010—2010）取值；f_y' 为钢筋抗压强度设计值；A_s' 为全部纵向钢筋的截面面积；f_c 为再生混凝土轴心抗压强度设计值；A 为构件截面面积，当纵向钢筋的配筋率大于 3% 时，A 改用 $(A-A_s')$。

为考虑再生粗骨料取代率对强度的影响，将上式混凝土部分因子 $f_c A$ 项乘以受取代率 γ 影响的函数 $\mu_{(\gamma)}$，即将式（4.50）修改为

$$N_u' = 0.9\varphi(\mu_{(\gamma)} f_c A + f_y' A_s') \tag{4.51}$$

将有限元模拟计算所得轴心受压极限承载力 N_u^s 代入式（4.51），得到 μ 值与 γ 之间关系，具体的 μ 值计算见表 4.27。

表 4.27　μ 值计算

试件编号	e_0/mm	取代率 γ/%	N_u^s/kN	μ
RRAC-21	0	0	1315	1.1599
RRAC-22	0	10	1332	1.1467
RRAC-23	0	20	1280	1.1398
RRAC-24	0	30	1347	1.1442
RRAC-25	0	40	1325	1.1325
RRAC-7	0	50	1471	1.1414
RRAC-26	0	60	1401	1.1477
RRAC-27	0	70	1267	1.1291
RRAC-28	0	80	1372	1.1394
RRAC-29	0	90	1347	1.1393
RRAC-1	0	100	1364	1.1398

由表 4.27 可知，μ 值均大于 1。这表明模拟值比规范计算结果略大，略偏于安全，但这种强度富余随着取代率的增加有减小的趋势。为研究 μ 值与取代率 γ 之间的关系，采用 MATLAB 软件进行拟合，得

$$\mu = -1.3292\gamma \times 10^{-2} + 1.1485 \tag{4.52}$$

结构设计时，考虑强度富余、可靠度等因素，以取代率 0 时（即普通混凝土）的试件为基准，将 $\gamma=0$ 时的 μ 值转换为 1，即将 γ 与 μ 的函数关系式调整为如下所示：

$$\mu' = -1.3292\gamma \times 10^{-2} + 1 \tag{4.53}$$

2. 偏心受压柱正截面极限承载力计算

矩形截面偏心受压柱正截面根限承载力公式为

$$N_u = \alpha_1 f_c bx + f_y' A_s' - \sigma_s A_s \tag{4.54}$$

$$N_u e = \alpha_1 f_c bx\left(h_0 - \frac{x}{2}\right) + f_y' A_s'(h_0 - a_s') \tag{4.55}$$

式中，α_1 为等效矩形应力图系数，对于 HRB335 钢筋、混凝土强度不超过 C50 的构件，取 $\alpha_1=1.0$；f_c 为再生混凝土轴心抗压强度设计值；x 为混凝土受压区高度；f_y' 为钢筋抗压强度设计值；A_s' 为全部纵向钢筋的截面面积；a_s' 为受压钢筋合力作用点到构件边缘的距离；σ_s 为受拉纵向钢筋的应力，当为大偏心受拉时，取 $\sigma_s = f_y$；e 为轴向力至受拉钢筋合力中心的距离，取 $e=\eta\, e_i+0.5h-a_s$，η 为偏心距增大系数，按照《混凝土结构设计规范（2015 年版）》（GB 50010—2010）给定的公式计算。

为考虑再生粗骨料取代率对强度的影响，将式（4.55）中混凝土部分因子 $\alpha_1 f_c bx$（$h_0 - x/2$）项乘以受取代率 γ 影响的函数 $\nu_{(\gamma)}$，即

$$N'_u e = \nu_{(\gamma)} \alpha_1 f_c bx \left(h_0 - \frac{x}{2} \right) + f'_y A'_s (h_0 - a'_s) \tag{4.56}$$

将数值计算所得偏心受压极限承载力 N^s_u 代入式（4.56），得到 ν 值与 γ 之间关系，结果见表 4.28。由表 4.28 可知，ν 值均大于 1，模拟值比《混凝土结构设计规范（2015 年版）》（GB 50010—2010）计算的结果略大，且其富余随着取代率的增加有减小的趋势。为研究 ν 值与取代率 γ 之间的关系，采用 MATLAB 软件进行拟合，得

$$\nu = -3.2146\gamma \times 10^{-2} + 1.0898 \tag{4.57}$$

表 4.28　ν 值计算

试件编号	e_0/mm	γ/%	N^s_u/kN	ν
RRAC-30	70	0	622	1.0974
RRAC-31	70	10	622	1.0843
RRAC-32	70	20	602	1.0760
RRAC-33	70	30	622	1.0771
RRAC-34	70	40	618	1.0758
RRAC-4	70	50	662	1.0796
RRAC-35	70	60	637	1.0770
RRAC-36	70	70	590	1.0602
RRAC-37	70	80	620	1.0630
RRAC-38	70	90	611	1.0608
RRAC-6	70	100	615	1.0598

结构设计时，考虑强度富余、可靠度等因素，以取代率为 0 时（即普通混凝土）的试件为基准，将 $\gamma = 0$ 时的 ν 值转换为 1，即将 γ 与 ν 的函数关系式调整为

$$\nu' = -3.2146\gamma \times 10^{-2} + 1 \tag{4.58}$$

4.5　本 章 小 结

本章较为系统地介绍了高强钢筋与再生混凝土界面之间的黏结滑移性能及其影响因素；讲述了钢筋再生混凝土单向受力板、双向受力板的承载能力和变形性能，并给出了其极限抗弯承载力计算方法；叙述了钢筋再生混凝土梁的受弯和受剪力学性能，并给出了其抗弯和抗剪极限承载力计算方法及短期刚度计算方法；介绍了钢筋再生混凝土柱在轴心受压和偏心受压时的受力性能和正截面极限承载力的计算方法。

第 5 章　型钢与再生混凝土间的黏结滑移性能

在型钢混凝土结构中，两种性能不同的材料能够共同工作是因为它们之间存在黏结作用，这种黏结作用使型钢与混凝土之间能够实现应力传递，从而在型钢混凝土构件中建立起结构承载所需的工作应力。当型钢混凝土构件中结构承载产生的工作应力大于黏结应力时，型钢与混凝土连接面上就会产生型钢与混凝土之间的相对滑移，即为型钢混凝土的黏结滑移。

型钢再生混凝土黏结滑移问题是建立型钢再生混凝土组合结构理论的最基本问题，它直接影响着型钢再生混凝土结构和构件的受力性能、破坏形态、计算假定、构件承载能力、裂缝和变形计算理论和分析方法，黏结性能的好坏直接影响到型钢的锚固长度和栓钉布置。本章研究建立型钢再生混凝土之间的黏结滑移本构关系，为型钢再生混凝土结构计算机仿真分析奠定基础。

5.1　型钢再生混凝土黏结滑移试验

对于型钢再生混凝土的黏结滑移性能研究，可根据内力平衡条件，由推出试验获取其黏结力（黏结力为型钢表面的黏结应力和界面面积的乘积，即 $F = \tau \cdot S$）。由于推出试验中，黏结应力沿埋置长度不是一成不变的，而是有规律地变化。因此，本节先采用沿型钢埋置长度粘贴电阻应变片的办法测量型钢应变，再通过应力与应变的关系得到沿型钢埋置长度的黏结应力分布。

5.1.1　试验测量方案

1. 应变测量

在黏结滑移试验研究中，一般采用将钢筋或型钢开槽内贴应变片的办法测量沿锚固长度变化的黏结应力。通过详细分析前人的试验发现，型钢开槽量测黏结力分布存在一些问题有待改进：①开槽后型钢截面面积准确测量不容易；②型钢开槽导致钢材材性发生改变；③开槽加工困难。为了避免这些问题，本节实验采用不开槽的办法，在型钢表面直接粘贴电阻应变片测量型钢应变变化情况。

2. 滑移测量

加载端和自由端的滑移分别通过各端布置的指示表测量的型钢和混凝土位移值得到。滑移测量布置如图 5.1 所示。

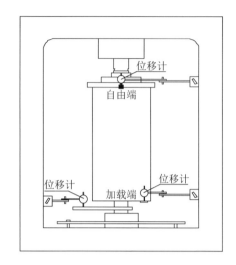

图 5.1　滑移测量布置

5.1.2　自然黏结试件设计与制作

相关研究结果表明：影响型钢混凝土黏结滑移性能的因素很多，主要包括混凝土强度等级、混凝土保护层厚度、横向配箍率、型钢埋置长度、型钢表面状况、型钢与混凝土截面面积比、混凝土浇筑位置等。结合再生混凝土的特点，重点考虑再生粗骨料取代率、混凝土强度等级、保护层厚度、横向配箍率 4 个变化参数，共设计了 22 个试件，自然黏结型钢再生混凝土试件设计参数详见表 5.1。配钢形式及截面尺寸如图 5.2 所示，图中 a 为型钢的混凝土保护层厚度。

表 5.1　自然黏结型钢再生混凝土试件设计参数

试件编号	影响因素	黏结部位	强度等级	保护层厚度/mm	取代率/%	配箍形式	截面尺寸/（mm×mm）
SRRAC-1		全部	C30	50	0	Φ6@200	200×200
SRRAC-2		全部	C30	50	10	Φ6@200	200×200
SRRAC-3		全部	C30	50	20	Φ6@200	200×200
SRRAC-4		全部	C30	50	30	Φ6@200	200×200
SRRAC-5		全部	C30	50	40	Φ6@200	200×200
SRRAC-6	取代率	全部	C30	50	50	Φ6@200	200×200
SRRAC-7		全部	C30	50	60	Φ6@200	200×200
SRRAC-8		全部	C30	50	70	Φ6@200	200×200
SRRAC-9		全部	C30	50	80	Φ6@200	200×200
SRRAC-10		全部	C30	50	90	Φ6@200	200×200
SRRAC-11		全部	C30	50	100	Φ6@200	200×200

续表

试件编号	影响因素	黏结部位	强度等级	保护层厚度/mm	取代率/%	配箍形式	截面尺寸/（mm×mm）
SRRAC-12	黏结部位	外翼缘	C30	50	30	Φ6@200	200×200
SRRAC-13		腹板	C30	50	30	Φ6@200	200×200
SRRAC-14		内翼缘	C30	50	30	Φ6@200	200×200
SRRAC-15	保护层厚度	全部	C30	40	70	Φ6@140	180×180
SRRAC-16		全部	C30	60	70	Φ6@140	220×220
SRRAC-17		全部	C30	70	70	Φ6@140	240×240
SRRAC-18	横向配箍率	全部	C30	50	70	Φ6@140	200×200
SRRAC-19		全部	C30	50	70	Φ6@100	200×200
SRRAC-20		全部	C30	50	70	Φ6@80	200×200
SRRAC-21	骨料来源（废弃试件）	全部	C30	50	30	Φ6@200	200×200
SRRAC-22	骨料粒径20mm	全部	C30	50	30	Φ6@200	200×200

注：1）试件的型钢埋置长度均为460mm；

2）再生骨料经人工破碎，筛除粒径大于 31.5mm 及小于 5mm 的部分，清洗晒干而得，除说明外，再生骨料均来自已经服役期满的南方电网西南线路混凝土电杆，原生混凝土强度为C30；

3）SRRAC-12、SRRAC-13、SRRAC-14 为隔离试件，分别隔离外翼缘、腹板、内翼缘；

4）试件 SRRAC-21 的再生骨料为实验室废弃试件混凝土，原生混凝土强度为C30；

5）试件 SRRAC-22 骨料最大粒径为20mm。

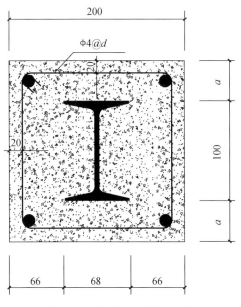

图 5.2　配钢形式及截面尺寸

[注：d 表示间距，具体间距 80～200mm（见表 5.1 "配箍形式" 一栏）]

表 5.1 中相关参数设计目的如下。

1）再生骨料取代率：通过 11 个试件（取代率从 0～100%变化，级差为 10%）揭示再生骨料取代率对黏结滑移性能的影响规律（试件 SRRAC-1～SRRAC-11）。

2）黏结部位：对型钢不同部分的黏结性能是否相同尚有不同观点（有学者认为翼缘内侧、外侧和腹板的黏结性能不同，有学者认为各部位黏结相同）。通过设计 4 个试件来探讨这一问题（SRRAC-4 为型钢全截面与混凝土黏结，SRRAC-12～SRRAC-14 分别为仅有型钢外翼缘、内翼缘和腹板与混凝土黏结）。

3）混凝土保护层厚度：考虑并设计了 40mm、50mm、60mm 和 70mm 不同保护层厚度，研究保护层的合理厚度对黏结性能的影响。

4）配箍形式：考虑了 4 种横向配箍率，以揭示横向配箍率的影响。

5）再生骨料来源：再生混凝土来源广泛导致再生骨料性能差异大。本试验考虑了两种不同来源的再生粗骨料，一种是来源于服役期满的混凝土电线杆，另一种是来源于实验室龄期约 1 年的废弃混凝土试件。

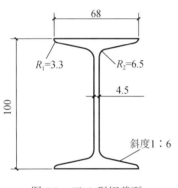

图 5.3　工 10 型钢截面

6）骨料最大粒径：为了研究骨料粒径对黏结性能的影响，设计了最大粒径为 20mm 以及 31.5mm 两种不同骨料粒径的试件。

7）试验采用 10 号工字形（简称工 10）型钢，截面如图 5.3 所示。试件入混凝土的型钢长度均为 460mm，外露长度为 40mm，型钢长度为 500mm。按构造要求，试件均配有构造钢筋。

型钢应变片布置如图 5.4 所示。粘贴应变片之后，涂上环氧树脂，并贴上钢片进行保护。

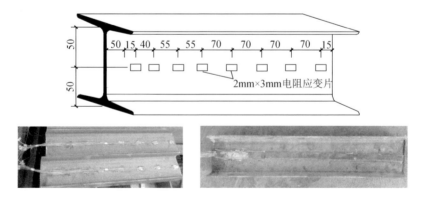

图 5.4　型钢应变片布置

加载前，先将加载端外露的型钢截面打磨平整，并确保横截面与轴线垂直。

在试件自由端，型钢横截面与试件自由端表面平齐。为了测量自由端的滑移量，在自由端型钢上焊接水平伸出钢筋，并布置指示表测量自由端的滑移量。本节采用推出加载的方法，即混凝土相对压力机不动，由压力机加压推动型钢来达到加载目的。

以往的推出试验，通常将试件自由端设计成图 5.5 所示的部分混凝土留空，容易发生局部压碎破坏。本节采用了改进措施，在自由端垫上一块厚 30mm 的钢板（图 5.6），型钢即可沿着"工"字形留空被推出来。

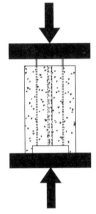

图 5.5　传统推出试件

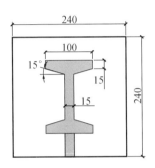

图 5.6　自由端垫板

再生混凝土配合比设计参照普通混凝土进行（按 C30 目标设计），采用 32.5 R 普通硅酸盐水泥、再生粗骨料和天然粗骨料、天然河砂、城市自来水，具体配合比见表 5.2。

表 5.2　混凝土配合比

取代率/%	普通硅酸盐水泥/（kg/m³）	城市自来水/（kg/m³）	天然河砂/（kg/m³）	再生粗骨料/（kg/m³）	天然粗骨料/（kg/m³）	配合比
0	500	205	525	0	1170	1 : 0.41 : 1.05 : 2.34
10	500	205	525	117	1053	1 : 0.41 : 1.05 : 2.34
20	500	205	525	234	936	1 : 0.41 : 1.05 : 2.34
30	500	205	525	351	819	1 : 0.41 : 1.05 : 2.34
40	500	205	525	468	702	1 : 0.41 : 1.05 : 2.34
50	500	205	525	585	585	1 : 0.41 : 1.05 : 2.34
60	500	205	525	702	468	1 : 0.41 : 1.05 : 2.34
70	500	205	525	819	351	1 : 0.41 : 1.05 : 2.34
80	500	205	525	936	234	1 : 0.41 : 1.05 : 2.34
90	500	205	525	1053	117	1 : 0.41 : 1.05 : 2.34
100	500	205	525	1170	0	1 : 0.41 : 1.05 : 2.34

5.1.3　带栓钉试件设计与制作

大量研究和工程应用表明：由于型钢与混凝土的黏结力一般较小（约为光圆钢筋的 0.45 倍），需要较长的剪力传递长度，在很多情况下，焊接抗剪栓钉通过抗剪栓钉和自然黏结力共同承担荷载。

为了研究带栓钉型钢再生混凝土的黏结性能，设计了 7 个试件，考虑栓钉直径、栓钉位置、混凝土强度等级等变化参数，具体见表 5.3。带栓钉型钢再生混凝土的截面示意图如图 5.7 所示。

表 5.3　带栓钉试件变化参数

试件编号	影响因素	栓钉直径/mm	栓钉长度/mm	栓钉位置	混凝土强度等级	保护层厚度/mm	再生骨料取代率/%	配箍形式	截面尺寸/（mm×mm）
SRRAC-23	栓钉直径	16	50	翼缘	C30	70	100	Φ6@140	240×240
SRRAC-24		10	50	翼缘	C30	70	100	Φ6@140	240×240
SRRAC-25		12	50	翼缘	C30	70	100	Φ6@140	240×240
SRRAC-26	栓钉位置	12	50	腹板	C30	70	100	Φ6@140	240×240
SRRAC-27		12	50	全部	C30	70	100	Φ6@140	240×240
SRRAC-28	混凝土强度	12	50	翼缘	C40	70	100	Φ6@140	240×240
SRRAC-29		12	50	翼缘	C50	70	100	Φ6@140	240×240

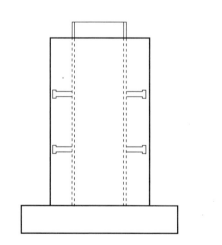 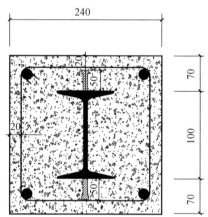

（a）型钢翼缘设置栓钉

图 5.7　带栓钉型钢再生混凝土的截面示意图

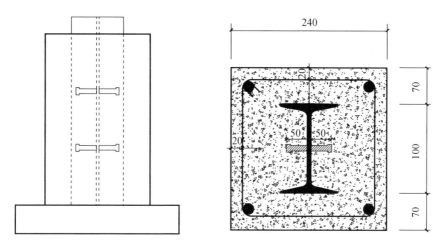

（b）型钢腹板设置栓钉

图 5.7（续）

5.1.4　材料性能

　　试验实测各取代率试件预留同条件养护的混凝土立方体试块抗压强度见表 5.4。由表 5.4 可知，随着取代率的增加，再生混凝土抗压强度有所增高。钢材力学性能指标见表 5.5。

表 5.4　混凝土立方体抗压强度

取代率/%	设计强度	骨料粒径/mm	骨料来源	f_{cu}/MPa
0	C30	31.5	废弃混凝土电杆	31.5
10	C30	31.5	废弃混凝土电杆	33.1
20	C30	31.5	废弃混凝土电杆	34.1
30	C30	31.5	废弃混凝土电杆	33.1
40	C30	31.5	废弃混凝土电杆	36.0
50	C30	31.5	废弃混凝土电杆	35.7
60	C30	31.5	废弃混凝土电杆	37.0
70	C30	31.5	废弃混凝土电杆	39.6
80	C30	31.5	废弃混凝土电杆	40.8
90	C30	31.5	废弃混凝土电杆	39.3
100	C30	31.5	废弃混凝土电杆	38.5
100	C40	31.5	废弃混凝土电杆	48.7
100	C50	31.5	废弃混凝土电杆	66.0
30	C30	31.5	废弃混凝土试件	34.7
30	C30	20	废弃混凝土电杆	33.8

表 5.5　钢材力学性能指标

钢材类型	f_y /MPa	f_u /MPa	E /MPa
HRB335	376.966	571.945	2.231
HPB235	271.367	430.561	2.217
型钢腹板	312.2	391.5	2.213
型钢翼缘	328.4	461.5	2.126

5.1.5　加载装置与加载制度

通过力学试验机进行推出试验，采用位移控制的加载制度，加载速率为 0.002mm/s，直至试件破坏。

5.2　试验结果及分析

5.2.1　试验过程及破坏形态

试件推出过程中，首先在加载端开始滑移，并在自由端首先出现裂缝，随后，裂缝向加载端缓慢发展，逐渐变宽，接近峰值荷载时形成一条主裂缝贯穿整个试件，随后"砰"的一声，荷载突然跌落至峰值的 60%～80%，此时滑移已经发展到自由端，之后试件加载端和自由端的滑移增量几乎一致。继续进行加载，部分试件在荷载突降之后首先经历一段荷载相对下降较快的阶段，慢慢地下降速率变得平缓。而有的试件在荷载陡降之后，荷载就一直很平缓地下降，直至加载结束。

为了能够清楚地表示试件的裂缝开展情况，将试件各表面进行命名，如图 5.8 所示。试验后观察发现主裂缝在试件横截面上由外至内呈现外宽内窄的特点，除主裂缝外，还有部分型钢翼缘肢尖和腹板为起点并向外开展但并未贯通的裂缝。试件的破坏形态及裂缝情况如图 5.9 所示。

试件的破坏形态具有以下特点。

1）主裂缝基本是出现在试件浇筑位置的底面，由于振捣混凝土，越接近试件浇筑位置的底面粗骨料越多，水泥浆越少，混凝土强度相对上部越低，成为试件薄弱的地方。

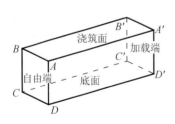

图 5.8　试件表面命名

2）试件两个端面由型钢翼缘肢尖和腹板为起点向外发展的裂缝形成与极限荷载、混凝土保护层、横向配箍率有关。试件 SRRAC-1～SRRAC-11 的极限荷载大，这种裂缝在两个端面充分开展，即便试件 SRRAC-15～SRRAC-20 的极限荷载与试件 SRRAC-1～SRRAC-11 相差不大，由于较大的保护层和配箍率起到约束作用，抑制了这些裂缝形成和发展。

3）设置抗剪件试件极限荷载较大，裂缝充分开展，基本上每个侧面都有裂缝形成，两个端面的由型钢翼缘肢尖和腹板开始向外开展形成的裂缝开展较充分，并且贯穿端面；由于抗剪件的设置，贯穿试件长度的主裂缝在设置抗剪件位置出现分支裂缝。

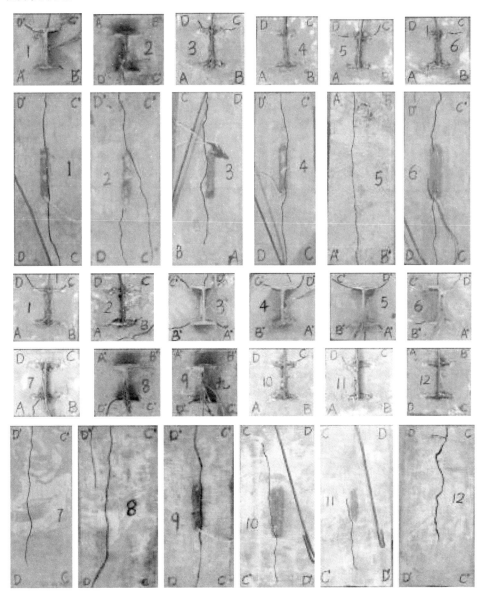

图 5.9　试件的破坏形态及裂缝情况

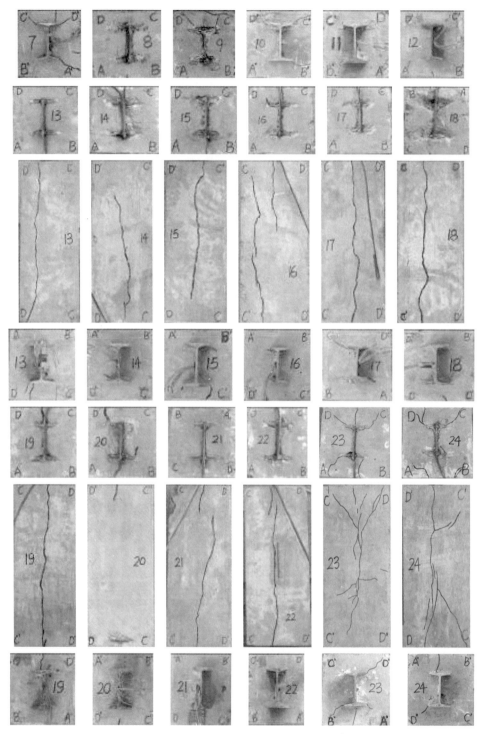

图 5.9（续）

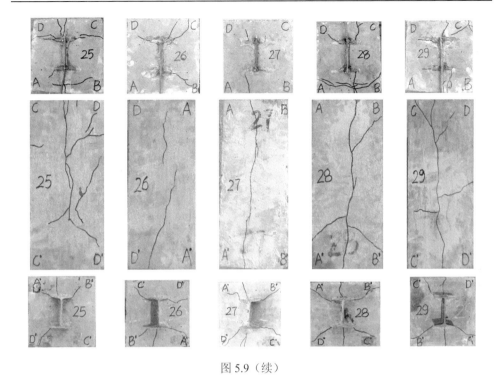

图 5.9（续）

5.2.2　荷载-滑移曲线

通过指示表可以测量得到加载端和自由端试验全过程的滑移值，再与试验机自动采集的荷载值对应起来，即可得到加载端和自由端的荷载-滑移曲线，即 *P-S* 曲线（由于试验采用原因，图中无 SRRAC-14 和 SRRAC-21 数据），如图 5.10 所示。

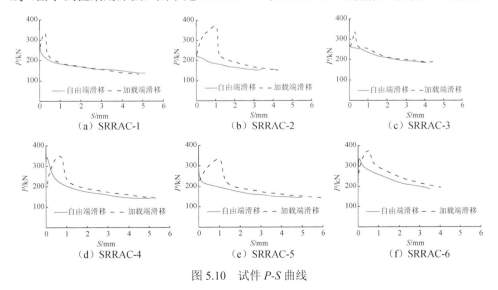

图 5.10　试件 *P-S* 曲线

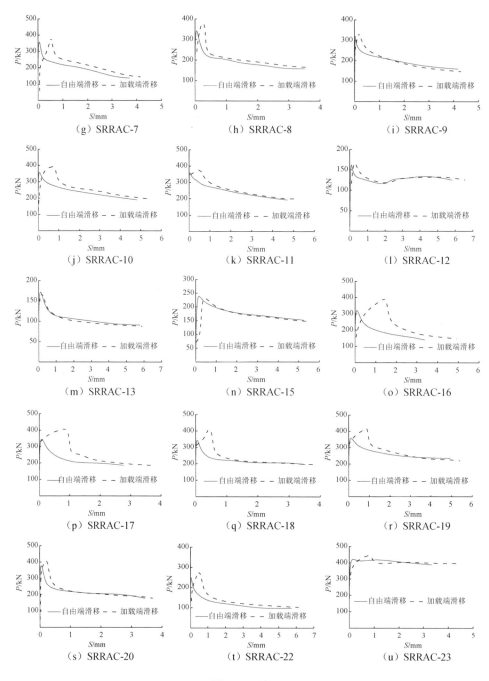

（g）SRRAC-7　　　　　（h）SRRAC-8　　　　　（i）SRRAC-9

（j）SRRAC-10　　　　　（k）SRRAC-11　　　　　（l）SRRAC-12

（m）SRRAC-13　　　　　（n）SRRAC-15　　　　　（o）SRRAC-16

（p）SRRAC-17　　　　　（q）SRRAC-18　　　　　（r）SRRAC-19

（s）SRRAC-20　　　　　（t）SRRAC-22　　　　　（u）SRRAC-23

图 5.10（续）

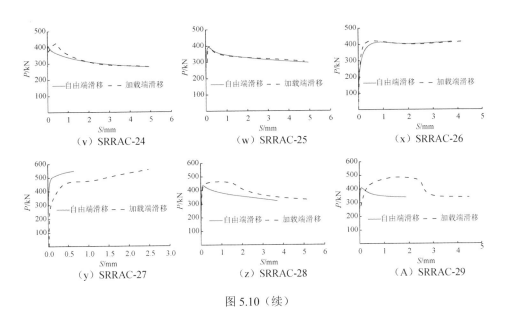

图 5.10（续）

5.2.3 荷载-滑移曲线特征分析

综上所述，试件的荷载-滑移曲线的主要类型见表 5.6。

表 5.6　加载端、自由端荷载-滑移曲线的主要类型

类型	P-S 曲线	曲线特点及对应试件
加载端类型一		荷载-滑移曲线由上升段和下降段组成，达到极限荷载之后出现荷载突然下降现象。对应试件包括 SRRAC-1、SRRAC-2、SRRAC-3、SRRAC-4、SRRAC-5、SRRAC-6、SRRAC-7、SRRAC-8、SRRAC-9、SRRAC-10、SRRAC-11、SRRAC-12、SRRAC-13、SRRAC-15、SRRAC-16、SRRAC-17、SRRAC-18、SRRAC-19、SRRAC-20、SRRAC-22、SRRAC-23、SRRAC24、SRRAC-25、SRRAC-28、SRRAC-29
加载端类型二		荷载-滑移曲线由上升段和下降段组成，达到极限荷载之后没有出现荷载突然下降现象。对应试件包括 SRRAC-26

续表

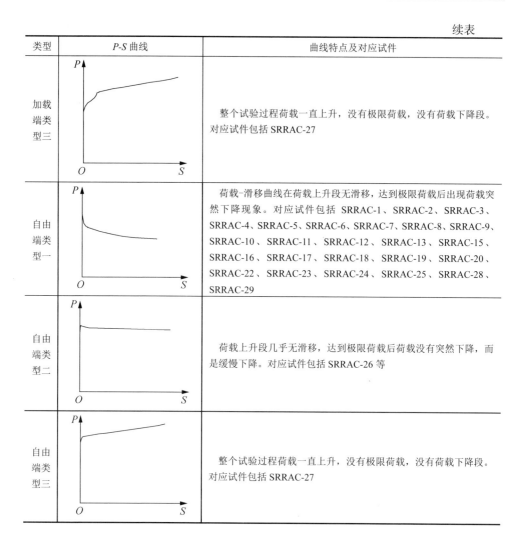

类型	P-S 曲线	曲线特点及对应试件
加载端类型三		整个试验过程荷载一直上升，没有极限荷载，没有荷载下降段。对应试件包括 SRRAC-27
自由端类型一		荷载-滑移曲线在荷载上升段无滑移，达到极限荷载后出现荷载突然下降现象。对应试件包括 SRRAC-1、SRRAC-2、SRRAC-3、SRRAC-4、SRRAC-5、SRRAC-6、SRRAC-7、SRRAC-8、SRRAC-9、SRRAC-10、SRRAC-11、SRRAC-12、SRRAC-13、SRRAC-15、SRRAC-16、SRRAC-17、SRRAC-18、SRRAC-19、SRRAC-20、SRRAC-22、SRRAC-23、SRRAC-24、SRRAC-25、SRRAC-28、SRRAC-29
自由端类型二		荷载上升段几乎无滑移，达到极限荷载后荷载没有突然下降，而是缓慢下降。对应试件包括 SRRAC-26 等
自由端类型三		整个试验过程荷载一直上升，没有极限荷载，没有荷载下降段。对应试件包括 SRRAC-27

5.2.4　荷载-滑移曲线特征点数值

1）初始滑移荷载（P_s）。型钢再生混凝土黏结滑移试验中，试件加载端并不是一开始就有滑移，而是当外荷载增大到50%~70%的极限荷载（P_u）才开始滑移，加载端首次滑移时对应的荷载称为初始滑移荷载，见图5.11中 A 点。

2）极限荷载。试件加载端出现滑移后，随着外荷载继续增大，滑移慢慢向自由端发展，最终达到最大承载荷载，此荷载称为极限荷载，见图5.11中 B 点。

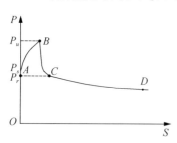

图 5.11　荷载-滑移曲线上特征荷载

3）残余荷载（P_r）。试件到达极限承载力后下降，进入下降阶段，见图 5.11 中 CD 阶段。大多数试件荷载下降段都先经历一小段曲线下降过程，随之很快进入近乎直线的下降。因此，把下降段曲线的直线段起点（图 5.11 中 C 点）对应的荷载称为残余荷载。

根据上述定义的荷载特征值见表 5.7 和表 5.8。

表 5.7　自然黏结试件的荷载特征值

试件编号	P_s/kN	P_u/kN	P_r/kN	试件编号	P_s/kN	P_u/kN	P_r/kN
SRRAC-1	255.1	342.9	222.06	SRRAC-12	79.2	183.1	140.52
SRRAC-2	168.5	378.8	240.18	SRRAC-13	147.3	179.9	114.45
SRRAC-3	249.4	345.8	264.06	SRRAC-14	116.0	179.3	
SRRAC-4	193.5	357.8	246.9	SRRAC-15	69.2	258.9	198.21
SRRAC-5	214.9	345.2	223.56	SRRAC-16	140.8	394	250.77
SRRAC-6	262.5	385.5	317.49	SRRAC-17	320.6	422.6	268.87
SRRAC-7	174.2	409.1	283.65	SRRAC-18	302.6	413.3	264.66
SRRAC-8	244.0	385.6	241.44	SRRAC-19	288.5	424.9	307.92
SRRAC-9	232.7	378.5	249.33	SRRAC-20	297.7	442.2	337.35
SRRAC-10	257.5	413.2	318.82	SRRAC-21		372.0	
SRRAC-11	332.0	390.3	279.31	SRRAC-22	152.3	302.1	187.44

表 5.8　带栓钉结试件的荷载特征值

试件编号	P_s/kN	P_u/kN	P_r/kN
SRRAC-23	322.5	465.5	410.6
SRRAC-24	258.4	451.6	344.8
SRRAC-25	222.4	442.4	319
SRRAC-26	327.1	442	408.3
SRRAC-27	240.4	荷载一直上升	
SRRAC-28	431.9	477.9	352.8
SRRAC-29	278.4	490.4	354.8

5.2.5　自然黏结试件荷载上升段应变分布

通过在型钢粘贴的电阻应变片，可获得在不同荷载下型钢应变沿埋置长度的分布情况（图 5.12）。图 5.12 示出应变分布为曲线形状。

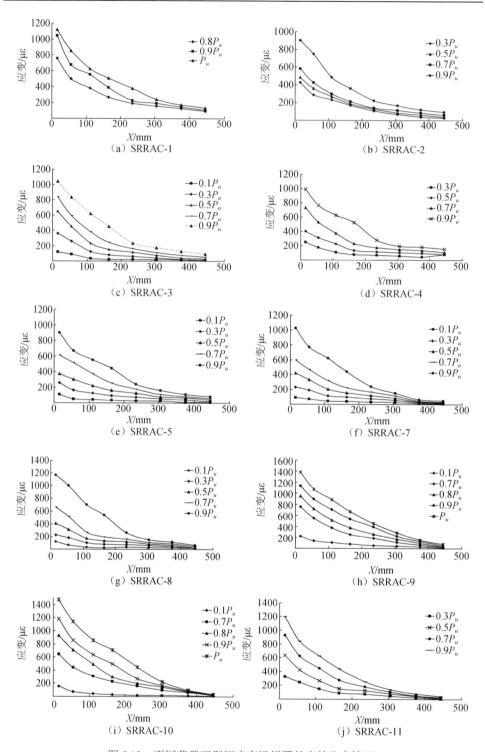

图 5.12 不同荷载下型钢应变沿埋置长度的分布情况

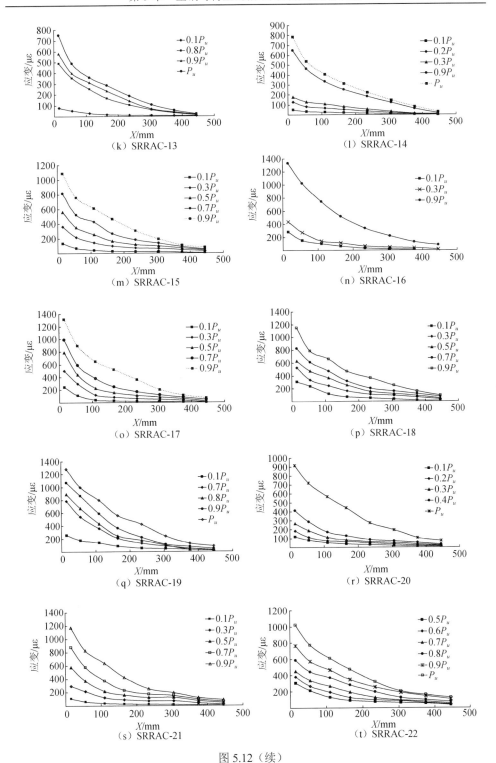

图 5.12（续）

5.2.6 自然黏结试件型钢再生混凝土黏结强度分析

外荷载除以型钢与混凝土接触总表面积的值称为平均黏结强度，将前述的荷载特征值 P_s、P_u、P_r 分别除以黏结面积即得初始滑移黏结强度 τ_s、极限滑移黏结强度 τ_u 和残余滑移黏结强度 τ_r（为便于分析，先假定型钢黏结截面的黏结应力均匀分布）。

1. 取代率对黏结强度的影响

表 5.9 和图 5.13 分别为不同取代率试件的特征黏结强度值及其变化关系。由表 5.9 和图 5.13 可知，初始滑移强度、极限强度、残余强度分别为 0.973～1.67MPa、1.724～2.078MPa 和 1.117～1.603MPa。对初始滑移黏结强度，各取代率下均比天然骨料混凝土（取代率为 0）时小，而极限黏结强度和残余黏结强度则相反，它们都比取代率为 0 时的试件大。

表 5.9 不同取代率试件的特征黏结强度值及其变化关系

试件编号	γ /%	τ_s /MPa	τ_u /MPa	τ_r /MPa	τ_s / τ_s^0	τ_u / τ_u^0	τ_r / τ_r^0
SRRAC-1	0	1.283	1.724	1.247	1.000	1.000	1.000
SRRAC-2	10	1.170	1.905	1.208	0.877	1.105	1.082
SRRAC-3	20	1.254	1.739	1.328	0.977	1.009	1.189
SRRAC-4	30	0.973	1.799	1.241	0.758	1.043	1.112
SRRAC-5	40	1.081	1.736	1.124	0.842	1.007	1.007
SRRAC-6	50	1.320	1.938	1.596	1.024	1.124	1.430
SRRAC-7	60	1.084	2.057	1.426	0.844	1.193	1.277
SRRAC-8	70	1.227	1.939	1.214	0.956	1.125	1.087
SRRAC-9	80	0.847	1.905	1.254	0.983	1.104	1.123
SRRAC-10	90	1.294	2.078	1.603	1.008	1.205	1.436
SRRAC-11	100	1.670	1.963	1.404	1.302	1.138	1.258

注：τ_s^0 为取代率为 0 的试件的初始滑移强度；τ_u^0 为取代率为 0 的试件的极限强度。

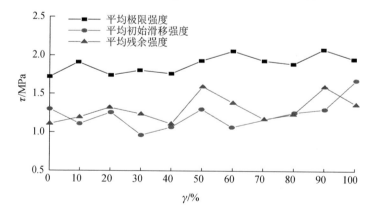

图 5.13 特征黏结强度与取代率的变化关系

图 5.14 所示为预留混凝土抗压强度与取代率的变化关系曲线，图 5.15 为修正前加载端黏结强度-滑移典线。对比图 5.14 和图 5.15 发现，极限强度和残余强度随取代率的变化趋势基本一致，与预留立方体试块抗压强度随取代率的变化规律一致。随着取代率的增大，再生混凝土抗压强度增加，极限强度和残余强度也随其增加。

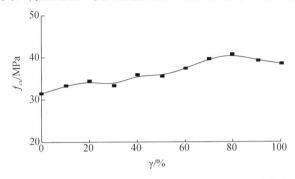

图 5.14　预留混凝土抗压强度与取代率的变化关系曲线

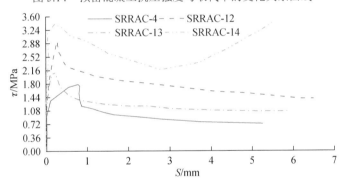

图 5.15　修正前加载端黏结强度-滑移曲线

2. 型钢不同部位对黏结强度的影响

已有相关试验表明：型钢不同部位的黏结强度不同（即型钢翼缘内侧、翼缘外侧和腹板的黏结强度有差异)，但对于这一问题尚未达成共识，还有待深入研究。为此，本节试验通过 4 个试件的推出试验以探究竟，SRRAC-4 为不隔离试件，考虑型钢全部黏结力，SRRAC-12、SRRAC-13、SRRAC-14 为隔离试件，分别是仅考虑外翼缘、腹板和内翼缘与再生混凝土的黏结。不考虑黏结部位用透明胶带隔离。表 5.10 为型钢不同部位黏结强度值。

表 5.10　型钢不同部位黏结强度值

试件编号	黏结部位	τ_s /MPa	τ_u /MPa	τ_r /MPa	τ_s/τ_u	τ_r/τ_u
SRRAC-4	全部	0.973	1.799	1.241	0.541	0.690
SRRAC-12	外翼缘		2.927	2.246		0.767
SRRAC-13	腹板	1.784	2.178	1.385	0.818	0.646
SRRAC-14	内翼缘		3.338		0.647	

为便于分析，假定隔离部位完全不黏结，根据这一假定，被隔离试件荷载之和在理论上应与不隔离试件荷载相等，然而从表 5.11 明显看出隔离试件荷载之和与不隔离试件荷载不相等（542.29kN≠357.78kN），两者相差 151.57%，实际并不像假定那样理想，因此尚需进一步修正。修正前试验结果见表 5.11。

表 5.11　修正前试验结果

试件编号	黏结部位	试验荷载/kN	黏结强度/kN	$\sum P$ /kN
SRRAC-4	全部	357.78	1.799	357.78
SRRAC-12	外翼缘	183.12	2.927	
SRRAC-13	腹板	179.92	2.178	542.29
SRRAC-14	内翼缘	179.25	3.338	

注意到所有试件的隔离措施相同，隔离后的黏结强度应该与该处未隔离时的黏结强度之比相等，即 $\dfrac{\tau_{12}^{\#}}{\tau_{12}} = \dfrac{\tau_{13}^{\#}}{\tau_{13}} = \dfrac{\tau_{14}^{\#}}{\tau_{14}} \equiv \phi$ 。

根据内力平衡，得

$$\begin{cases} P_4 = 357.78 = 62.56\tau_{12} + 83.88\tau_{13} + 52.48\tau_{14} \\ P_{12} = 183.12 = 62.56\tau_{12} + \phi(83.88\tau_{13} + 52.48\tau_{14}) \\ P_{13} = 179.92 = 83.88\tau_{13} + \phi(62.56\tau_{12} + 52.48\tau_{14}) \\ P_{14} = 179.25 = 52.48\tau_{14} + \phi(62.56\tau_{12} + 83.88\tau_{13}) \end{cases} \quad (5.1)$$

式中，P_4、P_{12}、P_{13}、P_{14} 分别为试件 SRRAC-4、SRRAC-12、SRRAC-13、SRRAC-14 试验荷载；τ_{12}、τ_{13}、τ_{14} 分别为型钢外翼缘、腹板和内翼缘未隔离时的黏结强度；$\tau_{12}^{\#}$、$\tau_{13}^{\#}$、$\tau_{14}^{\#}$ 分别为型钢外翼缘、腹板和内翼缘隔离后的黏结强度。

求解得

$$\begin{cases} \tau_{12} = 1.957 \\ \tau_{13} = 1.408 \\ \tau_{14} = 2.233 \\ \phi = 0.258 \end{cases}$$

修正前后的黏结强度对比见表 5.12；修正后各试件的黏结强度-滑移曲线见图 5.16。由表 5.12 可知，型钢不同部位与混凝土的黏结强度是不同的，其中腹板的黏结强度最小，为 1.408MPa，约是全截面黏结强度的 0.783 倍；外翼缘次之，黏结强度为 1.957MPa，是全截面黏结强度的 1.088 倍；内翼缘黏结强度最大，达 2.233MPa，是全截面黏结强度的 1.241 倍。

表 5.12　修正前后的黏结强度对比

试件编号	黏结部位	试验极限荷载 /kN	修正后极限荷载 /kN	试验极限强度 /MPa	修正后极限强度 /MPa	$\dfrac{\tau_{隔离}}{\tau_{不隔离}}$
SRRAC-4	全部	357.78	357.78	1.799	1.799	1.000
SRRAC-12	外翼缘	183.12	122.43	2.927	1.957	1.088
SRRAC-13	腹板	179.92	118.10	2.178	1.408	0.783
SRRAC-14	内翼缘	179.25	117.19	3.338	2.233	1.241

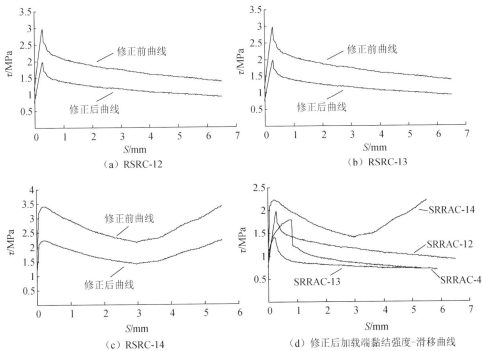

图 5.16　修正后的加载端黏结强度-滑移曲线

至于型钢不同部位与再生混凝土的黏结强度不相等,可从内在机理上进行诠释。型钢与混凝土界面的黏结应力方向并不是和黏结表面平行,而是成一定角度并指向混凝土,如图 5.17(a)所示。将该黏结应力 τ 可分解为水平方向的 τ_h 和竖直方向的 τ_v,同时将翼缘内侧的 τ_h 沿 x 和 y 方向进行分解,则 τ_h 在横截面上沿型钢与混凝土界面分布情况如图 5.17(b)所示。依据摩擦学原理,挤压力越大,摩擦力也越大。图 5.17(a)中的 τ_h 相当于压应力,τ_v 相当于摩擦应力,τ_h 越大,τ_v 就越大。翼缘内侧的黏结应力最大,是因为压应力的 τ_{hy} 是一对反向应力,该对反向应力使翼缘内侧与混凝土相互挤压。腹板的黏结应力最小则是因为以下原因:①出现图 5.17(b)所示的裂缝后,腹板与混凝土有脱离的趋势;②翼缘内侧表面与腹板并不垂直,翼缘内侧的 τ_h 可以分解为与腹板平行的 τ_{hy} 和与腹板垂直

的 τ_{hx}，而与腹板垂直的 τ_{hx} 加重腹板与混凝土脱离。翼缘外侧的情况居于翼缘内侧和腹板之间，因此翼缘外侧的黏结应力大小居中。

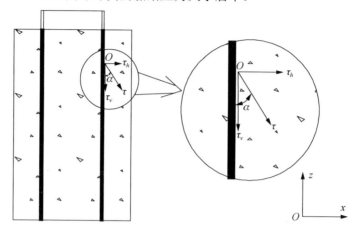

（a）型钢与混凝土界面黏结应力图

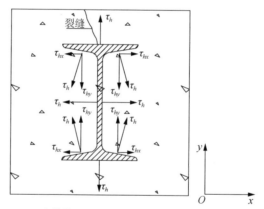

（b）τ_h 在横截面上沿型钢与混凝土界面分布情况图

图 5.17　型钢不同部位内力示意图

3. 混凝土保护层厚度对黏结强度的影响

图 5.18 所示为特征黏结强度与混凝土保护层厚度的变化关系。由图 5.18 可见，极限强度 τ_u 和残余强度 τ_r 都随着保护层厚度的增加而增加。这可能是由于随着保护层厚度增大，握裹型钢的混凝土增多，握裹作用增强所致。

表 5.13 为不同混凝土保护层厚度的试验黏结强度值。由表 5.13 可见，保护层厚度为 40mm 时，极限强度 τ_u 和残余强度 τ_r 都较低，仅为 1.302MPa 和 0.851MPa；保护层厚度为 50～70mm 时，极限强度仅为 1.939～2.125MPa，变化幅度很小。保护层厚度从 40mm 增大到 50mm，极限强度却增加了 48.92%；而从 50mm 之后再增加保护层厚度，极限强度没有显著增加。由此表明，从保证型钢再生混凝土的

黏结强度角度考虑，保护层厚度不宜小于 50mm，而当保护层厚度大于 50mm 后，再采用通过增加保护层厚度来提高极限黏结强度的办法，其效果并不明显。

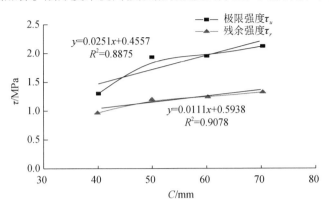

图 5.18　特征黏结强度与混凝土保护层厚度的变化关系

表 5.13　不同混凝土保护层厚度的试验黏结强度

试件编号	C/mm	τ_s/MPa	τ_u/MPa	τ_r/MPa	τ_s/τ_u	τ_r/τ_u
SRRAC-15	40	0.348	1.302	0.997	0.267	0.765
SRRAC-8	50	1.227	1.939	1.214	0.633	0.626
SRRAC-16	60	0.708	1.981	1.261	0.357	0.637
SRRAC-17	70	1.612	2.125	1.352	0.758	0.636

对极限强度 τ_u、残余强度 τ_r 与混凝土保护层厚度 C 三者之间的关系进行拟合，得

$$\tau_u = 0.0251C + 0.4557 \tag{5.2}$$

$$\tau_r = 0.0111C + 0.5938 \tag{5.3}$$

4. 横向配箍率对黏结强度的影响

表 5.14 所示为不同横向配箍率试件黏结强度值，图 5.19 为其变化关系曲线。由图 5.19 可知，横向配箍率对初始滑移强度 τ_s 的影响很小；极限强度 τ_u 和残余强度 τ_r 则随着横向配箍率的增加而呈现线性增加的趋势，特别是残余强度 τ_r 的增加更为明显，这可能是由于横向箍筋对内部混凝土产生约束作用，抑制裂缝的产生和发展所致。

对极限强度 τ_u、残余强度 τ_r 与横向配箍率 ρ 关系进行拟合，得

$$\tau_u = 77.458\rho + 1.684 \tag{5.4}$$

$$\tau_r = 141.05\rho + 0.6999 \tag{5.5}$$

表 5.14　不同横向配箍率试件黏结强度值

试件编号	ρ /%	τ_s /MPa	τ_u /MPa	τ_r /MPa	τ_s / τ_u	τ_r / τ_u
SRRAC-8	0.353	1.227	1.939	1.214	0.633	0.626
SRRAC-18	0.471	1.522	2.078	1.331	0.732	0.640
SRRAC-19	0.589	1.451	2.137	1.548	0.679	0.725
SRRAC-20	0.707	1.497	2.224	1.696	0.673	0.763

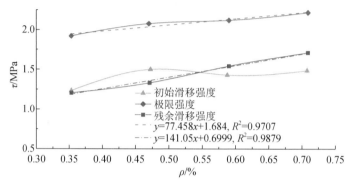

图 5.19　特征黏结强度与横向配箍率的变化关系曲线

5. 再生骨料来源对黏结强度的影响

试件 SRRAC-4 的骨料来源为服役期满的混凝土电杆，强度 C30，粗骨料粒径 31.5mm；SRRAC-21 的骨料则来自实验室废弃 1 年的混凝土试件，强度 C30，粗骨料粒径 31.5mm；SRRAC-22 的骨料来源同 SRRAC-4，但粗骨料粒径为 20mm。不同骨料来源试件黏结强度试验值见表 5.15。

表 5.15　不同骨料来源试件黏结强度试验值

试件编号	τ_s /MPa	τ_u /MPa	τ_r /MPa	τ_s / τ_u	τ_r / τ_u
SRRAC-4	0.973	1.799	0.816	0.541	0.454
SRRAC-21		1.871			
SRRAC-22	0.766	1.519	0.566	0.504	0.373

由表 5.15 可知，骨料来源不同，试件 SRRAC-21 比 SRRAC-4 极限强度 τ_u 略大但相差很小，即原生骨料的服役年限对其黏结强度影响不大。SRRAC-22 极限强度 τ_u 比 SRRAC-21 极限强度 τ_u 低了 23.17%，这可能是因为制作粒径越小的骨料需要破碎的次数越多，造成的损伤越严重所致。

5.2.7　带抗栓钉试件的黏结强度研究

1. 栓钉直径对黏结强度的影响

表 5.16 所示为不同栓钉直径试件和无栓钉试件的特征黏结强度对比。由表 5.16

可知，在其他条件相同的情况下，设置栓钉试件的极限强度 τ_u 与无栓钉试件的极限强度 τ_u^{11} 之比为 1.133～1.193，残余强度 τ_r 之比为 1.276～1.470。

表 5.16　不同栓钉直径试件和无栓钉试件的黏结强度对比

试件编号	栓钉直径/mm	τ_s/MPa	τ_u/MPa	τ_r/MPa	τ_u / τ_u^{11}	τ_r / τ_r^{11}
SRRAC-23	16	1.622	2.341	2.065	1.193	1.470
SRRAC-24	12	1.299	2.271	1.963	1.157	1.397
SRRAC-25	10	1.118	2.225	1.793	1.133	1.276
SRRAC-11	无栓钉	1.670	1.963	1.405	1	1

图 5.20 所示为特征黏结强度与栓钉抗剪直径的变化关系。由图 5.20 可知，初始滑移强度 τ_s、极限强度 τ_u 和残余强度 τ_r 均随着栓钉直径增大而提高，其中栓钉直径对极限强度 τ_u 的提高作用并不明显，而初始滑移强度 τ_s 和残余强度 τ_r 的变化受栓钉直径的影响作用较显著。对相关数据进行拟合，得

$$\tau_s = 0.0835d + 0.2882 \tag{5.6}$$

$$\tau_u = 0.0191d + 2.0274 \tag{5.7}$$

$$\tau_r = 0.0445d + 1.3572 \tag{5.8}$$

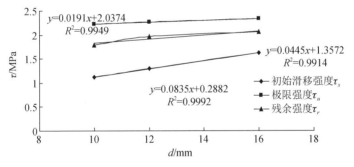

图 5.20　特征黏结强度与栓钉抗剪直径的变化关系

2. 栓钉位置对黏结强度的影响

表 5.17 给出在不同栓钉位置试件的特征黏结强度值。由表 5.17 可知，在翼缘和腹板上设置栓钉试件的极限强度 τ_u 相差很小（仅 2.16%）；而当翼缘和腹板全部设置栓钉时，在试验过程中荷载一直处于上升状态。把试件 SRRAC-27 与一般试件对应的极限黏结强度为黏结强度–滑移曲线上斜率发生突变点所对应的黏结强度定为极限强度 τ_u，该极限强度为 2.386MPa，约为试件 SRRAC-24 和 SRRAC-26 的极限黏结强度的 1.051 倍和 1.073 倍，强度提高不大，即从提高极限强度角度来看，相对仅翼缘或腹板设置栓钉而言，翼缘和腹板全部设置栓钉对提高极限黏结强度的作用不显著。设置栓钉试件 SRRAC-24、SRRAC-26 和 SRRAC-27 极限强度 τ_u 与无栓钉试件极限强度 τ_u 之比为 1.132～1.215，栓钉作用较明显。翼缘和腹板全部设置栓钉的作用体现在达到极限强度之后，试件 SRRAC-27 不存在黏结强

度下降阶段。试件 SRRAC-27 在达到极限强度之后，随着滑移的不断增大，设置在翼缘和腹板的栓钉开始发挥作用。

表 5.17   不同栓钉位置试件的特征黏结强度值

试件编号	栓钉位置	τ_s /MPa	τ_u /MPa	τ_r /MPa	τ_s/τ_u	τ_r/τ_u
SRRAC-11	无栓钉	1.670	1.963	1.405	0.851	0.716
SRRAC-24	翼缘	1.299	2.271	1.906	0.572	0.839
SRRAC-26	腹板	1.645	2.223	2.053	0.740	0.924
SRRAC-27	全部	1.209	黏结强度一直上升			

另外，从不同位置设置栓钉试件的加载端、自由端黏结强度-滑移关系曲线如图 5.21 所示。由图 5.21 可知以下关系：①在翼缘设置栓钉试件 SRRAC-24 和无栓钉试件 SRRAC-11 的加载端黏结强度-滑移关系曲线相似，两者均经历 3 个阶段，即无滑移阶段、黏结强度上升段和黏结强度下降段。两者区别是翼缘设置栓钉试件 SRRAC-24 极限黏结强度 τ_u 和残余强度 τ_r 均比无栓钉试件 SRRAC-11 要高，而与极限黏结强度 τ_u 对应的极限滑移值 S_u，SRRAC-24 比 SRRAC-11 要小。②腹板设置栓钉试件 SRRAC-26 达到极限黏结强度后，几乎一直以与极限黏结强度相等的黏结强度直至试验结束，而没有出现与翼缘设置同样栓钉试件 SRRAC-24 所经历的，即在达到极限黏结强度后黏结强度立即下降的现象，说明腹板设置栓钉的效果要比翼缘设置同样栓钉的效果要好。③翼缘和腹板同时设置栓钉试件 SRRAC-27，由于翼缘

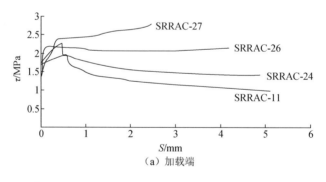

（a）加载端

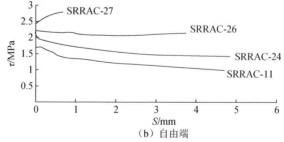

（b）自由端

图 5.21   加载端、自由端黏结强度-滑移关系曲线

和腹板设置的栓钉同时起作用，在达到极限黏结强度后黏结强度仍然以上升的趋势直至试验结束。④各试件加载端与自由端滑移差以试件 SRRAC-27 最为显著，其他试件滑移差不大，说明在翼缘和腹板同时设置栓钉能够有效地限制滑移向自由端发展。

3. 混凝土强度对带栓钉试件黏结强度的影响

表 5.18 所示为不同混凝土强度带栓钉试件的黏结强度，图 5.22 为其变化关系曲线。由图 5.22 可知，极限强度随 f_{cu} 的增大而增大，但增量不明显，即混凝土强度等级对极限强度的影响不显著。混凝土强度对残余强度的影响也不明显。

表 5.18　不同混凝土强度带栓钉试件的黏结强度值

试件编号	强度等级	τ_s /MPa	τ_u /MPa	τ_r /MPa	τ_s / τ_u	τ_r / τ_u
SRRAC-24	C30	1.299	2.271	1.906	0.572	0.839
SRRAC-28	C40	2.172	2.403	2.075	0.904	0.863
SRRAC-29	C50	1.400	2.466	1.780	0.568	0.722

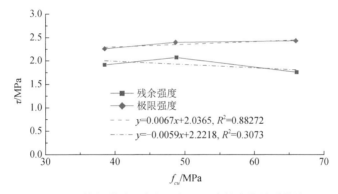

图 5.22　特征黏结强度与混凝土强度的变化关系曲线

5.3　型钢再生混凝土黏结滑移的本构关系

5.3.1　黏结强度-滑移本构模型描述

通过观察实测的加载端黏结强度-滑移本构模型曲线可以发现每个试件均经历三个阶段，如图 5.23 所示。OA 阶段为应力上升且无滑移阶段，AB 阶段为应力上升且滑移增大阶段，CD 阶段为应力下降且滑移继续增大阶段。这三个阶段的特点具体如下。

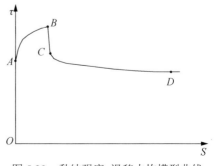

图 5.23　黏结强度-滑移本构模型曲线

1. OA 阶段

在 OA 阶段，加载端几乎不发生滑移，黏结应力不断增大，当黏结应力上升到极限应力的 50%～70%时，加载端开始出现滑移，该阶段称为无滑移阶段。

2. AB 阶段

在 AB 阶段，加载端有滑移，随着外荷载的增大，滑移增大与黏结应力也不断增大，但自由端没有滑移。该阶段应力与滑移的关系是滑移增大，其应力也增大，但黏结强度-滑移曲线的斜率不断减小，即随着滑移的增大，应力上升的速率不断变小，当黏结应力上升到 1.7～2.1MPa 时，达到极限黏结强度。该阶段称为黏结应力上升段。

3. CD 阶段

一旦黏结应力达到极限值，黏结应力突然下降到约 50%的极限黏结应力，因此，在 AB 阶段与 CD 阶段之间的 BC 阶段在实测的黏结强度-滑移曲线中是不存在的。黏结应力跌落后，随着滑移增大，黏结应力慢慢变小直至试验结束，该阶段称为应力下降段。

5.3.2 黏结强度-滑移本构关系数学表达式模拟

从统计的观点来看，本节的试件数量远远不够，为了得到的结果具有一般性，在拟合本构关系之前，首先对应力和滑移进行无量纲化处理，即无量纲化应力 $\tau^* = \tau/\tau_u$，无量纲滑移 $S^* = S/S_u$，S_u 为与 τ_u 对应的滑移值。通过对试验数据的仔细观察与分析，并经过反复的拟合得到以上三个阶段的数学表达式。

无滑移阶段：

$$S = 0$$

应力上升段：

$$\tau = \alpha(S^*)^{0.4} \frac{\tau_u^* - \tau_s^*}{S_u^* - S_{su}^*} \tau_u$$

应力下降段：

$$\tau = \beta \frac{\tau_u^* - \tau_{min}^*}{(S^*)^{0.15}(S^* - S_u^*)^{\gamma}} \tau_u$$

式中，$\tau_s^* = \tau_s/\tau_u$ 为无量纲初始滑移应力；$\tau_{min}^* = \tau_{min}/\tau_u$ 为 CD 段无量纲最小应力；$\tau_u^* = \tau_u/\tau_u = 1$ 为无量纲极限应力；$S^* = S/S_u$ 为无量纲滑移；$S_u^* = S_u/S_u = 1$ 为与无

量纲极限应力对应的无量纲滑移；S_{su} 与 $\dfrac{1}{2}(\tau_s + \tau_u)$ 对应的滑移值；$S_{su}^* = S_{su}/S_u$ 为

与应力 $\dfrac{1}{2}(\tau_s + \tau_u)$ 对应的无量纲滑移。

本构关系表达式各符号取值见表 5.19。

表 5.19　本构关系表达式各符号取值

试件编号	τ_s^*	τ_{min}^*	τ_u/MPa	S_{su}^*	S_u/MPa	α	β	γ
SRRAC-1	0.763	0.394	1.724	0.286	0.350	0.90	1.1	0.05
SRRAC-2	0.591	0.409	1.905	0.218	0.997	0.90	1.0	0.05
SRRAC-3	0.721	0.529	1.739	0.445	0.307	0.80	1.7	0.05
SRRAC-4	0.541	0.405	1.799	0.172	0.812	0.90	1.9	0.05
SRRAC-5	0.623	0.413	1.736	0.272	1.060	1.05	1.0	0.10
SRRAC-6	0.681	0.520	1.939	0.325	0.634	0.85	1.5	0.05
SRRAC-7	0.527	0.348	2.057	0.333	0.556	0.80	1.0	0.05
SRRAC-8	0.633	0.437	1.939	0.363	0.331	0.80	1.2	0.05
SRRAC-9	0.662	0.381	1.903	0.501	0.222	0.70	1.0	0.05
SRRAC-10	0.657	0.477	2.078	0.404	0.791	0.80	1.4	0.05
SRRAC-11	0.851	0.495	1.968	0.352	0.586	0.90	1.6	0.05
SRRAC-12		0.470	2.927		0.270		1.6	0.03
SRRAC-13		0.496	2.178		0.195		1.8	0.05
SRRAC-14		0.551	3.338		0.197		2.2	0.01
SRRAC-15	0.723	0.589	1.302	0.500	0.217	0.80	2.4	0.01
SRRAC-16	0.357	0.376	1.981	0.199	1.559	0.90	0.8	0.1
SRRAC-17	0.759	0.440	2.125	0.249	0.973	0.95	1.0	0.05
SRRAC-18	0.732	0.474	2.078	0.500	0.520	0.80	1.2	0.01
SRRAC-19	0.679	0.546	2.147	0.181	0.957	0.90	1.6	0.01
SRRAC-20	0.673	0.554	2.224	0.275	0.291	0.90	1.9	0.01
SRRAC-22	0.504	0.345	1.519	0.304	0.626	0.80	0.8	0.05

由表 5.19 可知，α 与斜率 $\dfrac{\tau_u - \tau_s}{s_u}$ 有关，$\dfrac{\tau_u - \tau_s}{s_u}$ 越大，α 值越小；β 与 τ_{min} 有关，τ_{min} 越大，β 值越大；γ 与斜率 $\dfrac{\tau_u - \tau_{min}}{s_{max} - s_u}$ 有关，$\dfrac{\tau_u - \tau_{min}}{s_{max} - s_u}$ 越小，γ 越小。

　　图 5.24 所示为试验与模拟黏结强度-滑移曲线对比。由图 5.24 可知，模拟效果较好。

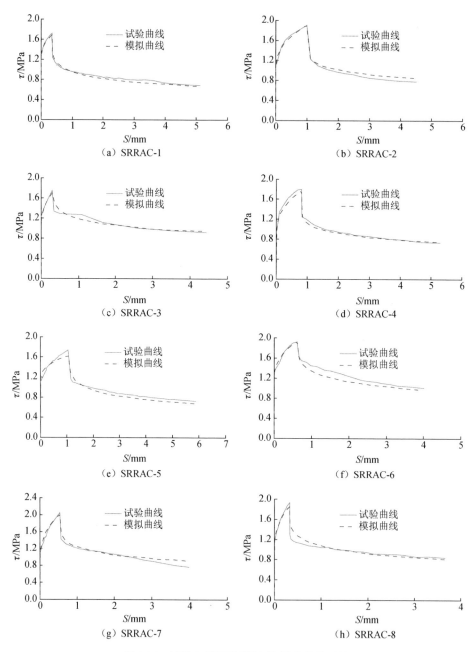

图 5.24　试验与模拟黏结强度-滑移曲线对比

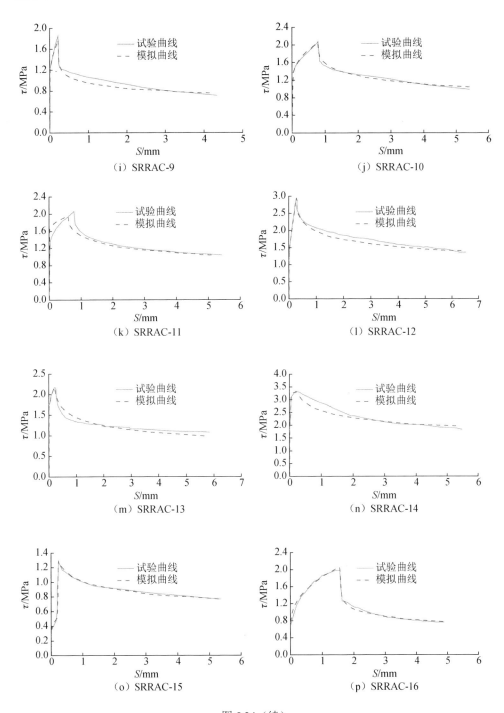

（i）SRRAC-9　　　　　　　　　　（j）SRRAC-10

（k）SRRAC-11　　　　　　　　　　（l）SRRAC-12

（m）SRRAC-13　　　　　　　　　　（n）SRRAC-14

（o）SRRAC-15　　　　　　　　　　（p）SRRAC-16

图 5.24（续）

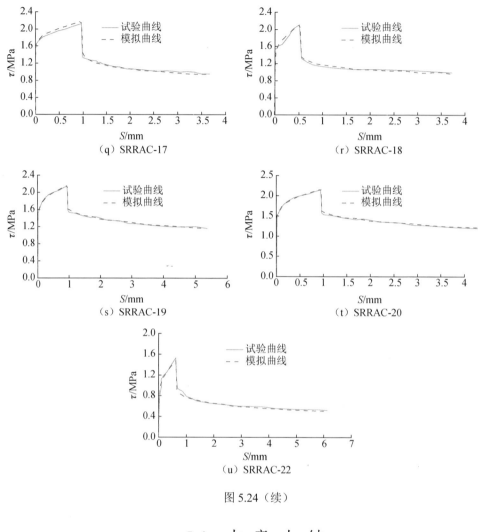

（q）SRRAC-17

（r）SRRAC-18

（s）SRRAC-19

（t）SRRAC-20

（u）SRRAC-22

图 5.24（续）

5.4　本　章　小　结

通过设计 29 个试件的推出试验，揭示了焊接栓钉与否的型钢与再生混凝土界面间的黏结滑移性能，分析了各变化参数对其影响规律，并建立了黏结强度-滑移本构模型关系表达式。

第6章 型钢再生混凝土组合构件的力学性能

6.1 型钢再生混凝土梁的受弯性能及正截面极限承载力计算

型钢再生混凝土结构（steel reinforced recycled coarse aggregate concrete，SRRAC）是指截面中主要配置型钢，并配有一定数量的纵向构造钢筋和箍筋，浇筑再生混凝土的组合结构。该结构利用普通型钢混凝土结构承载力高、抗震性能好等优点扩大再生混凝土的应用范围；利用再生混凝土实现建筑垃圾资源的再利用，节约天然骨料的开采和建筑垃圾的填埋场地等型钢再生混凝土结构节能环保，符合现代工程结构的发展要求，应用前景广阔。型钢再生混凝土结构是我国学者近年来率先提出并开展研究的，目前国内外对该方面的研究成果很少。本节拟通过 6 根型钢再生混凝土梁进行受弯性能试验，以揭示其受力机理，获取建立理论分析模型的相关参数，为相关研究和工程应用提供参考。

6.1.1 试件设计

1. 试验材料

再生粗骨料来源于服役期满的废弃混凝土电杆（原生混凝土破碎前利用回弹法实测强度为 C30，碎石类混凝土），经人工破碎、筛分、清洗、晾干而得，粒径为 1.4~2.8cm，连续级配，其堆积密度为 1385kg/m³。型钢采用热轧工字钢（工 14），螺纹钢（Φ14）作为纵向钢筋，Φ6 光圆钢筋作为箍筋，按照我国标准试验方法进行钢材材性测试，钢材力学性能指标见表 6.1。

表 6.1 钢材力学性能指标

钢材类别	f_y/MPa	f_u/MPa	E_s/MPa
Φ4	377	572	$2.23×10^5$
Φ6	339	472	$2.36×10^5$
工14	327	464	$2.46×10^5$

2. 配合比设计

再生混凝土配比设计采用普通混凝土的方法，对不同取代率再生混凝土则把再生粗骨料按比例代替天然粗骨料，其他成分保持不变。各试件混凝土配比见表 6.2。

表 6.2　　混凝土配合比

强度等级	γ/%	水灰比	砂率/%	每立方米混凝土材料用量/kg				
				水泥	砂	天然粗骨料	再生粗骨料	水
C35	0	0.41	32	500	542	1153	0	205
C35	30	0.41	32	500	542	807	346	205
C35	70	0.41	32	500	542	346	807	205
C35	100	0.41	32	500	542	0	1153	205
C50	0	0.32	38	641	590	964	0	205
C50	100	0.32	38	641	590	0	964	205

3. 试件制作

本节以再生粗骨料取代率（0、30%、70%、100%）和混凝土强度等级（C35、C50）为变化参数，设计制作了 6 根梁试件，编号为 SRRACB-1～SRRACB-6，其中 SRRACB-1～SRRACB-4 的混凝土强度等级为 C35，SRRACB-5～SRRACB-6

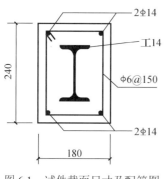

图 6.1　　试件截面尺寸及配筋图

的混凝土强度等级为 C50，试件截面尺寸及配筋如图 6.1 所示，图中型钢和纵向钢筋的混凝土保护层厚度分别为 50mm 和 25mm。再生混凝土按预定配合比在实验室机械搅拌，采用振动棒人工振捣密实，试件浇筑混凝土时，预留了混凝土立方体标准试块（边长 150mm），与试件同条件养护，在试验加载前一天对试块进行测试。各试件设计参数及混凝土强度试验值见表 6.3。

表 6.3　　试件设计参数及混凝土强度试验值

试件编号	γ/%	b×h/(mm×mm)	λ	l/mm	f_{cu}/MPa
SRRACB-1	0	180×240	3.2	2100	41.4
SRRACB-2	30	180×240	3.2	2100	43.3
SRRACB-3	70	180×240	3.2	2100	43.7
SRRACB-4	100	180×240	3.2	2100	48.6
SRRACB-5	0	180×240	3.2	2100	63.9
SRRACB-6	100	180×240	3.2	2100	63.6

注：f_{cu} 为预留混凝土试块立方体抗压强度试验值；b、h 分别为截面宽度和高度；λ 为剪跨比；l 为试件长度。

4. 量测方案

为了测试受力过程中梁截面的内力分布情况，在跨中截面粘贴了电阻应变片，跨中截面应变测点布置如图 6.2 所示。图 6.2 中 s1～s5 为粘贴在型钢表面的应变片，C1～C5 为混凝土表面应变片，sb1 和 sb2 为钢筋表面应变片。

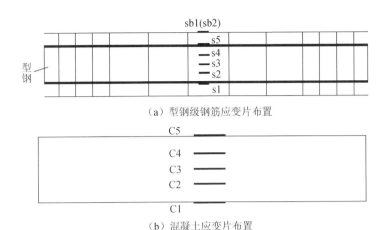

（a）型钢级钢筋应变片布置

（b）混凝土应变片布置

图 6.2　跨中截面应变测点布置

5. 加载装置及制度

试验通过分配梁施加两点对称集中荷载，加载装置如图 6.3 所示。为了获取试件受力破坏的荷载-跨中挠度全过程曲线，采用荷载和位移混合控制的加载制度。试验前先进行预加载以检查所有仪表均能正常工作，预载值不超过预估极限荷载（P_u）的 10%。正式加载后，在预估极限荷载的 90% 以前，采用荷载控制加载，每级为 $0.1 P_u$，并恒载 3～5min 以观测试件的挠度和裂缝。达到极限荷载的90%后，进入位移控制加载阶段，以最后一级荷载控制（即 $0.9 P_u$）对应的跨中挠度值作为位移步长，逐级加载，直至梁破坏。

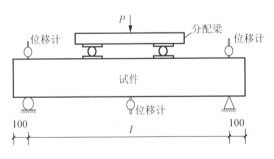

图 6.3　加载装置

6.1.2　试验结果及分析

1. 试件破坏过程及形态

型钢再生混凝土梁与型钢普通混凝土梁的破坏过程和形态相似。6 根梁的破坏过程大致如下：当荷载达到（0.2～0.35）P_u（极限荷载，下同）时，首先在跨中纯弯段下边缘出现竖直裂缝，随着荷载的增大，裂缝向上延伸，在到达型钢下翼缘位置附近时，竖直裂缝继续向上发展的速度减慢，这可能是型钢的存在分担了部分拉应力的缘故。荷载继续增大，在（0.4～0.5）P_u 时，两集中荷载之间的纯弯段梁下部竖向裂缝基本出齐，裂缝间距约为 100mm，从表面看，下部竖直裂缝细而密，而分配梁支点与试件支座之间的剪跨段下部的竖直裂缝逐渐向加载点方向延伸，转变为斜向裂缝；达到 0.8P_u 左右时，梁上部（型钢上翼缘附近）出现纵向水平裂缝（黏结裂缝）；极限荷载 P_u 时，上部混凝土压碎。此后，尚能进行位移控制加载，随着梁跨中挠度的增大，其承载力下降缓慢，表现出良好的延性。从整个破坏过程看，试件的裂缝发展较为充分，破坏前有明显预兆，延性良好，表现出典型的弯曲破坏特点。试件的破坏形态如图 6.4 所示。

图 6.4　试件的破坏形态

2. 特征点参数

为了便于工程中正常使用极限状态和承载能力极限状态设计，对试件受力过程中的几个特征点进行了特别关注，分别为首次出现裂缝时，型钢下翼缘开始屈服和极限承载力对应点，这些特征点对应的荷载和跨中挠度值见表 6.4。由表 6.4 中数据可知，型钢再生混凝土梁的开裂荷载为极限荷载的 20%～30%，屈服荷载则与混凝土的强度等级有关，强度等级越高，其比值则越低，约为极限荷载的 2/3。

表 6.4　试件的特征点参数

试件编号	γ/%	P_{cr}/ kN	f_{cr}/ mm	P_y/ kN	f_y/mm	P_u/ kN	f_u/ mm	P_{cr}/P_u	P_y/P_u
SRRACB-1	0	43.5	1.57	152.3	6.53	184.9	14.56	0.24	0.82
SRRACB-2	30	65.3	2.62	174.0	7.93	208.8	16.15	0.31	0.83
SRRACB-3	70	65.3	2.92	184.9	9.46	195.8	15.84	0.33	0.94
SRRACB-4	100	43.5	1.87	211.0	7.7	217.5	19.85	0.20	0.97
SRRACB-5	0	43.5	1.40	130.5	5.34	195.8	14.41	0.22	0.67
SRRACB-6	100	65.3	3.09	130.5	6.08	195.8	20.95	0.33	0.67

注：P_{cr}、P_y、P_u 分别为试件的开裂、屈服、极限的荷载；f_{cr}、f_y、f_u 分别为试件承受开裂、屈服、极限荷载时的跨中挠度。

3. 荷载–跨中挠度曲线

试件的荷载–跨中挠度曲线如图 6.5 所示。由图 6.5 可知，荷载–跨中挠度曲线呈现出 3 阶段的特点，前期线性阶段（弹性阶段），约 $0.7P_u$ 后，逐渐变曲线，进入非线性的弹塑性阶段及峰点后的下降段（破坏阶段）。型钢再生混凝土梁前面的线性（弹性）阶段比一般的钢筋混凝土梁长，峰值荷载后，承载力的降低也较为平缓，表现出良好的延性。

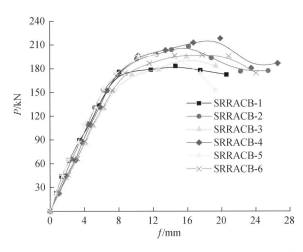

图 6.5　试件的荷载–跨中挠度曲线

4. 跨中截面应变分布

通过粘贴的电阻应变片获取了受力过程跨中实测截面的平均应变曲线，如图 6.6 所示。由图 6.6 可知，在试件破坏过程中，截面应变基本保持直线，平面应变的平截面假定仍然适合于型钢再生混凝土梁。

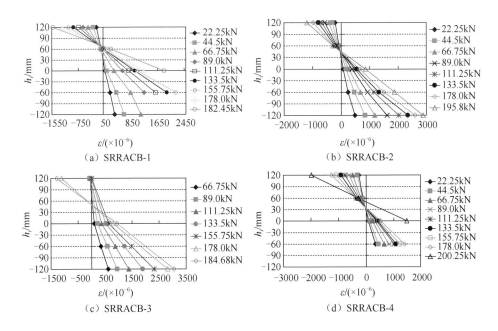

图 6.6　实测截面平均应变曲线

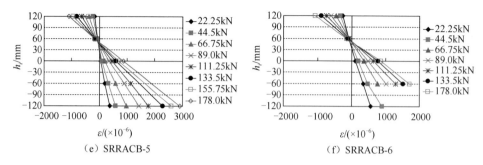

（e）SRRACB-5　　　　　　　　　　（f）SRRACB-6

图 6.6（续）

6.1.3　影响因素分析

1. 再生粗骨料取代率的影响

为了定量地确定再生粗骨料取代率对型钢再生混凝土梁极限承载力的影响，图 6.7 所示为不同取代率下型钢再生混凝土梁极限荷载对比柱状图。由图 6.7 可知，随着取代率的增加，试件的承载力有所提高，当取代率从 0 提高到 30%时，极限承载力提高了 12.92%；当取代率从 0 提高到 70%时，极限承载力提高了 5.95%；当取代率从 0 提高到 100%时，极限承载力提高了 17.63%。因此可以发现，采用再生混凝土的型钢混凝土梁并不比采用普通混凝土的型钢混凝土梁极限承载力差，但随着取代率的增加，其极限承载力并非有规律地线性增加，而是呈波动性变化，这跟再生混凝土的性能变化有关。再生粗骨料表面黏附着水泥基体，在混凝土搅拌过程中吸附掉部分水分，导致其实际水胶比变小，随着取代率的增加，再生混凝土的强度有所提高。另外，再生骨料本身的性能比天然骨料差，会导致由其组成的再生混凝土强度变低。当有利和不利的影响综合在一起时，再生混凝土的强度则表现出较为复杂的波动和离散特性，这也为大量的再生混凝土材料试验研究所证实。

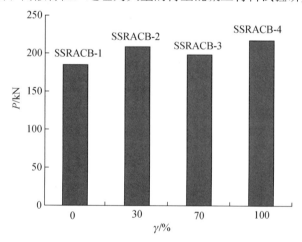

图 6.7　不同取代率下型钢再生混凝土梁极限荷载对比柱状图

2. 混凝土强度等级的影响

将取代率相同、混凝土强度等级不同的试件进行对比，混凝土强度等级的影响如图 6.8 所示。由图 6.8 可知，取代率为 0 的普通型钢混凝土梁和取代率为 100% 的全再生型钢混凝土梁，随着混凝土强度的提高，不同取代率时其极限承载力的变化不同。混凝土强度从 C35 提高到 C50，普通型钢混凝土梁承载力提高了 6.07%，而型钢再生混凝土梁却降低了 9.98%。这可能是高强度再生混凝土的配合比中，水灰比较小，拌和水用量变小，加上再生粗骨料表面黏附的旧水泥浆在混凝土搅拌过程中迅速吸收了部分水，导致能提供给混凝土所需的水化水变小，当水化水无法满足混凝土水化反应所需的用水量时，强度会降低；此外，再生粗骨料在破碎过程中存在内部的微裂纹，当混凝土强度较高时，内部微裂缝容易引起破坏，导致强度降低，因此可初步判断再生粗骨料并不适用于高强混凝土中。

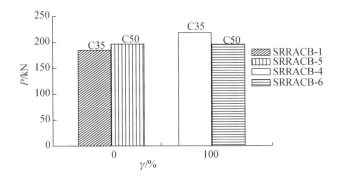

图 6.8　混凝土强度等级的影响

6.1.4　性能退化及损伤分析

1. 刚度退化

根据力学原理，型钢再生混凝土梁的挠度计算式为

$$m_{f_{cu}^c} = \frac{\sum_{i=1}^{n} f_{cu,i}^c}{n} = 40.36 \,(\text{MPa}) \tag{6.1}$$

刚度计算式为

$$B = \frac{6.81 L^3}{384 f} \tag{6.2}$$

式中，B 为抗弯刚度；L 为计算跨度；f 为跨中挠度。

利用式（6.2）可得不同荷载下试件的刚度值。为便于分析，取各点的实际刚度与初始刚度（B_e）的比值及荷载与峰值荷载的比值做归一化处理。刚度退化曲线如图 6.9 所示。

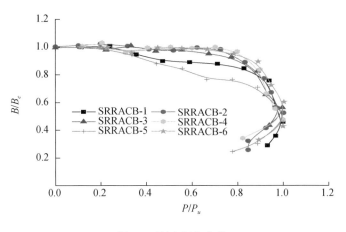

图 6.9　刚度退化曲线

由图 6.9 可知，对混凝土强度等级为 C35 的试件，开裂前，刚度随荷载的增加基本保持不变，从混凝土开裂到型钢屈服之一阶段，刚度则有所下降，下降幅值为初始刚度的 6.25%～12.5%，总体较小。这可能是型钢的约束作用抑制了裂缝的发展，也提高了试件正常使用阶段的刚度值，并且较为稳定；型钢屈服后，刚度急剧下降，且随着取代率的增大，下降速率加快。

2. 损伤分析

型钢再生混凝土梁受力后，随着荷载的增加，其性能不断劣化，表现为混凝土的开裂损伤和型钢的屈服。采用截面损伤度 D_s 作为损伤变量，来表征试件的损伤演变过程（图 6.10）。

$$D_s = \frac{A - A_e}{A} \qquad (6.3)$$

式中，A 为梁初始截面面积；A_e 为受力后的有效面积；$D_s = 0$ 对应于无损状态，$D_s = 1$ 对应于试件的完全破坏。利用平衡条件和等效应变假设经转换可得到

$$D_s = 1 - \frac{B^*}{B_e} \qquad (6.4)$$

式中，B^* 为受损后的抗弯刚度，其值可通过求解荷载-挠度曲线的切线模量而得；B_e 为初始弹性条件下的截面抗弯刚度，计算结果如图 6.10 所示。

由图 6.10 可知，型钢再生混凝土梁损伤演变过程具有以下特点：①再生粗骨料取代率小的试件，损伤发展较取代率大的试件更缓慢，其原因在于再生粗骨料破碎过程中本身自带的原始损伤导致骨料内部微裂缝，在梁外部受力后，损伤不断积累加大，取代率大的试件受力前自身的原始损伤就较多，故其累积损伤发展速度快。②混凝土开裂到型钢屈服这一阶段，损伤曲线表现为一段平缓段，且其

损伤度不大,均小于 0.2。这表明对型钢再生混凝土梁而言,即使试件开裂,由于型钢的存在,能分担混凝土开裂释放的应力,以及型钢对内部混凝土的约束作用,延缓了裂缝的开展,试件屈服前损伤度变化不大。③从试件开裂到在极限承载力,损伤的积累值随着取代率而增大。

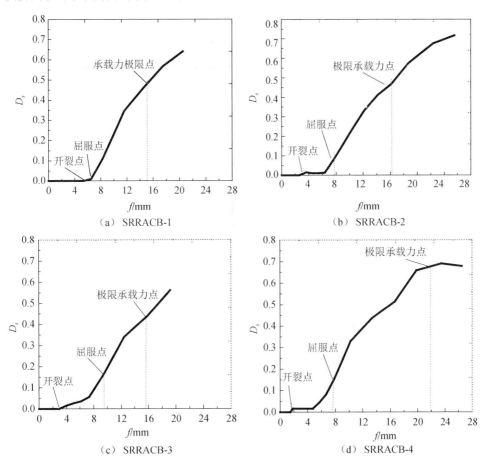

图 6.10　损伤演变过程

6.1.5　正截面极限承载力计算

上述试验结果表明型钢再生混凝土梁与型钢普通混凝土梁的破坏过程和形态相似,两者之间在破坏机理上并无本质差异,故采用了传统的型钢混凝土梁的理论方法进行正截面极限承载力计算。

目前国内较为常见的型钢混凝土梁正截面极限承载力计算方法有《组合结构设计规范》(JGJ 138—2016)方法、《钢骨混凝土结构技术规程》(YB 9082—2006)方法和赵鸿铁方法。

（1）《组合结构设计规范》（JGJ 138—2016）方法表达式

《组合结构设计规范》（JGJ 138—2016）中方法表达式为

$$M \leqslant \alpha_1 f_c bx\left(h_0 - \frac{x}{2}\right) + f_y' A_s'(h_0 - a_s') + f_a' A_{af}'(h_0 - a_a') + M_{aw} \tag{6.5}$$

式中，x 为混凝土受压区高度；h_0 为型钢受拉翼缘和纵向受拉钢筋合力点至混凝土受压边缘距离；M_{aw} 为型钢腹板承受的纵向合力对型钢受拉翼缘和纵向受拉钢筋合力点的力矩；a_s' 为纵向受压钢筋合力点至混凝土截面近边的距离；a_a' 为型钢受压翼缘截面重心至混凝土截面近边的距离。

（2）《钢骨混凝土结构技术规程》（YB 9082—2006）方法表达式

《钢骨混凝土结构技术规程》（YB 9082—2006）中方法表达式为

$$M \leqslant M_{by}^{ss} + M_{bu}^{rc} \tag{6.6}$$

式中，M_{by}^{ss} 为梁中钢骨（型钢）部分的受弯承载力，$M_{by}^{ss} = r_s w_{ss} f_{ssy}$；$M_{bu}^{rc}$ 为梁中钢筋混凝土部分的受弯承载力，$M_{bu}^{rc} = A_s f_{sy} r h_{bo}$。

（3）赵鸿铁方法表达式

对实腹式配钢的型钢混凝土梁正截面极限承载力计算时，根据截面中和轴位置不同，分为 3 种情况进行处理。情况 1，中和轴在型钢腹板中通过；情况 2，中和轴不通过型钢；情况 3，中和轴恰好在型钢受压翼缘中通过。

本节试件属于情况 1，并且是上、下翼缘面积相对对称（即 $A_{sf} = A_{sf}'$）的工字钢，此时其公式为

$$M_u = f_c bx\left(a_s' - \frac{x}{2}\right) + f_y A_s\left(h_s - a_s' - a_r'\right) + f_y' A_s'\left(a_s' - a_r'\right) + f_s A_{ss} \tag{6.7}$$

式中，h 为梁截面高度；h_s 为型钢截面高度；a_r' 表示受压钢筋重心至受压区边缘的距离；a_s' 表示型钢上翼缘至受压区边缘的距离；A_s、A_s' 分别表示受拉钢筋与受压钢筋的截面积；A_{ss} 为型钢腹板的面积；f_y、f_y' 分别表示受拉钢筋与受压钢筋的设计强度。

将试件实际材料强度和截面数据分别代入上述三种方法的计算式进行极限承载力计算，试验值与计算值结果对比见表 6.5。

表 6.5　试验值与计算值结果对比

试件编号	$M_{u,T}$ / (kN·m)	《组合结构设计规范》方法		《钢骨混凝土结构技术规程》方法		赵鸿铁方法	
		$M_{u,C}$ / (kN·m)	$M_{u,T} / M_{u,C}$	$M_{u,C}$ / (kN·m)	$M_{u,T} / M_{u,C}$	$M_{u,C}$ / (kN·m)	$M_{u,T} / M_{u,C}$
SRRACB-1	56.39	79.68	0.7077	55.88	1.0091	72.47	0.7781
SRRACB-2	63.68	79.98	0.7962	55.94	1.1384	72.69	0.8760
SRRACB-3	56.39	80.03	0.7046	55.95	1.0079	72.73	0.7753

试件编号	$M_{u,T}$ /（kN·m）	《组合结构设计规范》方法			《钢骨混凝土结构技术规程》方法			赵鸿铁方法		
		$M_{u,C}$ /（kN·m）	$M_{u,T}/M_{u,C}$		$M_{u,C}$ /（kN·m）	$M_{u,T}/M_{u,C}$		$M_{u,C}$ /（kN·m）	$M_{u,T}/M_{u,C}$	
SRRACB-4	66.34	80.73	0.8218		56.09	1.1827		73.48	0.9028	
SRRACB-5	59.70	82.49	0.7237		56.47	1.0572		78.11	0.7643	
SRRACB-6	59.70	82.46	0.7240		56.46	1.0574		78.08	0.7646	
平均值			0.7463			1.0754			0.8102	
方差			0.0025			0.0050			0.0039	
变异系数			0.0033			0.0047			0.0048	

注：$M_{u,T}$表示试验得到的极限弯矩；$M_{u,C}$表示由公式计算得到的极限弯矩。

由表 6.5 可知，按《钢骨混凝土结构技术规程》（YB 9082—2006）方法的计算结果与试验实测值的吻合较好，计算值小于试验值，偏于安全，而按《组合结构设计规程》（JGJ 138—2016）方法和赵鸿铁方法的计算结果比试验实测值大17.8%~29.5%。鉴于当前再生混凝土技术，尤其是再生混凝土组合结构方面的研究还不够成熟的前提下，从安全角度考虑，在进行型钢再生混凝土梁正截面极限承载力计算时，建议采用《钢骨混凝土结构技术规程》（YB 9082—2006）的计算方法。

6.2　型钢再生混凝土梁的受剪性能及斜截面极限承载力计算

正如 6.1 节所述的一样，型钢再生混凝土梁作为一种新型构件，其受剪性能研究国内外尚缺乏。本节拟通过 12 个试件的受剪试验，以揭示其内在本质，并探讨其受剪性能及斜截面极限承载力的计算方法。

6.2.1　试验概况

1. 试验材料

再生混凝土所用的再生粗骨料来源于服役期满的废弃混凝土电杆（原生混凝土强度为 C30，碎石类），经人工破碎、筛分、清洗、晾干后而得。再生粗骨料粒径为 1.4~2.8cm，连续级配，堆积密度为 1385kg/m³。型钢采用工 14，Φ18 纵向变形钢筋，Φ6 光圆钢筋作为箍筋，依我国标准试验方法进行钢材力学性能测试，结果见表 6.6。

表 6.6　钢材力学性能

钢材类别	f_y/MPa	f_u/MPa	E_s/MPa
Φ18	373	544	2.28×10^5
Φ6	339	472	2.36×10^5
工14	327	464	2.46×10^5

2. 配合比设计

再生混凝土是指部分或全部采用再生粗骨料的混凝土，对于同等级不同取代率的再生混凝土，以取代率为 0（即天然粗骨料混凝土）为基准设计材料配比，不同取代率时，仅改变再生和天然粗骨料之间的比例（质量比），其他成分保持不变。各强度等级不同取代率再生混凝土配合比见表 6.7。

表 6.7　再生混凝土配合比

强度等级	γ /%	水灰比	砂率/%	每立方米混凝土材料用量/kg				
				水泥	砂	天然粗骨料	再生粗骨料	水
C35	0	0.41	32	500	542	1153	0	205
	30	0.41	32	500	542	807	346	205
	70	0.41	32	500	542	346	807	205
	100	0.41	32	500	542	0	1153	205
C50	0	0.32	38	641	590	964	0	205
	100	0.32	38	641	590	0	964	205

3. 试件设计

以剪跨比、再生骨料取代率和混凝土强度等级为变化参数，设计制作了 12 根型钢再生混凝土梁试件。各试件的具体设计参数及实测强度值见表 6.8，截面尺寸及配钢图如图 6.11 所示。所有试件均配有适量的构造钢筋，其中纵向钢筋筋的混凝土保护层厚度为 20mm，型钢的混凝土保护层厚度为 50mm。

表 6.8　试件的设计参数及实测强度值

试件编号	γ /%	混凝土强度	$b \times h$ /（mm×mm）	λ	L /mm	f_{cu} /MPa	P_{cr} /kN	f_{cr} /mm	P_u /kN	f_u /mm	破坏形态
SRRC-1	30	C35	180×240	1.0	1000	39.9	49.0	0.72	318.5	9.8	剪切斜压
SRRC-2	30	C35	180×240	1.4	1000	39.9	36.75	0.79	239.0	3.6	剪切斜压
SRRC-3	30	C35	180×240	1.8	1300	39.9	36.75	0.84	184.0	10.0	剪切破坏
SRRC-4	70	C35	180×240	1.0	1000	41.0	49.0	0.97	343.0	11.4	剪切斜压
SRRC-5	70	C35	180×240	1.4	1000	41.0	49.0	0.93	245.0	9.7	剪切斜压
SRRC-6	70	C35	180×240	1.8	1300	41.0	36.75	1.2	171.5	3.7	剪切黏结
SRRC-7	100	C35	180×240	1.0	1000	41.9	49.0	1.28	324.5	11.4	剪切斜压
SRRC-8	100	C35	180×240	1.4	1000	41.9	36.75	0.78	245.0	11.6	剪切斜压
SRRC-9	100	C35	180×240	1.8	1300	41.9	36.75	1.68	177.5	3.4	剪切黏结
SRRC-10	0	C50	180×240	1.0	1000	51.4	49.0	0.67	367.5	11.2	剪切斜压
SRRC-11	100	C50	180×240	1.0	1000	54.2	49.0	0.95	367.5	11.9	剪切斜压
SRRC-12	0	C35	180×240	1.0	1000	38.6	62.25	0.99	343.0	8.9	剪切斜压

注：b、h 分别为截面宽度和高度；λ 为剪跨比；L 为梁跨长度；P_{cr}、f_{cr} 分别为开裂荷载及其对应的挠度；P_u、f_u 分别为极限荷载及其对应的挠度。

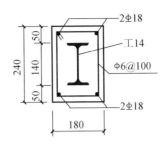

图 6.11　试件截面尺寸及配钢图

4. 加载装置及制度

试验采取简支梁式加载装置,通过分配梁实现两点加载,如图 6.12 所示。试验过程中采用荷载和位移混合控制的加载制度,首先根据预估极限荷载的 5%分级加载,当荷载接近极限荷载时,采用位移控制,以跨中挠度 1cm 作为位移级差控制加载,直到试件破坏。

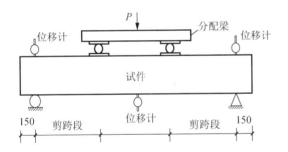

图 6.12　加载装置

6.2.2　试验结果及分析

1. 试件破坏过程及形态

试验表明:当剪跨比 $\lambda=1.0\sim1.8$ 时,型钢再生混凝土梁发生了剪切斜压破坏和剪切黏结破坏。当剪跨比较小($\lambda=1.0$、1.4)时发生剪切斜压破坏,剪跨比较大($\lambda=1.8$)时则发生剪切黏结破坏。其破坏过程如下。

1)$\lambda=1.0$ 的试件,当加载至 $0.15P_u$(极限荷载)时,首先在剪跨段腹部斜向开裂,接着在纯弯段下部竖向开裂,荷载继续增大,新裂缝不断出现,原有裂缝也有所扩展,总体上斜裂缝发展速度较竖向裂缝快;当加载至 $0.8P_u$ 时,在剪跨段众多斜裂缝中形成几条宽度较为突出的斜裂缝(俗称主斜裂缝),把剪跨段混凝土划分成几根类似斜放的短柱(俗称斜向压杆);当加载至 P_u 时,加载点附近的混凝土被压碎,试件破坏,剪切斜压破坏形态如图 6.13(a)所示。

2)$\lambda=1.4$ 的试件,当加载至 $0.15P_u$ 时,首先在加载点正下方竖向开裂;$0.3P_u$

时，剪跨段出现斜向裂缝；当加载至 $0.5P_u$ 时，有一条斜裂缝开始贯通；当加载至 $0.8P_u$ 时，纯弯段竖向裂缝向上延伸至型钢上翼缘处，在支座与加载点连线附近出现一条显著的主斜裂缝，在其两侧有几条与之平行的斜裂缝；当加载至 P_u 时，加载点附近的混凝土被压碎，剪切斜压破坏形态如图 6.13（b）所示。

3）$\lambda=1.8$ 的试件，当加载至 $0.15P_u$ 时，首先在加载点正下方出现竖向裂缝；当加载至 $0.45P_u$ 时，剪跨段出现斜向裂缝；当加载至 $0.8P_u$ 时，纯弯段的竖向裂缝向上延伸至型钢上翼缘处，此时竖向裂缝的宽度达到 0.16mm，斜向裂缝的宽度达到 0.3mm；当加载至 $0.85P_u$ 时，在纯弯段型钢上翼缘附近出现水平黏结裂缝；当加载至 P_u 时，纯弯段型钢上翼缘外部保护层混凝土被压碎，试件破坏，剪切黏结其破坏形态如图 6.13（c）所示。

型钢再生混凝土梁受剪破坏根据剪跨比的不同，具有以下特点。

1）剪跨比 λ 为 1.0 的试件最先出现的是腹部斜向裂缝，并且斜裂缝一直占主导地位；而剪跨比 λ 为 1.4 和 1.8 的试件，首先出现的是竖向裂缝，裂缝总体上是细而密，很多竖向裂缝发展到型钢下翼缘位置后停止向上延伸，试件破坏时伴随着型钢上翼缘附近的水平黏结裂缝。

2）剪跨比越小的试件，其破坏时，斜裂缝宽度越大，角度也越陡峭。剪跨比越大的试件，其弯曲竖向裂缝越多，也越密，并且纯弯段型钢上翼缘附近的水平黏结裂缝也越明显。

（a）剪切斜压破坏形态（$\lambda=1.0$）

（b）剪切斜压破坏形态（$\lambda=1.4$）

（c）剪切黏结破坏形态（$\lambda=1.8$）

图 6.13　试件破坏形态

2. 荷载−跨中挠度曲线

实测各试件的荷载−跨中挠度曲线如图 6.14 所示。由图 6.14 可知，试件受剪破坏大致经历了三个阶段，即弹性阶段、带裂缝的弹塑性阶段和破坏阶段。加载初期，荷载挠度呈线性变化；试件开裂后，部分混凝土开裂，退出工作，但荷载挠度曲线并没有出现明显的转折点，这可能是型钢的刚度大且对内部混凝土有约束作用所致；当型钢下翼缘屈服后，此时裂缝发展已较为充分，曲线才开始出现明显的转折点；当荷载达到峰值荷载后，试件伴随着较大的裂缝和混凝土的压碎，跨中挠度变化也较大，此后，荷载略有下降，但变形很大，破坏过程表现出很好的延性。

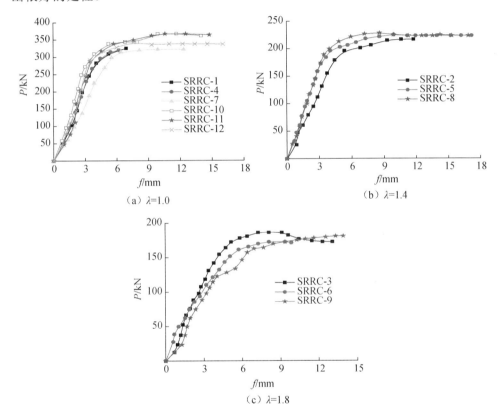

(a) $\lambda=1.0$

(b) $\lambda=1.4$

(c) $\lambda=1.8$

图 6.14　荷载–跨中挠度曲线

6.2.3　型钢再生混凝土梁受剪性能影响因素分析

1. 再生骨料取代率的影响

图 6.15 所示为各种骨料取代率下型钢再生混凝土梁极限受剪承载力的对比情况。由图 6.15 可知，当剪跨比 λ 为 1.0～1.8 时，随着再生粗骨料取代率的增大，型钢再生混凝土梁的极限受剪承载力有略为降低的趋势，其降低幅值在 8%以内。

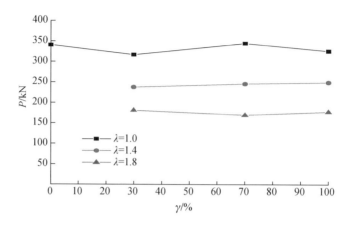

图 6.15　取代率下型钢再生混凝土梁极限受剪承载力的对比情况

2. 剪跨比的影响

图 6.16 所示为不同剪跨比试件极限受剪承载力的对比关系。由图 6.16 可知，随着剪跨比的增加，试件的受剪承载力逐渐降低，当剪跨比从 1.0 增加到 1.4 时，承载力降低 26.0%，当剪跨比从 1.4 增加到 1.8 时，承载力降低 26.8%，在剪跨比 λ 为 1.0～1.8 时，基本上是按线性规律递减。

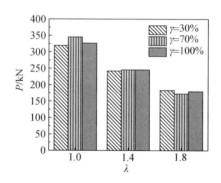

图 6.16　不同剪跨比试件极限受剪承载力的对比关系

3. 混凝土强度等级的影响

图 6.17 所示为混凝土强度等级对型钢再生混凝土梁的极限受剪承载力的影响。由图 6.17 可知，随着混凝土强度等级的增加，再生混凝土梁的极限受剪承载能力有所增加。从 C35 增加到 C50 时，试件的极限受剪承载力分别增加 7.1%（取代率为 0）和 13.3%（取代率为 100%），适当提高混凝土的强度等级，能有效提高型钢再生混凝土梁的受剪承载力。

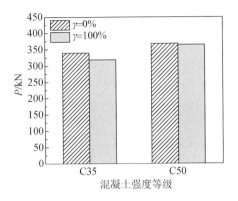

图 6.17　混凝土强度等级对型钢再生混凝土梁极限受剪承载力的影响

6.2.4　型钢再生混凝土梁斜截面极限承载力计算

1. 型钢再生混凝土梁斜截面极限承载力计算公式

参考普通型钢混凝土相关理论，并考虑再生骨料取代率、剪跨比、混凝土强度等影响因素，提出型钢再生混凝土梁斜截面极限承载力计算的多元回归模型，如下所示：

$$V_b \leqslant \frac{A_1}{A_1+a}\frac{A_2}{A_3+\lambda}f_t b h_0 + \frac{A_4}{A_5+\lambda}f_{yv}\frac{A_{sv}}{s}h_0 + \frac{0.58}{\lambda}f_a t_w h_w \qquad (6.8)$$

式中，A_1、A_2、A_3、A_4、A_5 为待定系数，通过试验实测数据回归得 $A_1=20$、$A_2=1.5$、$A_3=-0.1$、$A_4=1.6$、$A_5=0.1$；λ 为剪跨比；f_t 为再生混凝土抗拉强度设计值，根据课题研究成果，取 $f_t=0.12f_{cu}$；f_{yv}、f_a 分别为箍筋和型钢的强度设计值；t_w、h_w 分别为型钢腹板厚度和高度，根据赵鸿铁研究成果取 $h_w=h-(t_w+r)$，其中 $r=7.5\text{mm}$；b、h_0 分别为截面跨度和有效高度，$h_0=h-a_s$，h 为梁截面高度，a_s 为纵向受力钢筋的保护层厚度；A_{sv} 为配置在同一截面内箍筋各肢的全部截面面积；s 为沿构件长度方向上箍筋的间距。

型钢再生混凝土梁斜截面极限承载力计算式为

$$V_b \leqslant \frac{20}{20+a}\frac{1.5}{\lambda-0.1}f_t b h_0 + \frac{1.6}{\lambda+0.1}f_{yv}\frac{A_{sv}}{s}h_0 + \frac{0.58}{\lambda}f_a t_w h_w \qquad (6.9)$$

利用式（6.9）计算本节试件，计算值与试验值对比见表 6.9。由表 6.9 可见，当取代率为 0 时，公式计算结果大于试验值，偏于不安全；因此型钢再生混凝土梁的斜截面极限承载力计算公式对取代率为 0 的型钢天然混凝土梁不合适。

表 6.9　回归公式计算值与试验值对比

试件编号	γ/%	λ	f_t	V_t/kN	V_c/kN	V_t / V_c
SRRC-1	30	1.0	4.788	318.5	309.4	1.03
SRRC-2	30	1.4	4.788	239.0	219.6	1.09
SRRC-3	30	1.8	4.788	184.0	170.3	1.08
SRRC-4	70	1.0	4.920	343.0	255.2	1.34
SRRC-5	70	1.4	4.920	245.0	182.0	1.35
SRRC-6	70	1.8	4.920	171.5	141.6	1.21
SRRC-7	100	1.0	5.028	324.5	238.3	1.36
SRRC-8	100	1.4	5.028	245.0	170.4	1.44
SRRC-9	100	1.8	5.028	177.5	132.6	1.34
SRRC-10	0	1.0	6.168	367.5	590.1	0.62
SRRC-11	100	1.0	6.504	367.5	254.6	1.44
SRRC-12	0	1.0	4.632	343.0	488.7	0.70

注：V_t 为试验实测混凝土斜截面承载力；V_c 为公式计算得出的斜截面承载力。

当取代率为 30%、100% 的型钢再生混凝土试件时，试验值大于计算值，此时计算值与试验值之比的均值 μ=1.268、标准差 σ=0.132、变异系数 C_v=0.104。

2. 现有规范方法适用性讨论

分别参照我国现行两部型钢混凝土结构规程和日本型钢混凝土组合结构规范计算方法，对型钢再生混凝土梁的斜截面极限承载力进行计算，以探讨其实用性。

参照《组合结构设计规范》（JGJ 138—2016），计算方法为

$$V_b \leqslant \frac{0.20}{\lambda + 1.5} f_c^r b h_0 + f_{yv}^r \frac{A_{sv}}{s} h_0 + \frac{0.58}{\lambda} f_a t_w h_w \qquad (6.10)$$

式中，f_c^r 表示再生混凝土轴心抗压强度值，根据课题组前期研究结果，有

$$f_c^r = 0.87 f_{cu}^r \qquad (6.11)$$

其他符号含义详见《组合结构设计规范》（JGJ 138—2016）。

参照《钢骨混凝土结构技术规程》（YB 9082—2006），计算方法为

$$V_b \leqslant t_w h_w f_{ssv} + \frac{1.75}{\lambda + 1} f_t b_b h_{b0} + f_{yv} \frac{A_{sv}}{s} h_{b0} \qquad (6.12)$$

式中，f_t 为再生混凝土抗拉强度设计值，取 f_t=0.12f_{cu}，其他符号含义详见《钢骨混凝土结构技术规程》（YB 9082—2006）。

日本规范计算方法为

$$V_d \leqslant t_w d_w \frac{{}_s\sigma_Y}{\sqrt{3}} + b_r j\left(\frac{b'}{b}F_s + {}_w p_w \sigma_Y\right) \tag{6.13}$$

式中，t_w 为钢骨腹板的厚度；d_w 为钢骨腹板的高度；F_s 为混凝土的剪切强度，F_s=min（$0.15F_c$, $22.5+4.5$ F_c/100），F_c 为混凝土圆柱体抗压强度；σ_Y 为钢骨的屈服应力；b 为截面宽度；b'为钢骨翼缘位置处混凝土的有效宽度；j 为钢筋受拉侧和受压侧的合力点间距离，可取 ${}_r j$=（7/8）d，从受压边缘到受拉主筋形心的距离（有效高度）；p_w 为配箍率：${}_w p$=${}_w a$/（bx），其中 ${}_w a$ 为同一截面处腹筋或箍筋的截面面积，x 为箍筋的间距；${}_w \sigma_Y$ 为箍筋的屈服应力。

表 6.10 给出 3 种规范方法计算结构与试验值的对比分析。由表 6.10 可得出如下几点结论。

1）《组合结构设计规范》（JGJ 138—2016）方法的计算结果均小于试验值，试验值与计算值之比的平均值达到 1.57，偏于安全。

2）《钢骨混凝土结构技术规程》（YB 9082—2006）和日本规范公式的计算结果，当剪跨比 λ=1 时，计算值小于试验值，但当 λ=1.4 和 1.8 时，计算值大于试验值，偏于不安全。

3）综合三种规范的计算结果，我国《组合结构设计规范》（JGJ 138—2016）计算公式仍然可适用于型钢再生混凝土梁的斜截面极限承载力计算。

表 6.10　规范公式计算结果与试验值对比

试件编号	f_{cu}/MPa	γ /%	λ	V_t/kN	《组合结构设计规范》		《钢骨混凝土结构技术规程》		日本规范	
					V_c/kN	V_t/V_c	V_c/kN	V_t/V_c	V_c/kN	V_t/V_c
SRRC-1	39.9	30	1.0	318.5	174.87	1.82	248.71	1.28	246.14	1.29
SRRC-2	39.9	30	1.4	239.0	174.87	1.37	248.71	0.96	246.14	0.97
SRRC-3	39.9	30	1.8	184.0	145.70	1.26	234.49	0.78	246.14	0.75
SRRC-4	41.0	70	1.0	343.0	177.48	1.93	252.37	1.36	248.68	1.38
SRRC-5	41.0	70	1.4	245.0	177.48	1.38	252.37	0.97	248.68	0.99
SRRC-6	41.0	70	1.8	171.5	147.99	1.16	237.76	0.72	248.68	0.69
SRRC-7	41.9	100	1.0	324.5	179.62	1.81	255.36	1.27	250.76	1.29
SRRC-8	41.9	100	1.4	245.0	179.62	1.36	255.36	0.96	250.76	0.98
SRRC-9	41.9	100	1.8	177.5	149.87	1.18	240.43	0.74	250.76	0.71
SRRC-10	51.4	0	1.0	367.5	202.19	1.82	286.96	1.28	272.71	1.35
SRRC-11	54.2	100	1.0	367.5	208.85	1.76	296.28	1.24	279.18	1.32
SRRC-12	38.6	0	1.0	343.0	171.78	2.00	244.39	1.40	243.14	1.41
平均值						1.57		1.08		1.09
标准差						0.30		0.24		0.27
变异系数						0.19		0.22		0.24

6.3　型钢再生混凝土柱的轴心受压性能及极限承载力计算

型钢再生混凝土柱作为型钢再生混凝土组合结构的重要承重构件，其轴心受压性能的好与坏，对确保结构体系的安全起到关键的作用。本节通过 23 个不同再生粗骨料取代率的型钢再生混凝土柱的轴心受压试验，以揭示其受力机理并探讨极限承载力计算方法。

6.3.1　试验概况

1. 试验材料

再生混凝土原料为普通天然河砂、海螺牌 42.5R 普通硅酸盐水泥、城市自来水、天然和再生粗骨料。再生粗骨料来源于实验室废弃混凝土试件（原设计强度 C30、碎石类），经人工破碎、筛分、清洗和晾干后而得。再生粗骨料和天然粗骨料（碎石）同条件筛分，粒径为 5～25mm，均为连续级配。再生混凝土的配合比设计是以再生粗骨料取代率为 0 的天然骨料混凝土配合比为基准，按取代率的变化调整再生粗骨料和天然粗骨料之间的数量关系。分别设计了 C40、C50 两种强度再生混凝土，具体配合比详见表 6.11。每种配合比混凝土在浇筑混凝土柱时预留了立方体试块，并与试件同条件养护，试件设计参数及实测强度见表 6.12。

表 6.11　混凝土配合比

混凝土强度等级	γ/%	砂率/%	水灰比	各种材料用量/（kg/m³）				
				水泥	砂子	天然粗骨料	再生粗骨料	水
C40	0	32	0.42	488	546	1161.0	0	205
	10	32	0.42	488	546	1044.9	116.1	205
	20	32	0.42	488	546	928.8	232.2	205
	30	32	0.42	488	546	812.7	348.3	205
	40	32	0.42	488	546	696.6	464.4	205
	50	32	0.42	488	546	580.5	580.5	205
	60	32	0.42	488	546	464.4	696.6	205
	70	32	0.42	488	546	348.3	812.7	205
	80	32	0.42	488	546	232.2	928.8	205
	90	32	0.42	488	546	116.1	1044.9	205
	100	32	0.42	488	546	0.0	1161.0	205
C50	0	32	0.32	641	590	964.0	0.0	205
	50	32	0.32	641	590	482.0	482.0	205
	100	32	0.32	641	590	0.0	964.0	205

表6.12 试件设计参数及实测强度

试件编号	γ / %	配箍情况	强度等级	$f_{cu,k}$ /MPa	ε_{rcu} / ($\times 10^{-6}$)	P_u/kN	备注
SRRAC-1	0	Φ8@200	C40	45.33	−2513	1411.2	
SRRAC-2	10	Φ8@200	C40	37.87	−3109	1548.4	
SRRAC-3	20	Φ8@200	C40	41.45	−1508	1146.6	
SRRAC-4	30	Φ8@200	C40	42.58	−4215	1445.5	
SRRAC-5	40	Φ8@200	C40	44.56	−2987	1788.5	
SRRAC-6	50	Φ8@200	C40	48.27	−2640	1558.2	
SRRAC-7	60	Φ8@200	C40	46.13	−2560	1563.1	
SRRAC-8	70	Φ8@200	C40	40.44	−2230	1558.2	
SRRAC-9	80	Φ8@200	C40	49.19	−3686	1862.0	
SRRAC-10	90	Φ8@200	C40	45.33	−2881	1661.1	RRAC-19 为钢筋再生混凝土对比试件，S-20 为纯钢柱对比试件，除了 S-20 以外，其他所有试件的截面尺寸为 200mm×200mm
SRRAC-11	100	Φ8@200	C40	45.93	−3560	1710.1	
SRRAC-12	100	Φ8@150	C40	45.93	−2579	1445.5	
SRRAC-13	100	Φ8@100	C40	45.93	−2593	1813.0	
SRRAC-14	100	Φ8@70	C40	45.93	−4043	1862.0	
SRRAC-15	100	Φ6@200	C40	45.93	−3484	1568.0	
SRRAC-16	100	Φ6@150	C40	45.93	−2295	1548.4	
SRRAC-17	100	Φ6@100	C40	45.93	−3562	1558.2	
SRRAC-18	100	Φ6@70	C40	45.93	−4435	1739.5	
RRAC-19	100	Φ8@200	C40	45.93	−1828	1372.0	
S-20						274.4	
SRRAC-21	0	Φ8@200	C50	57.16	−1814	1764.0	
SRRAC-22	50	Φ8@200	C50	64.09	−4164	1690.5	
SRRAC-23	100	Φ8@200	C50	51.64	−2856	1254.4	

注：γ 为再生粗骨料取代率；$f_{cu,k}$ 为混凝土实测强度；ε_{rcu} 为再生混凝土极限压应变，即试件破坏时再生混凝土的应变；P_u 为试件极限承载力。

试件采用了工字钢（工10）和构造钢筋（直径为 14mm 的 HRB335 纵向螺纹钢筋和直径为 6mm 和 8mm 的 HPB235 横向箍筋）。依钢材标准试验方法测得型钢的屈服强度、极限强度分别为 f_y=312.2MPa、f_u=391.5MPa，纵筋的屈服强度、极限强度分别为 f_y=382.6MPa、f_u=557.0MPa。

2. 试件设计与制作

以再生粗骨料取代率、体积配箍率和混凝土强度等级为变化参数，设计和制作了 23 个型钢再生混凝土短柱试件，试件高度均为 600mm，截面尺寸及配筋图如图 6.18 所示。作为对比试件的钢筋再生混凝土短柱试件与型钢再生混凝土

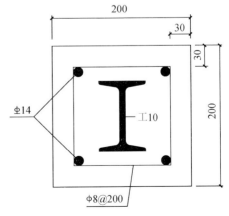

图 6.18 试件的截面尺寸及配筋图

柱试件截面尺寸和高度相同,唯一的区别是截面中不含型钢。试件的具体参数详见表6.12。

3. 加载装置与加载制度

试验采用电液伺服液压试验机(YE-10000F)进行加载,加载示意图如图6.19(a)所示。为检查仪器仪表正常工作情况,正式试验前先进行预加载(预加载值不超过预估极限荷载的10%)。试验采用荷载控制的加载制度,按预估极限荷载的5%作为荷载步长分级加载,为观察裂缝发展情况,每级荷载停留3~5min。在试件顶部和底部各布置一个位移计来测量试件的纵向变形量,实物图如图6.19(b)所示。

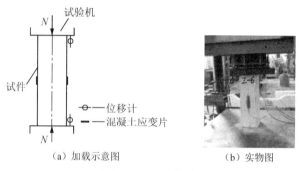

（a）加载示意图　　　　　（b）实物图

图6.19　加载装置

4. 测量装置

为测量型钢混凝土轴压短柱在受力过程中截面内的应力分布情况,分别在型钢翼缘中心处、距翼缘边沿1/2处和腹板中心各粘贴一个电阻应变片,如图6.20(a)和(b)所示;纵向钢筋和横向箍筋各粘贴一个电阻应变片,如图6.20(c)所示。

（a）型钢翼缘　　　　　　（b）型钢腹板　　　　　　（c）纵筋和箍筋

图6.20　型钢及钢筋应变片布置

6.3.2　试验结果及分析

1. 试件破坏过程及形态

从开始加载到试件破坏,除了纯钢柱外,其他试件破坏过程相似。当加载至$0.5P_u$(极限荷载)时,试件表面混凝土出现可见裂缝,裂缝细而短,平行于受力方向;当加载至$0.7P_u$时,出现多条不连续的纵向短裂缝;当加载至$0.9P_u$时,上下端部混凝土部分剥落,纵向裂缝迅速发展,把混凝土表面分割成若干条小柱;当加载至P_u时,裂缝较宽并且贯通,混凝土被压碎,试件破坏。破坏时型钢、纵筋均受压屈服,被压碎的混凝土主要在型钢翼缘外侧,型钢翼缘以内的混凝土保持较好，这可能是型钢的存在对翼缘以内混凝土起到约束作用的缘故。各试件实测极限承载力详见表 6.12。

纯钢柱试件（S-20）在受荷初期外观变形不明显，当加载至约 $0.7P_u$ 时，试件在翼缘平面内开始出现弯曲；当加载至 $0.8P_u$ 时，在腹板平面内也出现弯曲；当加载至 P_u 时，试件在翼缘和腹板内均呈现比较明显的 S 形弯曲，变形继续发展，荷载保持在极限荷载水平，之后略有下降。当荷载下降到 $0.9P_u$ 左右时，试件失去承载力。所有试件（依次排序）的最终破坏形态如图 6.21 所示。

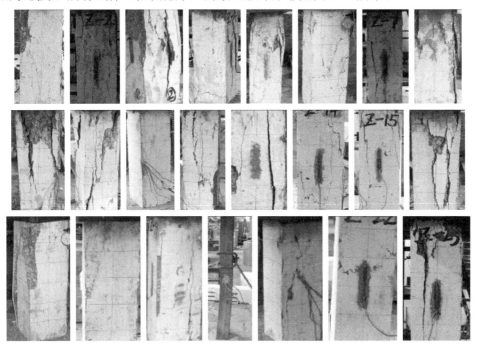

图 6.21 试件的最终破坏形态

试验结束后，敲开混凝土保护层，发现核心再生混凝土并未被压碎，钢筋向外压弯，但没有发现型钢局部屈曲或整体失稳的情况，这反映了型钢与核心再生混凝土之间产生了相互约束作用，既提高了核心再生混凝土的强度，又避免了型钢的局部和整体屈曲失稳。核心再生混凝土的形态如图 6.22 所示。

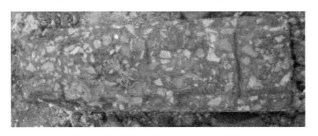

图 6.22 核心再生混凝土的形态

2. 轴向荷载-应变曲线

试验实测各试件的轴向荷载-应变曲线如图 6.23 所示。由图 6.23 可知，加载初期，轴向荷载-应变之间基本保持线性关系，这反映出早期型钢和混凝土能较好

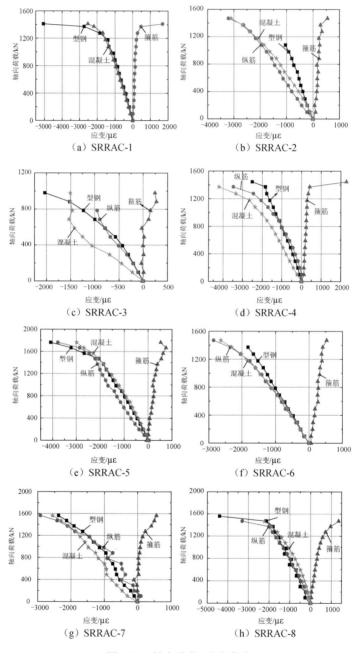

（a）SRRAC-1　　　　　　　（b）SRRAC-2

（c）SRRAC-3　　　　　　　（d）SRRAC-4

（e）SRRAC-5　　　　　　　（f）SRRAC-6

（g）SRRAC-7　　　　　　　（h）SRRAC-8

图 6.23　轴向荷载-应变曲线

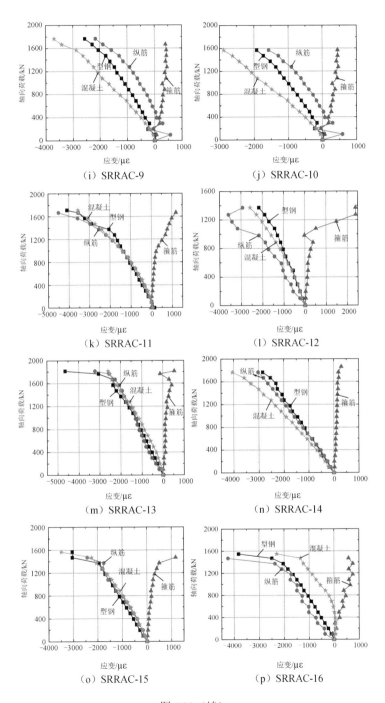

图 6.23（续）

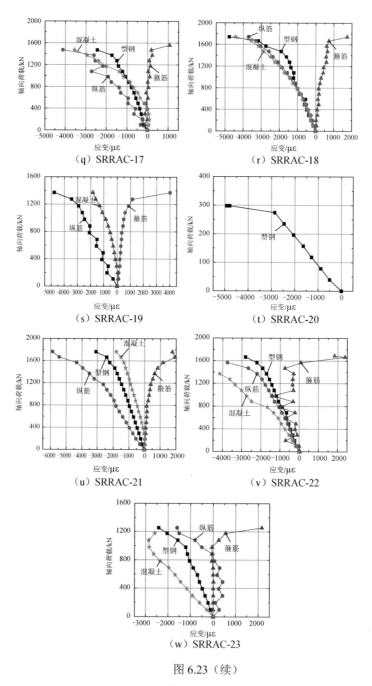

图 6.23（续）

地协同工作；当加载至 $0.7 P_u$ 时，曲线出现拐点，开始表现为非线性；当加载至 P_u 时，型钢、纵向钢筋和混凝土均受压屈服或达到极限压应变值，但此时箍筋尚未受拉屈服。

　　纯钢柱试件（S-20）的荷载-应变曲线呈现出很明显的弹性阶段和弹塑性阶段。加载初期，轴向荷载-应变之间基本保持线性关系，当加载至 $0.7P_u$ 时，开始呈现非线性，应变较荷载增长速率加快；当加载至 P_u 时，荷载-应变关系接近水平线，之后荷载略有下降，应变继续增加；当加载至 $0.9P_u$ 时，试件失去承载力。

6.3.3　型钢再生混凝土短柱轴压性能影响因素分析

1. 再生粗骨料取代率的影响

　　图 6.24 所示为相同体积配箍率和混凝土强度等级、不同再生粗骨料取代率试件的轴向荷载-位移曲线。由图 6.24 可知，加载初期，初始轴向刚度基本保持不变，当加载 $0.7P_u$ 之后，试件的轴向刚度略有减小。随着取代率的增加，C40 试件轴向刚度逐渐增加，而 C50 试件轴向刚度逐渐减小，这可能与再生混凝土的内部机理有关。再生混凝土在解体破碎过程中由于损伤积累使再生粗骨料内部存在微细裂纹，会影响混凝土的变形，并且在拌制混凝土时会导致混凝土的实际水灰比（W/C）变小而引起强度提高。对于 C40 混凝土，随着取代率的增加，强度提高部分较变形影响大，试件轴向刚度逐渐增加，而对于 C50 混凝土则恰好相反。因此，再生粗骨料（原设计强度 C30）适用于配置中低强度混凝土，而在配制高强混凝土时，需要对再生骨料进行强化处理。

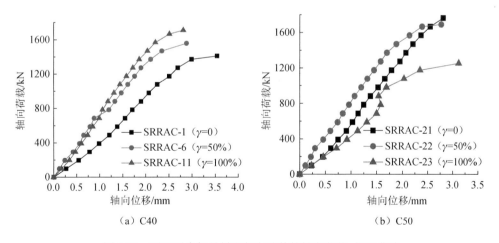

图 6.24　不同再生粗骨料取代率试件的轴向荷载-位移曲线

　　图 6.25 所示为相同体积配箍率和混凝土强度等级试件的极限压应变-取代率关系。由图 6.25 可知，随着取代率的增大，C40 混凝土的极限压应变逐渐增加；随着取代率的增加，C50 混凝土的极限压应变先增大后减小，但总体呈增加趋势。这表明再生粗骨料应用于普通强度混凝土中，不会导致型钢再生混凝土柱延性的降低。

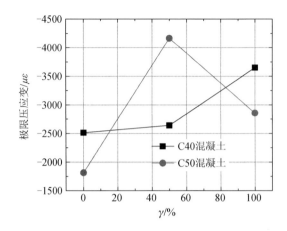

图 6.25   相同体积配箍率和混凝土强度等级试件的极限压应变-取代率关系

图 6.26 所示为相同体积配箍率和混凝土强度等级试件的极限荷载-取代率关系，其中 SRRAC 试件的极限承载力数据来源于试验，素混凝土试件的极限承载力数据由实测的立方体抗压强度换算而得。

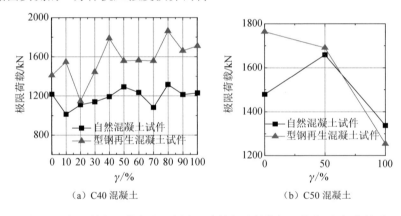

（a）C40 混凝土   （b）C50 混凝土

图 6.26   相同体积配箍率和混凝土强度等级试件的极限荷载-取代率关系

由图 6.26（a）可知，对 C40 混凝土，不同取代率试件与天然骨料试件相比，当取代率由 10%增加到 100%时，其极限承载力变化幅值分别为 9.72%、−18.8%、2.43%、26.7%、10.4%、10.8%、10.4%、31.9%、17.7%、21.2%，即随着取代率的增大，型钢再生混凝土轴压短柱的极限承载力呈波动性变化，总体呈增大趋势，特别是在取代率为 40%和 80%时，承载力增加的幅度较大，可能是存在这两种取代率时，天然粗骨料与再生粗骨料形成的级配相对较优的缘故。型钢再生混凝土试件与素混凝土试件相比，取代率从 10%增加到 100%，其极限承载力变化幅值分别为 16.0%、52.9%、3.39%、26.9%、50.0%、20.7%、26.7%、44.0%、41.5%、36.9%和 39.1%，可见型钢的存在较大地提高了试件的极限承载力。

由图 6.26（b）可知，对 C50 混凝土，型钢再生混凝土柱与型钢普通混凝土柱（取代率为 0）相比，取代率为 50%和 100%时，其极限承载力变化幅值分别为 -4.14%、-28.9%，即随着取代率的增加，型钢再生混凝土柱的极限承载力逐渐减小，特别是取代率为 100%时，承载力下降的幅度最大。其原因可能是混凝土的粗骨料全部由再生粗骨料构成，再生粗骨料与天然粗骨料相比，其在前期服役阶段和破碎过程中的内部损伤，以及其表面黏附着部分水泥浆体，这种内在缺陷多少影响到再生混凝土的强度，一旦再生混凝土中的再生粗骨料的吸水率高，会导致实际水灰比引起的强度提高部分，抵消不了这种内在缺陷带来的不利影响时，就会引起混凝土强度的降低，导致试件承载力下降。型钢再生混凝土柱试件与素混凝土试件相比，极限承载力在不同取代率下的变化幅度分别为 19.3%、1.93%、-6.21%，可以看出在取代率为 50%和 100%下型钢没有发挥作用，这也意味着再生粗骨料不适用于高强混凝土中。

2. 体积配箍率的影响

图 6.27 所示为相同粗骨料取代率和混凝土强度等级、不同体积配箍率试件的轴向荷载-位移曲线。由图 6.27（a）可知，箍筋直径 8mm 的试件，随着箍筋间距 S 的减小，试件的轴向刚度逐渐减小。由图 6.27（b）可知，箍筋直径 6mm 试件，随着箍筋间距 S 的减小，除了试件 SRRAC-15 外，其余试件的轴向刚度逐渐增加。由图 6.27（c）和（d）可知，随着箍筋直径 d 的增大，试件的轴向刚度增加的幅度不大。箍筋间距对试件轴向刚度的影响大于箍筋直径。

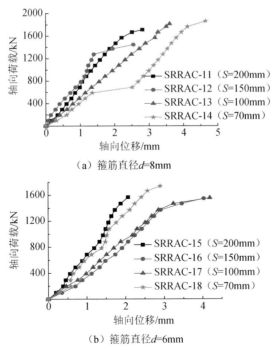

（a）箍筋直径d=8mm

（b）箍筋直径d=6mm

图 6.27　不同体积配箍率试件的轴向荷载-位移曲线

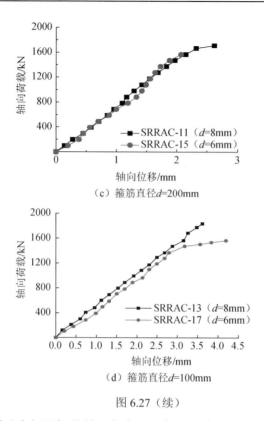

（c）箍筋直径d=200mm

（d）箍筋直径d=100mm

图 6.27（续）

　　图 6.28 所示为相同粗骨料取代率和混凝土强度等级、不同箍筋试件混凝土极限压应变-箍筋间距关系。由图 6.28 可知，对于相同箍筋直径、不同间距的试件，随着箍筋间距 S 的减小，极限压应变呈现先减小后增大的趋势；箍筋间距为 70mm 和 100mm 的试件，极限压应变随箍筋直径 d 的增大而减小；箍筋间距为 150mm 和

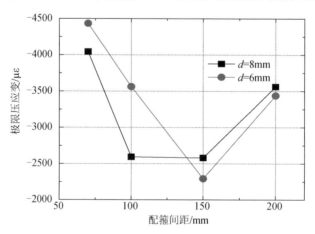

图 6.28　不同箍筋试件混凝土极限压应变-配箍间距关系

200mm 的试件，极限压应变随箍筋直径 d 的增大而增大，总体上，随着配箍率的增大，极限压应变逐渐增大。

图 6.29 所示为相同粗骨料取代率和混凝土强度等级、不同体积配箍率试件的极限承载力对比。由图 6.29 可知，配箍直径 8mm 的试件，SRRAC-12 与 SRRAC-11 相比，SRRAC-13 与 SRRAC-12 相比、SRRAC-14 与 SRRAC-13 相比，极限承载力变化幅值分别为-15.5%、21.5%、2.87%；配箍直径 6mm 的试件，SRRAC-16 与 SRRAC-15 相比，SRRAC-17 与 SRRAC-16 相比，SRRAC-18 与 SRRAC-17 相比，极限承载力变化幅值分别为-1.25%、0.63%、11.6%，即箍筋直径相同的条件下，随着配箍间距 S 的减小，极限承载力逐渐增加。对于四种不同的配箍间距，SRRAC-11 与 SRRAC-15 相比，SRRAC-12 与 SRRAC-16 相比，SRRAC-13 与 SRRAC-17 相比，SRRAC-14 与 SRRAC-18 相比，极限承载力变化幅度分别为 9.06%、-6.65%、16.4%、7.04%，即在箍筋间距相同的条件下，随着箍筋直径 d 的增大，极限承载力逐渐增加。由此可知，随着体积配箍率增大（箍筋直径增大或箍筋间距减小），试件的极限承载力逐渐增加，这是由于箍筋对混凝土起到了一定约束作用的缘故。

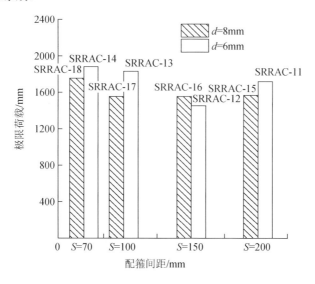

图 6.29　不同体积配箍率试件的极限承载力对比

3. 混凝土强度等级的影响

图 6.30 所示为相同粗骨料取代率和体积配箍率、不同混凝土强度等级试件的轴向荷载-位移曲线。由图 6.30 可知，当取代率为 0 和 50%时，随着混凝土强度等级的增加，试件的轴向刚度逐渐增加，且前者增加的幅度大于后者；当取代率为 100%时，随着混凝土强度等级的增加，试件的轴向刚度逐渐降低，且降低的幅度较大。

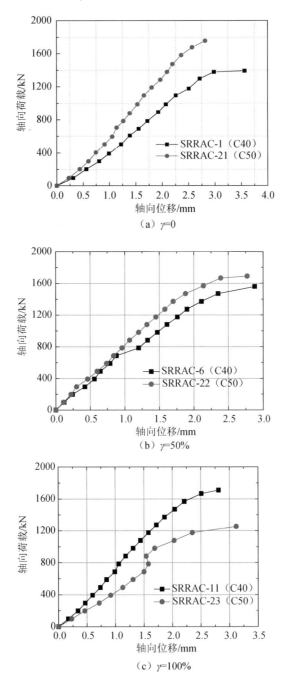

图 6.30　不同混凝土强度等级试件的轴向荷载-位移曲线

　　图 6.31 所示为相同粗骨料取代率和体积配箍率、不同混凝土强度等级试件的极限压应变曲线。由图 6.31 可知,随着混凝土强度等级的增加,取代率为 0 和 100%

的试件的极限压应变逐渐减小；随着混凝土强度等级的增加，取代率为 50% 的试件的极限压应变逐渐增加。

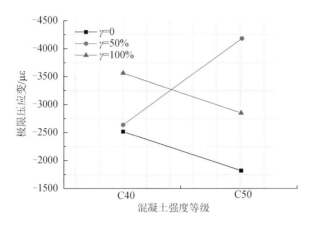

图 6.31　不同混凝土强度等级试件的极限压应变曲线

图 6.32 给出相同粗骨料取代率和体积配箍率、不同混凝土强度等级试件的极限承载力对比。3 种不同的粗骨料取代率，试件 SRRAC-21 与 SRRAC-1 相比，试件 SRRAC-22 与 SRRAC-6 相比，试件 SRRAC-23 与 SRRAC-11 相比，极限承载力变化幅值分别为 25.0%、8.50% 和 -26.6%。由图 6.32 可知，当取代率较小时，试件的极限承载力随着混凝土强度等级的增加而提高；当取代率较大时，试件的极限承载力随着混凝土强度等级的增加而降低，再次表明了再生粗骨料（原设计强度 C30）不适用于高强混凝土。

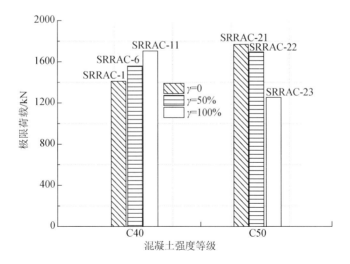

图 6.32　不同混凝土强度等级试件的极限承载力对比

6.3.4　型钢再生混凝土柱轴心受压极限承载力计算

图 6.33 所示为型钢再生混凝土柱、钢筋再生混凝土柱、纯钢柱的极限承载力对比。由图 6.33 可知，钢筋再生混凝土柱试件 RRAC-19 的实测极限承载力为 N_{rc}=1372kN，纯钢试件 S-20 的实测极限承载力为 N_s=274.4kN，与型钢截面相同的素混凝土的极限承载力为 $N_{co}=f_{ck}A_{co}$= 44kN，所以钢筋再生混凝土与型钢单独承载力之和为 $N_{rc}+N_s-N_{co}$=1602.4kN，而型钢再生混凝土试件 SRRAC-11 的实测极限承载力为 N_{src}=1710.1kN，$N_{src}/(N_{rc}+N_s-N_{co})$ ≈1.07。由此可知，型钢再生混凝土有较高的承载力，高于组成型钢再生混凝土的型钢和钢筋再生混凝土单独承载力之和，产生了"1+1>2"的组合效果。

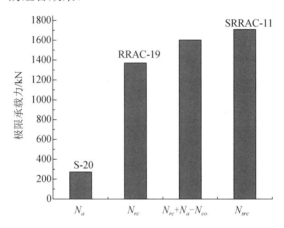

图 6.33　不同类型试件极限承载力对比

基于试验结果与叠加法，本节提出型钢再生混凝土柱轴心受压极限承载力计算公式为

$$N_{src} = \beta\phi\left(f_{rc}A_{rc} + f_a A_a + f_y A_s\right) \qquad (6.14)$$

式中，β 为型钢再生混凝土柱的承载力提高系数，建议取 1.07；ϕ 为稳定系数，根据《混凝土结构设计规范（2015 年版）》（GB 50010—2010）中 l_0/i<28，可取ϕ=1.0；f_{rc} 为再生混凝土轴心抗压强度；A_{rc} 为再生混凝土净截面面积；f_a 型钢屈服强度；A_a 为型钢截面面积；f_y 为纵筋屈；A_s 为纵筋截面面积。

利用式（6.14）计算试件极限承载力，计算值与试验值对比，详见表 6.13。试验与计算结果比值的平均值μ=1.04，方差σ=0.10，变异系数 C_v=0.10，两者吻合良好。

表 6.13　计算值与试验值对比

试件编号	N_u /kN	N_{src} /kN	N_u / N_{src}
SRRAC-1	1411.2	1544.1	0.91
SRRAC-2	1548.4	1399.3	1.11
SRRAC-3	1146.6	1468.8	0.78
SRRAC-4	1445.5	1490.7	0.97
SRRAC-5	1788.5	1529.2	1.17
SRRAC-6	1558.2	1601.1	0.97
SRRAC-7	1563.1	1559.6	1.00
SRRAC-8	1558.2	1449.2	1.08
SRRAC-9	1862.0	1618.8	1.15
SRRAC-10	1661.1	1544.1	1.08
SRRAC-11	1710.1	1555.6	1.10
SRRAC-12	1445.5	1555.7	0.93
SRRAC-13	1813.0	1555.7	1.17
SRRAC-14	1862.0	1555.7	1.20
SRRAC-15	1568.0	1555.7	1.01
SRRAC-16	1548.4	1555.7	1.00
SRRAC-17	1558.2	1555.7	1.00
SRRAC-18	1739.5	1555.7	1.12

注：N_u 为试验实测极限强度值；N_{src} 为计算各试件的极限强度值。

6.4　型钢再生混凝土偏心受压柱的力学性能

工程结构中，偏心受压柱大量存在，除了排架结构的偏压柱以外，框架结构中的柱子由于同时承受轴向压力和弯矩，其实质上也是偏心受压柱。

6.4.1　试验概况

1. 试验材料

试验材料为：细骨料（普通天然河砂）、42.5R 普通硅酸盐水泥、城市自来水、天然粗骨料和再生粗骨料。再生粗骨料来源于实验室废弃混凝土试件（龄期约 1 年，原混凝土强度等级 C30，碎石类），经破碎、筛分、清洗和晾干后而得。再生粗骨料和天然粗骨料在同条件下筛分，粒径为 5～25mm，连续级配。再生混凝土的配合比设计是以再生粗骨料取代率为 0 为基准，以 C40 为强度目标，每种配合比混凝土均按标准试验方法进行强度测试，混凝土的配合比及实测强度具体见表 6.14。

表 6.14 混凝土的配合比及实测强度

γ /%	水胶比	砂率/%	每立方米混凝土材料用量/kg				$f_{cu,k}^r$/MPa
			水泥	NCA	RCA	水	
0	0.42	47	488	47.2	0	205	47.2
30	0.42	47	488	45.4	348	205	45.4
70	0.42	47	488	48.7	813	205	48.7
100	0.42	47	488	49.0	1161	205	49.0

注: NCA 为天然粗骨料; RCA 为再生粗骨料; $f_{cu,k}^r$ 为型钢再生混凝土的立方体抗压强度。

试验采用了工字钢、直径为 14mm 的螺纹钢筋和直径为 6mm 的光圆钢筋。钢材的力学性能指标详见表 6.15。

表 6.15 钢材的力学性能指标

钢材种类	f_y/MPa	f_u/MPa	E_s/MPa
工 10	312.20	391.50	2.44×105
Φ14	385.32	556.86	2.06×105
Φ6	340.36	472.89	—

2. 试件设计与制作

以再生粗骨料取代率 γ 和相对偏心距 (e_0/h) 为变化参数,设计了 9 个试件,其具体参数见表 6.16。各试件的形状、截面尺寸及配钢均相同,如图 6.34 所示。

表 6.16 试件的设计参数

试件编号	e_0/mm	长细比 l_0/h	γ /%	ρ_{ss} /%	ρ_s /%	l_0/mm
SRRAC-1	120	6	100	3.6	1.48	1200
SRRAC-2	80	6	100	3.6	1.48	1200
SRRAC-3	40	6	100	3.6	1.48	1200
SRRAC-4	120	6	70	3.6	1.48	1200
SRRAC-5	80	6	70	3.6	1.48	1200
SRRAC-6	40	6	70	3.6	1.48	1200
SRRAC-7	120	6	30	3.6	1.48	1200
SRRAC-8	80	6	30	3.6	1.48	1200
SRRAC-9	40	6	30	3.6	1.48	1200

注: e_0 为偏心距; l_0/h 为长细比; ρ_{ss} 为型钢配钢率; ρ_s 为纵筋配筋率; l_0 为计算长度。

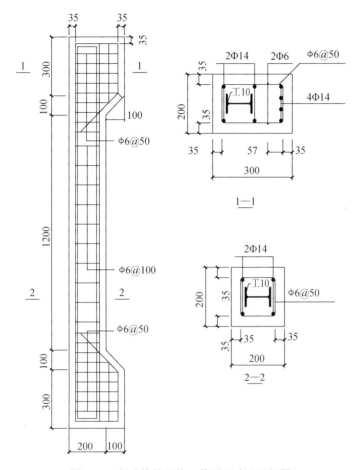

图 6.34　各试件的形状、截面尺寸及配钢图

3. 加载装置及加载制度

试验在电液伺服液压试验机（YE-10000F）上完成。在试件上下端头设置的滚轴铰支座传递偏心集中荷载，加载装置示意图如图 6.35 所示。采用荷载控制的加载制度，以预估极限荷载的 5%为级差分级加载，在接近破坏时采用慢速加载，直到试件破坏。

4. 测量装置与内容

加载装置示意图如图 6.35 所示。在试件的中部及 1/4 截面处，粘贴电阻应变片，量测受力过程中钢筋、型钢以及混凝土的应变值，电阻应变片布置图如图 6.36 所示。在跨中及 1/4 截面处布置位移计量测其侧向变形。

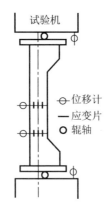

图 6.35 加载装置示意图

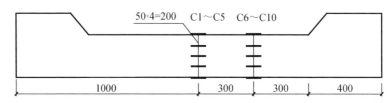

（a）混凝土应变片布置

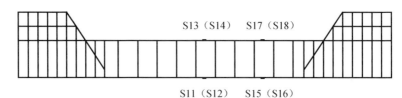

（b）纵向钢筋应变片布置

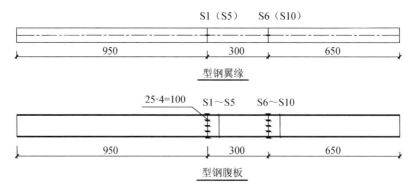

（c）型钢翼缘及腹板应变片布置

图 6.36 电阻应变片布置图

6.4.2　试验结果及分析

1. 试件受力过程及破坏形态

根据相对偏心距的不同，试件呈现出大偏心受压和小偏心受压两种不同的破坏形态。

当相对偏心距小（$e_0/h=0.2$）时，试件 SRRAC-3、SRRAC-6 和 SRRAC-9 在加载过程中出现裂缝较晚，当荷载接近极限值时，在中部位置加载点远侧截面首先出现几条水平裂缝，间距约 120mm，随后在加载点近侧也出现多条竖向裂缝，并且竖向裂缝发展很快，把表面混凝土分割成几个小柱体，随着荷载的继续增大，加载点近侧边缘的混凝土被压碎，此后荷载下降，试件破坏。

当相对偏心距适中（$e_0/h=0.4$），试件 SRRAC-2、SRRAC-5 和 SRRAC-8 荷载达到 $0.4P_u$（极限荷载）时，加载点远侧跨中截面首先出现水平裂缝，随着荷载的继续增大，水平裂缝的数量不断增多，原有的裂缝宽度持续增大，此后，加载点近侧混凝土也出现竖向裂缝和被压碎破坏。

当相对偏心距较大（$e_0/h=0.6$），试件 SRRAC-1、SRRAC-4 和 SRRAC-7 加载至 $0.2P_u$ 时，试件中部加载点远侧出现水平裂缝，此后，水平裂缝长度、宽度和数量都发展较快，并逐渐向加载点近侧延伸，最后在加载近侧截面也出现竖向裂缝，混凝土被压碎，试件破坏形态如图 6.37 所示。

 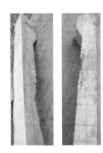 

　　（a）$e_0/h=0.2$　　　　　　（b）$e_0/h=0.4$　　　　　　（c）$e_0/h=0.6$

图 6.37　试件的破坏形态

试验观察显示型钢再生混凝土柱的偏心受压破坏全过程经历了三个阶段，即未裂阶段、带裂缝阶段和破坏阶段。随着相对偏心距的变化，带裂缝阶段的时间长短不同，相对偏心距小（$e_0/h=0.2$）的试件，从开裂到破坏的时间短，预兆不明显，属脆性破坏，与以往普通混凝土构件的小偏心受压破坏类似。而相对偏心距较大的试件（$e_0/h=0.4$ 和 0.6），从开裂到破坏经历一段较长的阶段，预兆明显，破坏前，水平裂缝发展充分，属延性破坏，并且相对偏心距越大，破坏的预兆越明显，与普通混凝土构件的大偏心受压破坏相似。

无论是大偏心受压破坏还是小偏心受压破坏，其最终破坏形态均表现为离加载点近侧的受压区混凝土被压碎脱落，并且受压破碎区的混凝土具有以下特点：所有试件均是在型钢翼缘外侧混凝土被压碎，而型钢翼缘以内的混凝土却保持完好，这反映了型钢对内部混凝土的约束作用；此外，型钢受压翼缘附近出现了竖向黏结裂缝，导致保护层混凝土容易劈裂破坏，这可能是型钢与再生混凝土之间的黏结性能较差所致。混凝土压碎区高度与试件截面的相对偏心距有关，相对偏心距越小，其压碎区高度就越大。

2. 轴向荷载-位移曲线

试验时，通过在试件的上部和下部布置的位移计，可得到试件在各级荷载下的纵向位移值，实测各试件的轴向荷载-位移曲线如图 6.38 所示。由图 6.38 可知，随着相对偏心距的增大，试件的初始刚度和极限承载力逐渐减小，但其峰值位移值增大。

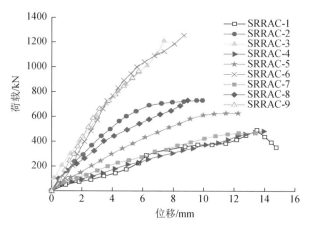

图 6.38 轴向荷载-位移曲线

3. 特征点数据

实测各试件的开裂、峰值等特征点数据，具体见表 6.17。由表 6.17 可知，随着相对偏心距的增大，开裂荷载与极限荷载的比值逐渐减小。

表 6.17 试件的特征点数据

试件编号	l_0/h	e_0/h	γ /%	开裂点		峰值点		P_{cr}/P_{max}
				P_{cr}/kN	侧向挠度/mm	P_{max}/kN	侧向挠度/mm	
SRRAC-1	6	0.6	100	100	2.0	480	15.1	0.21
SRRAC-2	6	0.4	100	300	3.3	736	10.8	0.41
SRRAC-3	6	0.2	100	—	—	1192	7.4	—

续表

试件编号	l_0/h	e_0/h	γ /%	开裂点		峰值点		P_{cr}/P_{max}
				P_{cr}/kN	侧向挠度/mm	P_{max}/kN	侧向挠度/mm	
SRRAC-4	6	0.6	70	100	2.2	480	13.6	0.21
SRRAC-5	6	0.4	70	200	2.6	632	9.7	0.32
SRRAC-6	6	0.2	70	1250	6.7	1260	8.8	0.99
SRRAC-7	6	0.6	30	100	1.7	472	9.0	0.21
SRRAC-8	6	0.4	30	200	1.5	724	8.9	0.28
SRRAC-9	6	0.2	30	—	—	954	5.4	—

4. 轴向荷载-应变曲线

实测各试件受力过程的轴向荷载-应变曲线，如图 6.39 所示。由图 6.39 可知，相对偏心距小的试件（$e_0/h=0.2$），在极限承载力时，破坏临界截面全部受压，且加载点近端钢筋及型钢翼缘均达到屈服应变值，型钢腹板靠近加载点近侧部分也达到受压屈服应变值，而加载点远侧的钢筋及型钢翼缘则没有达到受拉屈服应变值。相对偏心距较大的试件（$e_0/h=0.4$ 和 0.6），型钢及钢筋的应变变化规律基本相似，当试件达到极限承载力时，受拉区钢筋、翼缘及部分腹板均达到受拉屈服应变值，受压区钢筋、型钢翼缘及部分腹板也能达到受压屈服强度。破坏截面部分受压、部分受拉。

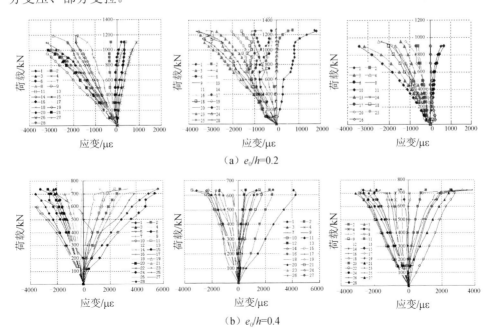

（a）$e_0/h=0.2$

（b）$e_0/h=0.4$

图 6.39　轴向荷载-应变曲线

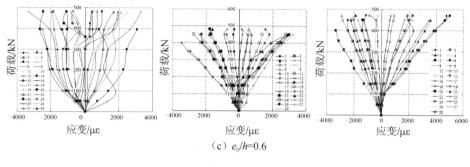

（c）$e_0/h=0.6$

图 6.39（续）

通过在试件中部受压区表面粘贴的长标距混凝土电阻应变片，可测量试件受力过程中的应变值。当试件达到峰值荷载时，实测各试件的极限混凝土压应变值（ε_{rcu}）详见表 6.18。为了消除试验的误差，采用了数理统计方法进行分析。由表 6.18 可见，型钢再生混凝土偏压柱在峰值荷载时，受压侧的再生混凝土极限压应变值在 3300$\mu\varepsilon$ 左右变化，且再生粗骨料取代率的变化对其影响不大。

表 6.18　极限混凝土压应变值

γ /%	试件编号	极限压应变值 ε_{rcu}/$\mu\varepsilon$	均值/$\mu\varepsilon$	标准差	变异系数
100	SRRAC-1	3376	3282	143.9	0.044
	SRRAC-2	3468			
	SRRAC-3	3132			
70	SRRAC-4	3470	3337	201.8	0.060
	SRRAC-5	3423			
	SRRAC-6	3466			
30	SRRAC-7	3325	3270	134.9	0.041
	SRRAC-8	3113			
	SRRAC-9	3341			

5. 截面应变分布

通过试件中部截面粘贴的长标距电阻应变片，量测受力过程中截面的应变分布情况。部分试件的截面高度应变分布情况如图 6.40 所示，图中 n 为每级荷载值与极限承载力之比，即 $n=N/N_u$。由图 6.40 可知，在加载初期柱截面的平均应变保持直线，随着荷载的增大，截面内部型钢与再生混凝土之间发生黏结滑移，裂缝数量和宽度也逐渐开展，达到 $0.75P_u$ 以后，截面应变分布出现拐点，不再符合平截面假定。

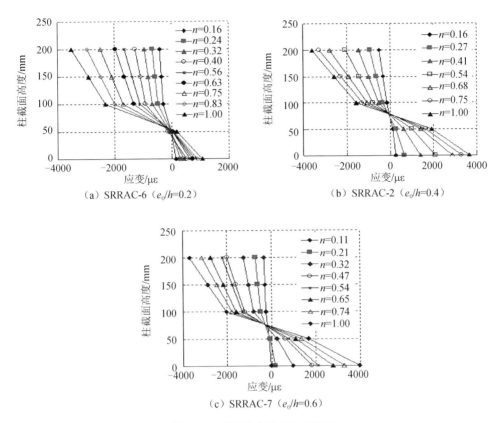

（a）SRRAC-6（e_0/h=0.2）　　　　（b）SRRAC-2（e_0/h=0.4）

（c）SRRAC-7（e_0/h=0.6）

图 6.40　截面高度应变分布情况

6. 试件的侧向变形

通过试件中部及上下各 1/4 截面处布置的位移计，可观测受力过程中侧向挠度的变化。图 6.41 为实测各级荷载下试件的侧向挠度分布曲线。由图 6.41 可知，偏心受压柱由开始加载到达到极限承载力，整个过程中柱中央截面侧向挠度均最大，并以中点为界对称分布。其模式与图 6.42 所示的上下两端铰支的静定柱计算简图吻合。在承载力计算时，其控制截面为柱中央截面，该截面具有最大的内力及位移，且其挠度沿柱高呈对称分布，形状与正弦波规律分布近似，可简化为图 6.43 所示的组合柱挠度曲线。

实测各试件的最大挠度值见表 6.19。由表 6.19 可知，试件的侧向挠度随着相对偏心距的增大而增大。

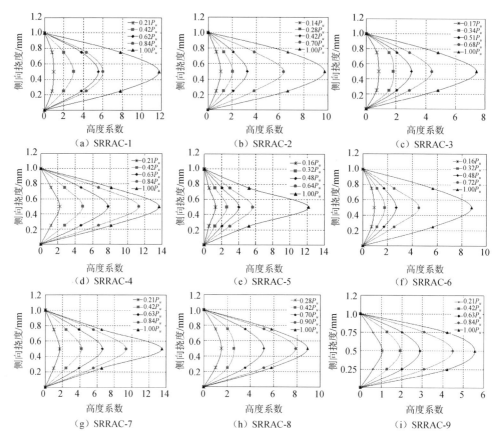

图 6.41　试件侧向挠度分布曲线

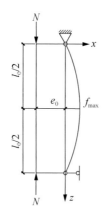

图 6.42　计算简图

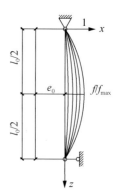

图 6.43　组合柱挠度曲线

表 6.19 试件跨中最大挠度值 （单位：mm）

e_0/h	30%	70%	100%
0.2	5.6	8.8	7.4
0.4	8.9	12.2	9.8
0.6	13.5	13.6	11.8

7. 跨中截面荷载-弯矩曲线

图 6.44 给出加载过程中试件的跨中截面荷载-弯矩曲线。跨中截面的弯矩值由式（6.15）确定为

$$M_i = P_i(e_0 + f_i) \tag{6.15}$$

式中，P_i 为 i 时刻的竖向轴压力；e_0 为初始偏心距；f_i 为 i 时刻的侧向挠度。

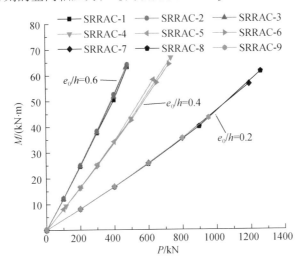

图 6.44 跨中截面荷载-弯矩曲线

由图 6.44 可知，随着竖向荷载的增大，跨中截面呈现了非线性的增大趋势；试件破坏时，跨中截面的极限弯矩值随着相对偏心矩的增大而略为增加，但总体变化不大。

6.4.3 影响因素分析

1. 再生粗骨料取代率的影响

图 6.45 所示为相同偏心距下、不同骨料取代率试件的极限承载力对比。由图 6.45 可见，再生粗骨料取代率的改变对偏心距大（e_0/h=0.6）的试件影响很小，但对偏心距小的试件（e_0/h=0.2）则有较大影响。当骨料取代率由 30%增大到 70%时，随着相对偏心距的增大（分别为 0.2、0.4、0.6），试件的极限承载力变化幅度

对应为 32.1%、-12.7%、1.7%；当骨料取代率由 70%增大到 100%时，随着相对偏心距的增大（0.2、0.4、0.6），试件的极限承载力变化幅度分别为-5.4%、16.5%、0。再生混凝土随着粗骨料取代率的增加，试件的极限承载力呈现为缓慢增高的趋势。

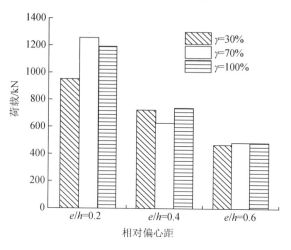

图 6.45　不同骨料取代率试件的极限承载力对比

2. 相对偏心距的影响

图 6.46 所示为相同再生骨料取代率的试件在不同相对偏心距下的极限承载力对比。当相对偏心距由 0.2 增大到 0.4 时，随着取代率的增加（30%、70%、100%），试件的极限承载力下降幅度分别为 24.1%、49.8%、38.3%；当相对偏心距由 0.4 增大到 0.6 时，随着取代率的增加（30%、70%、100%），试件的极限承载力下降

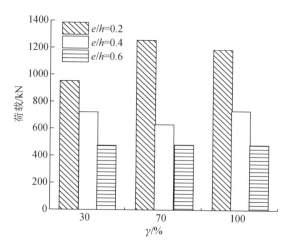

图 6.46　相对偏心距下的极限承载力对比

幅度分别为 34.8%、24.1%、34.8%。由此可知，在取代率相同的情况下，随着偏心距的增大，极限承载力减小，并且呈现非线性性质。相对偏心距对试件的极限承载力有较大的影响。

6.4.4　正截面极限承载力计算

上述试验表明，型钢再生混凝土柱呈现大偏心受压破坏和小偏心受压破坏，因此其极限承载力计算分两种情况进行讨论。

1. 大偏心受压柱

型钢再生混凝土柱发生大偏心受压破坏时，型钢受拉翼缘先达到屈服强度，而后受压区再生混凝土被压碎；极限承载力（P_u）时再生混凝土的压应变值达到 0.0033；截面应变分布在 $0.75P_u$ 以前基本符合平截面假定，在接近极限荷载时，平截面假定不再成立。为了方便计算，参考以往型钢普通混凝土柱，在极限承载力计算时进行平截面修正，修正后再生混凝土的极限压应变值为 $\varepsilon_{rcu}=0.003$。大偏心受压柱的应力-应变分布如图 6.47 所示。

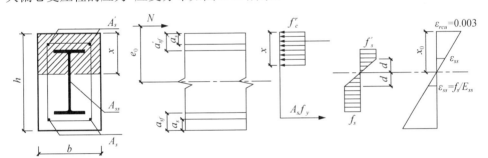

图 6.47　大偏心受压柱的应力-应变分布

由内力平衡，得

$$N = f_c^r bx + f_y'A_s' + f_y'A_{sf}' + f_s'\left(x_0 - a_{sf}' - d\right)t_w$$
$$- f_y A_s - f_s A_{sf} - f_s\left(h - a_s - x_0 - d\right)t_w \tag{6.16}$$

由试验知，型钢再生混凝土柱与普通型钢混凝土柱破坏过程相似，取 $x = 0.8x_0$，并代入，得

$$N = f_c^r bx + f_y'A_s' + f_y'A_{sf}' + f_s'\left(1.25x - a_{sf}' - d\right)t_w$$
$$- f_y A_s - f_s A_{sf} - f_s\left(h - a_s - 1.25x - d\right)t_w \tag{6.17}$$

柱截面型钢和纵向钢筋对称布置，$A_s = A_s'$，$f_s = f_s'$，$a_s = a_s'$，且 $f_y = f_y'$，可简化为

$$N = f_c^r bx + f_s\left(A_{sf}' - A_{sf}\right) + f_s(2.5x - h)t_w \tag{6.18}$$

由此可得

$$x = \frac{N - f_s\left(A'_{af} - A_{sf} - h\right)}{f_c^r b + 2.5 f_s t_w} \qquad (6.19)$$

为保证破坏时，型钢受拉翼缘屈服，应满足

$$x \leqslant x_b = \frac{0.8}{1 + \dfrac{\varepsilon_{ss}}{\varepsilon_{rcu}}} h_0 \qquad (6.20)$$

若 x 不满足式（6.21），则按小偏心受压柱计算。同时为保证型钢受压翼缘也屈服，还需满足

Q235 型，　　　　　　　　$x \geqslant 1.2 a'_{af}$ 　　　　　　　（6.21）

Q345 型，　　　　　　　　$x \geqslant 1.66 a'_{af}$ 　　　　　　（6.22）

当 x 值同时满足式（6.22）和式（6.23）的要求时，对中和轴取矩，由力偶平衡，得

$$N\left(\eta e_i - \frac{h}{2} + x\right) = \frac{1}{2} f_c^r b x^2 + f'_y A'_s\left(x - a'_s\right) + f_y A_s\left(h - a_s - x\right)$$

$$+ f_s A_{sf}\left(x - a'_{sf}\right) + f_s A_{sf}\left(h - a_{sf} - x\right) + \frac{1}{2} f_s h_s^2 t_w - \frac{2}{3} f_s d^2 t_w \qquad (6.23)$$

当截面对称配钢及配筋时，可简化为

$$N\left(\eta e_i - \frac{h}{2} + x\right) = \frac{1}{2} f_c^r b x^2 + f_y A_s\left(h - a_s - a'_s\right) + f_y\left[A_{sf} h_s + t_w\left(\frac{1}{2} h_s^2 - \frac{2}{3} d^2\right)\right] \qquad (6.24)$$

如果 x 值不满足式（6.22）或式（6.23）时，型钢受压翼缘不屈服，可忽略其作用，并将型钢腹板全部按受拉屈服计算。

$$N = f_c^r b x + f'_y A'_s - f_s\left(A_{sf} + h_s t_w\right) - f_y A_s \qquad (6.25)$$

$$x = \frac{N - f'_y A'_s + f_s\left(A_{sf} + h_s t_w\right) + f_y A_s}{f_c^r b} \qquad (6.26)$$

$$N\left(\eta e_i - \frac{h}{2} + x\right) = \frac{1}{2} f_c^r b x^2 + f'_y A'_s\left(x - a'_s\right) + f_y A_s\left(h - a_s - x\right)$$

$$+ f_s A_{sf}\left(h - a_{sf} - x\right) + f_s h_s t_w\left(h - a_{sf} - \frac{h_s}{2} - x\right) \qquad (6.27)$$

若 $x \leqslant 2 a'_s$，受压钢筋也不屈服，忽略其作用。

$$N = f_c^r b x - f_s\left(A_{sf} + h_s t_w\right) - f_y A_s \qquad (6.28)$$

$$x = \frac{N + f_s\left(A_{sf} + h_s t_w\right) + f_y A_s}{f_c^r b} \qquad (6.29)$$

$$N\left(\eta e_i^r - \frac{h}{2} + x\right) = \frac{1}{2}f_c^r bx^2 + f_y A_s\left(h - a_s - x\right)$$

$$+ f_s A_{sf}\left(h - a_{sf} - x\right) + f_s h_s t_w\left(h - a_{sf} - \frac{h_s}{2} - x\right) \qquad (6.30)$$

2. 小偏心受压柱

型钢再生混凝土柱发生小偏心受压破坏时，截面内力分布有两种情况，即部分受压部分受拉及全截面受压，如图 6.48 和图 6.49 所示。

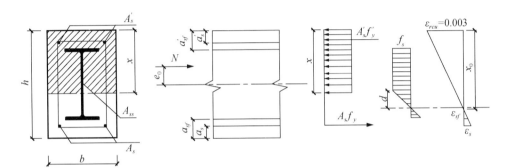

图 6.48　小偏心受压柱应力-应变分布

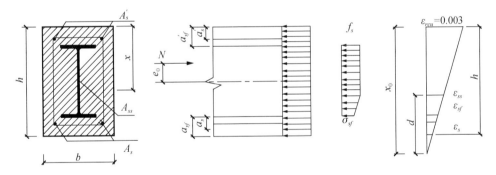

图 6.49　全截面受压时应力-应变分布

（1）部分受拉、部分受压情况

由修正平截面假定得型钢受拉翼缘的应力为

$$\sigma_{sf} = 0.003 E_{ss}\left[\frac{0.8\left(h - a_{sf}\right)}{x} - 1\right] \qquad (6.31)$$

受拉钢筋的应力为

$$\sigma_s = 0.003 E_s\left[\frac{0.8\left(h - a_s\right)}{x} - 1\right] \qquad (6.32)$$

由内力平衡得

$$N = f_c^r bx + f_y' A_s' + f_s \left[A_{sf}' + \left(1.25x - a_{sf}' - \frac{d}{2} \right) t_w \right]$$

$$- \sigma_s As - \sigma_{sf} \left[A_{sf} + \frac{1}{2}(h - a_{sf} - 1.25x) \right] \tag{6.33}$$

对中和轴取矩，由力偶平衡得

$$N \left(\eta e_i - \frac{h}{2} + 1.25x \right) = 0.75 f_c^r bx^2 + f_y A_s' (1.25x - a_s')$$

$$+ f_s A_{sf}' (1.25x - a_{sf}') + \sigma_s A_s (h - a_s - 1.25x)$$

$$+ \sigma_{sf} A_{sf} (h - a_{sf} - 1.25x) - \frac{1}{6} f_s d^2 t_w$$

$$+ \frac{1}{2} f_s (1.25x - a_{sf}')^2 t_w + \frac{1}{3} \sigma_{sf} (h - a_{sf} - 1.25x)^2 t_w \tag{6.34}$$

联解式（6.34）和式（6.35）可得受拉部分受压时小偏压柱的正截面极限承载力。按式（6.34）和式（6.35）计算时需满足基本条件：$0.8h \geqslant x \geqslant x_b$。若 $x < x_b$ 时，按大偏心受压柱计算；若 $x > 0.8h$ 时，按全截面受压计算。

（2）全截面受压情况

由修正平截面得受压应变较小一侧的型钢翼缘及钢筋应力为

$$\begin{cases} \sigma_{sf} = 0.003 E_{ss} \left[\dfrac{0.8(h - a_{sf})}{x} - 1 \right] \\[3mm] \sigma_s = 0.003 E_s \left[\dfrac{0.8(h - a_s)}{x} - 1 \right] \end{cases} \tag{6.35}$$

由内力平衡得

$$N = f_c^r bx + f_y' A_s' + f_s \left[A_{sf}' + (1.25x - a_{sf}' - d) t_w \right]$$

$$+ \frac{1}{2}(f_s + \sigma_{sf})(d + h - a_{sf} - 1.25x) + \sigma_{sf} A_{sf} + \sigma_s A_s \tag{6.36}$$

由力偶平衡得

$$N \left(\eta e_i - \frac{h}{2} + a_{sf} \right) = f_c^r bh \left(\frac{h}{2} - a_s \right) + f_s A_{sf}' (h - a_{sf}' - a_{sf}) + \frac{1}{2} f_s h_s^2 t_w$$

$$- \frac{1}{3}(f_s - \sigma_{sf})(d + h - a_{sf} - 1.25x)^2 t_w - \sigma_s A_s (a_{sf} - a_s) \tag{6.37}$$

对于小偏心受压柱，如果按式（6.34）和式（6.35）计算所得的 x 值大于 $0.8h$，而用式（6.37）和式（6.38）计算所得的 x 值小于 $0.8h$，此时在计算受压应力较小侧的型钢翼缘及受压钢筋的应力时，可近似取 $x = 0.8h$。

上述系列公式中，d 表示型钢腹板未屈服区域高度，可由修正平截面假定计算确定。

$$d = \frac{\varepsilon_{ss}}{\varepsilon_{rcu}} x_0 = \frac{f_{sx}}{0.8 E_{ss}} \quad (6.38)$$

$f_c^r = 0.87 f_{cu}^r$ 表示再生混凝土轴心抗压强度值，根据笔者研究结果，再生混凝土轴心抗压强度与立方体抗压强度 f_{cu}^r 具有以下换算关系：

$$f_c^r = 0.87 f_{cu}^r \quad (6.39)$$

3. 计算结果检验

采用上述公式分别计算前述 9 个试件，并将计算值与试验实测值进行对比见表 6.20。由表 6.20 可知，计算值与试验值总体吻合良好。

表 6.20　计算值与试验值对比

试件编号	试验值/kN	计算值/kN	计算值/试验值	备注
SRRAC-1	480.0	446.7	0.93	
SRRAC-2	736.0	710.3	0.97	
SRRAC-3	1192.0	1165.7	0.98	
SRRAC-4	480.0	443.0	0.92	计算值与试验值比值的平均值 $\mu=0.973$，标准差 $\sigma=0.101$，变异系数 $C_v=0.104$
SRRAC-5	632.0	705.8	1.12	
SRRAC-6	1260.0	1160.5	0.92	
SRRAC-7	472.0	402.9	0.85	
SRRAC-8	724.0	656.5	0.91	
SRRAC-9	954.0	1103.0	1.16	

6.5　本 章 小 结

本章深入研究了型钢再生混凝土梁的受力破坏过程及形态，提出了型钢再生混凝土梁的受弯、受剪极限承载力计算公式，揭示了型钢再生混凝土轴压柱和偏心受压柱的承载能力及其变形性能，并提出了相应的计算方法。

第7章 钢管再生混凝土组合构件的力学性能

7.1 钢管再生混凝土界面的黏结滑移性能

在破碎过程中的强大外力作用下，再生粗骨料不可避免地产生内部微裂缝，以及外部包裹着水泥砂浆基体，导致其力学性能离散性较大，影响了再生混凝土的推广应用。研究提高再生混凝土的性能或者是采取有效措施克服其缺陷已成为一个重要课题，为此，国内外学者提出了钢管再生混凝土组合构件的概念，利用外包钢管对内部再生混凝土的约束，从而提高其力学性能。

对于钢管再生混凝土，部分学者进行了相关研究，并在受力机理、强度计算等方面取得了一些成果，但对钢管与再生混凝土之间的黏结滑移研究尚少。

国内外学者，如 Virdi、Morishita、蔡绍怀、杨有福、康希良和刘永健等对普通钢管混凝土黏结滑移性能做了相关的试验研究和数值分析，并取得了重要的研究成果。但是，由于钢管再生混凝土与普通钢管混凝土在使用材料方面有所不同，对于能否采用以往普通混凝土的研究成果，还有待研究。

7.1.1 试验概况

1. 界面黏结应力与滑移的测量

参照以往研究资料，采用在钢管外表面粘贴电阻应变片的办法，根据力学平衡原理，可推出试验钢管与再生混凝土之间的黏结应力传递及分布规律。在钢管壁开小孔穿细钢棒，布置位移计获取试件不同位置的滑移情况。管壁开孔及应变片布置如图 7.1 所示。

2. 试验材料

再生粗骨料来源于服役期满的废弃混凝土（原设计强度为 C30，碎石类），经过人工破碎筛分后获得，粗骨料粒径为 5~31.5mm。再生粗骨料取代率从 0~100% 变化，中间级差为 25%。混凝土强度等级考虑了 C30 和 C50 两种，设计配合比见表 7.1。对于相同强度等级、不同取代率的再生混凝土配制，采用取代率为 0（天然粗骨料混凝土）为基准的强度配方，不同取代率时，仅改变再生粗骨料和天然粗骨料的比例，总的粗骨料质量不变，其他成分保持不变。钢管采用直缝钢管，其力学性能见表 7.2。

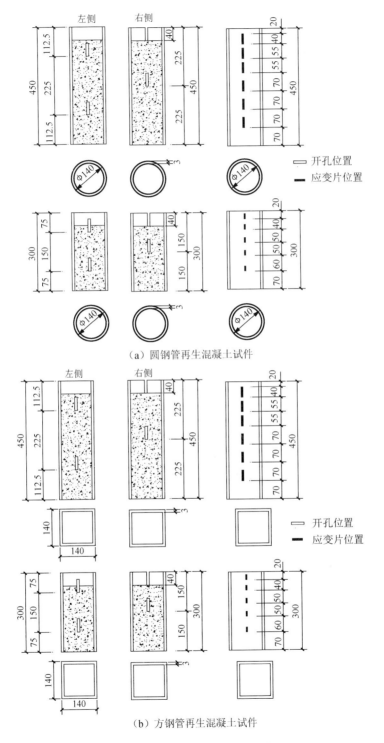

（a）圆钢管再生混凝土试件

（b）方钢管再生混凝土试件

图 7.1　管壁开孔及应变片布置

表 7.1 混凝土设计配合比

强度等级	水泥/（kg/m³）	水/（kg/m³）	细骨料/（kg/m³）	粗骨料/（kg/m³）
C30	500.0	205.0	525.0	1170.0
C50	641.5	205.0	590.0	963.5

表 7.2 钢管的力学性能指标

钢管型号	f_y/MPa	f_u/MPa	E_s/MPa
Φ140mm×3mm 圆钢管	345.90	455.60	$2.033×10^5$
120mm×120mm 方钢管	303.27	394.09	$1.926×10^5$

3. 试件设计及制作

设计了 25 个钢管再生混凝土推出试件，其中圆钢管试件 15 个、方钢管试件 10 个，主要考虑了钢管截面形式、再生粗骨料取代率、再生混凝土强度等级、埋置长度及长径比 5 个变化参数。

试件制作时在钢管一端预留一段未浇筑混凝土的空钢管，长度为 40mm，作为自由端；另一端保持核心混凝土面与钢管截面齐平，作为加载端。试件采用混凝土振动台振捣密实，并依标准试验方法预留再生混凝土试块，实测立方体抗压强度 f_{cu}，各试件参数汇总及试验结果的特征值见表 7.3。

表 7.3 试件参数汇总及试验结果的特征值

试件编号	$D×t$（或 $B×B$）/（mm×mm）	γ/%	强度等级	f_{cu}/MPa	L_e/mm	L_e/D	P_u/kN	P_v/kN	P_e/kN	S_{Lu}/mm
RCST-1	Φ140×3	0	C50	58.50	410	2.93	—	0	0	—
RCST-2	Φ140×3	25	C50	59.20	410	2.93	253.62	0	0	0.8258
RCST-3	Φ140×3	50	C50	57.60	410	2.93	244.14	0	0	1.6244
RCST-4	Φ140×3	75	C50	56.80	410	2.93	256.50	0	0	1.1381
RCST-5	Φ140×3	100	C50	55.50	410	2.93	265.47	0	0	0.6841
RCST-6	Φ140×3	0	C50	58.50	260	1.86	142.83	0	0	1.8500
RCST-7	Φ140×3	25	C50	59.20	260	1.86	158.64	0	0	1.6793
RCST-8	Φ140×3	50	C50	57.60	260	1.86	189.54	0	0	0.8129
RCST-9	Φ140×3	75	C50	56.80	260	1.86	124.05	0	0	1.1348
RCST-10	Φ140×3	100	C50	55.50	260	1.86	142.29	0	0	0.5864
RCST-11	Φ140×3	25	C30	42.60	410	2.93	—	0	0	—
RCST-12	Φ140×3	75	C30	40.50	410	2.93	192.00	0	0	0.9402
RCST-13	Φ140×3	100	C30	39.60	410	2.93	226.47	0	0	1.3110
RCST-14	Φ140×3	75	C30	40.50	260	1.86	168.21	0	0	1.3967
RCST-15	Φ140×3	100	C30	39.60	260	1.86	196.29	0	0	0.8707
RSST-1	120×120	25	C50	59.20	410	3.42	81.75	68.43	95.43	0.4046

续表

试件编号	$D×t$（或 $B×B$）/（mm×mm）	γ/%	强度等级	f_{cu}/MPa	L_e/mm	L_e/D	P_u/kN	P_v/kN	P_e/kN	S_{Lu}/mm
RSST-2	120×120	50	C50	57.60	410	3.42	104.79	0	0	0.001
RSST-3	120×120	75	C50	56.80	410	3.42	79.65	76.47	77.82	0.8254
RSST-4	120×120	100	C50	55.50	410	3.42	115.89	96.75	101.25	0.9835
RSST-5	120×120	0	C50	58.50	260	2.17	—	—	—	—
RSST-6	120×120	25	C50	59.20	260	2.17	78.54	67.56	92.61	0.6812
RSST-7	120×120	50	C50	57.60	260	2.17	77.31	60.45	62.76	0.7659
RSST-8	120×120	75	C50	56.80	260	2.17	81.51	61.92	75.69	0.3075
RSST-9	120×120	100	C50	55.50	260	2.17	87.75	62.73	70.95	0.3575
RSST-10	120×120	75	C30	40.50	260	2.17	72.66	58.71	71.13	0.4194

注：RCST 代表圆钢管再生混凝土试件，RSST 为方钢管再生混凝土试件；方钢管再生混凝土试件的长径比（L_e/D）等同于试件的长宽比（L_e/B），其中 L_e 为界面埋置长度，D 为圆钢管直径，B 为方钢管的边长；f_{cu} 为实测混凝土强度；P_u 为第一次峰值荷载；P_v 为谷值荷载；P_e 为第二次峰值荷载；S_{Lu} 为黏结破坏时滑移值。试件 RCST-1、RCST-11 及 RSST-5 因试验过程中位移传感器在布置后打滑而未能精确采集特征点数据。

4. 加载装置与加载制度

试验采用 RMT-201 力学试验机进行推出试验（push-out test）加载及位移控制的加载制度，加载速率为 0.002mm/s。为了消除加载过程因试件偏心导致的误差，加载前将加载端和自由端截面打磨平整，保持两端截面与钢管纵向轴线垂直。加载时，在加载端核心混凝土面上放置一块钢垫板，其直径（边长）比钢管内径（内边长）略小。推出试验时，试件自由端钢管受压，加载端核心混凝土受压，从而将核心混凝土柱推出钢管。加载装置如图 7.2 所示。

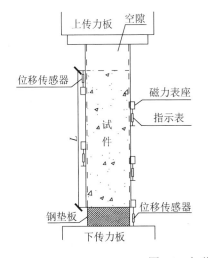

图 7.2　加载装置

7.1.2 试验过程及结果

1. 试验过程描述

加载初期的钢管与再生混凝土之间无滑移，随着荷载上升至一定水平，首先在试件加载端开始产生相对滑移，此时荷载值不大。随着荷载的继续增加，自由端也开始出现滑移，此后试件两端的相对滑移量随荷载的增加较前期快，并伴随着轻微的"哒、哒、哒"声音，这可能是钢管与再生混凝土之间的化学胶结力失效而发出的响声。随后，荷载还能继续增加，直至达到峰值点。过峰值点后曲线开始下降，直到加载结束。

通过试验过程的观察，发现方钢管试件较圆钢管试件出现滑移的时间早，峰值点荷载小于圆钢管再生混凝土试件，并且下降段更为迅速。试验结束后，经仔细观察，全部试件的加载端和自由端混凝土均无压溃现象，钢管也无鼓曲。

2. 荷载–滑移曲线

通过布置的采集设备获取了试件加载端和自由端的荷载–滑移全过程曲线，如图 7.3 所示，同时，试件的特征点荷载和滑移值列于表 7.3 中。由图 7.3 可知，钢管再生混凝土荷载–滑移曲线具有以下特点。

1）圆钢管再生混凝土试件的荷载–滑移曲线大多经历了 4 个变化阶段，即无滑移阶段、起滑后的荷载上升段、峰值点和下降段。

2）方钢管再生混凝土试件的荷载–滑移曲线则表现为 7 个变化阶段，即无滑移阶段、起滑后的荷载上升段、峰值点、下降段、再次上升、第二次达到峰值和下降段。除个别试件外，第二次峰值点较第一次峰值点小。

3）加载端的初始滑移较自由端发展得早，且一般到达峰值荷载时，自由端才出现初始滑移。

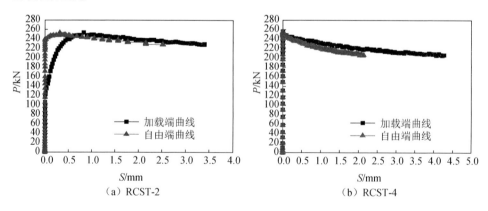

（a）RCST-2　　　　　　　　　　　（b）RCST-4

图 7.3　试件加载端和自由端的荷载–滑移全过程曲线

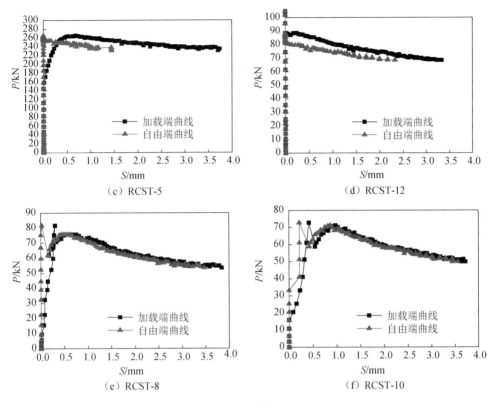

（c）RCST-5 （d）RCST-12

（e）RCST-8 （f）RCST-10

图 7.3（续）

3. 实测沿试件高度的应变分布

图 7.4 所示为典型试件在试验中荷载上升时钢管外壁纵向应变沿试件高度的分布曲线，其中各曲线代表在各级荷载水平下、不同位置处的钢管应变变化趋势。由图 7.4 可知，在荷载不大的情况下钢管应变沿界面埋置长度大致呈指数分布，且随着荷载的增大逐渐表现出线性形态（其中部分试件的应变突变可能是再生混凝土浇捣不密实所致的）。对比两类截面形式试件的应变可知，在极限黏结荷载下，同类高度的圆钢管试件比方钢管试件的应变值更大。

从受力状态来看，推出试验时钢管与核心混凝土在界面上产生径向压力使圆钢管处于环向受拉状态，核心再生混凝土受到有效的约束，从而引起黏结应力的提高，进而影响钢管应变的加大；而方钢管再生混凝土试件中的钢管壁受内部混凝土挤压，方钢管表现出钢板的弯曲变形，使钢管与混凝土产生相互脱离的趋势，削弱界面间的黏结作用。

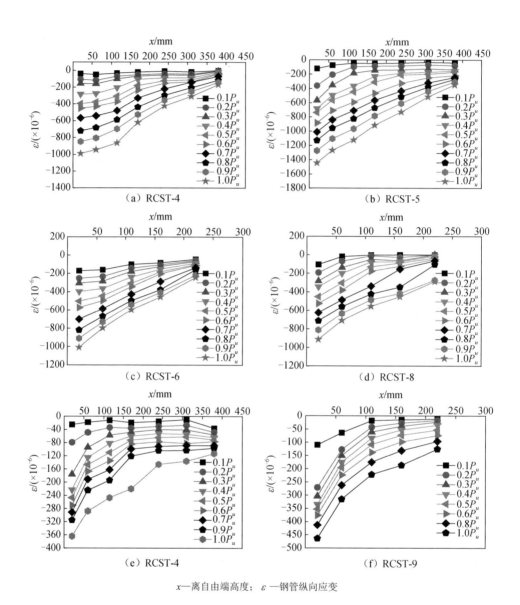

x—离自由端高度； ε—钢管纵向应变

图 7.4 荷载上升时钢管外壁纵向应变沿试件高度的分布曲线

图 7.5 所示为荷载下降时钢管外壁纵向应变分布规律。从图 7.5 中可知，此时钢管应变趋于线性分布，且随着荷载的进一步下降，最终导致黏结应力沿整个界面埋置长度的分布趋于均匀。

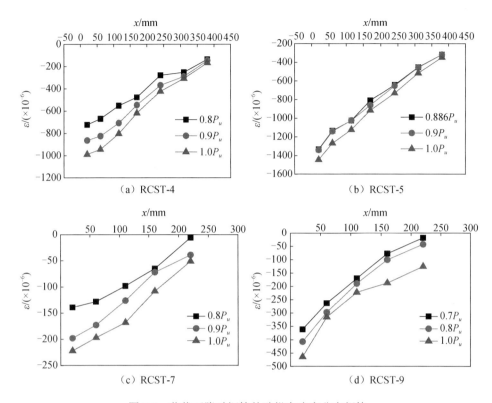

图 7.5　荷载下降时钢管外壁纵向应变分布规律

4. 应变分布曲线的数学描述

由图 7.4 可知，在加载初期，钢管沿界面长度的应变分布大致呈曲线形式，利用最小二乘法对其进行拟合，如下所示：

$$\varepsilon_{s,x} = \varepsilon_{s,\max}\,\mathrm{e}^{-kx} \tag{7.1}$$

式中，$\varepsilon_{s,x}$ 为沿埋置长度钢管表面任意位置的应变值；$\varepsilon_{s,\max}$ 为试件自由端（即埋长为 $x=0$）处钢管表面的局部最大应变值；k 为应变指数特征系数。通过曲线拟合可知，对于圆钢管试件，其值为 0.0037～0.0149，拟合相关系数为 0.8197～0.9979。其中，高度为 300mm 试件具有较好的拟合度；对于方钢管试件，k 值为 0.0032～0.014，拟合相关系数为 0.8302～0.999，高度为 300mm，试件的拟合度较好。

一般而言，推出试验中钢管处于弹性工作状态，随着荷载水平的提高，应变曲线逐渐由上凸曲线变为斜直线分布。由图 7.5 可知，当达到加载末期时，假设此时黏结应力的分布沿接触面已经趋于均匀，即认为黏结应力 $\tau(x)=\tau$ 为常数，因此钢管的纵向应变可表示为

$$\varepsilon_{s,x} = \frac{\int_x^{L_e} \tau(x)\mathrm{d}x}{ctE_s} = \frac{\int_x^{L_e} \tau(x)\mathrm{d}x}{tE_s} = a + bx \tag{7.2}$$

式中，$\tau(x)$ 为界面黏结应力；E_s 为钢管弹性模量；c 为钢管横截面内边周长；t 为钢管壁厚度；$a=\tau L_e/(tE_s)$，$b=-\tau/(tE_s)$。

5. 滑移分布

通过对推出试验中钢管沿柱高不同位置开槽，并布置位移传感器，可获取各个部位的滑移值。图 7.6 为试件 RCST-3 和 RSST-7 的滑移随不同位置和荷载变化关系曲线。由图 7.6 中曲线显示，加载端的滑移量比其余部位的钢管与核心再生混凝土滑移值都大，且随着荷载的增加，曲线呈线性规律递减至自由端。

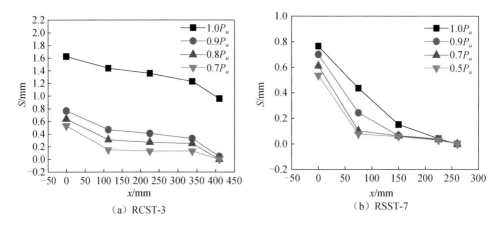

（a）RCST-3　　　　　　　　　　（b）RSST-7

图 7.6　滑移随不同位置和荷载变化关系曲线

7.1.3　钢管再生混凝土黏结强度和剪力传递长度计算

1. 实测界面黏结应力

根据钢管表面的应变差梯度，通过内力平衡方程可推导沿界面埋置长度的黏结应力分布情况为

$$\tau(x) = \frac{A_s \mathrm{d}\sigma_{s,x}}{c\mathrm{d}x} = \frac{A_s}{c} E_s \frac{\mathrm{d}\varepsilon_{s,x}}{\mathrm{d}x} \tag{7.3}$$

式中，A_s 为钢管横截面面积；$\mathrm{d}\sigma_{s,x}/\mathrm{d}x$、$\mathrm{d}\varepsilon_{s,x}/\mathrm{d}x$ 分别为沿埋置长度钢管横截面上的正应力和正应变的增量。

由式（7.3）可知，钢管再生混凝土的界面黏结应力是钢管纵向应变随位置函数的一阶微分。如前所述，加载初期的应变分布可按负指数函数来描述，即此时的黏结应力也呈负指数增长；加载末期的应变则为线性分布，因此可认为黏结应力沿界面埋置长度范围内为均匀分布。

2. 名义黏结强度

采用名义黏结应力计算钢管与混凝土间黏结应力具有概念清晰、简单明了的特点，故采用此法计算钢管再生混凝土的黏结强度，即

$$\overline{\tau}_u = \frac{P_u}{A} \tag{7.4}$$

式中，$\overline{\tau}_u$ 为钢管再生混凝土间的平均黏结强度；P_u 为钢管与再生混凝土的黏结破坏荷载；A 为钢管与再生混凝土的接触面积。

各试件的试验黏结强度和计算的平均极限黏结强度与最大剪力传递长度见表 7.4。对比发现：无论是圆钢管试件还是方钢管试件，其实测强度总体上大于名义强度的计算值，所得名义值与实测值之比平均为 0.87，标准差为 0.16，变异系数为 18.9%。

表 7.4　各试件的试验黏结强度和计算的平均黏结强度与最大剪力传递长度

试件编号	RCST-1	RCST-2	RCST-3	RCST-4	RCST-5	RCST-6	RCST-7	RCST-8	RCST-9	RCST-10
平均极限黏结强度 $\overline{\tau}_u$/MPa		1.50	1.45	1.52	1.57	1.34	1.48	1.77	1.16	1.33
试验黏结强度 $\overline{\tau}_u$/MPa		1.89	1.52	1.79	1.94	2.25	1.02	2.07	1.84	1.57
$\overline{\tau}_u / \tau_t$		0.79	0.95	0.85	0.81	0.60	1.45	0.86	0.63	0.85
最大剪力传递长度 l_t/mm		162.07	193.34	171.57	163.00	76.39	187.48	110.21	80.99	108.00
试件编号	RCST-11	RCST-12	RCST-13	RCST-14	RCST-15					
平均极限黏结强度 $\overline{\tau}_u$/MPa		1.89	1.52	1.79	1.94					
试验黏结强度 $\overline{\tau}_u$/MPa		1.87	1.66	1.90	2.37					
$\overline{\tau}_u / \tau_t$		1.01	0.92	0.94	0.82					
最大剪力传递长度 l_t/mm		113.96	150.47	98.11	91.14					
试件编号	RSST-1	RSST-2	RSST-3	RSST-4	RSST-5	RSST-6	RSST-7	RSST-8	RSST-9	RSST-10
平均极限黏结强度 $\overline{\tau}_u$/MPa	0.44	0.56	0.43	0.62		0.66	0.65	0.69	0.74	0.61
试验黏结强度 $\overline{\tau}_u$/MPa	0.54	0.64	0.65	0.69		0.72	0.74	0.82	0.88	0.68
$\overline{\tau}_u / \tau_t$	0.81	0.88	0.66	0.90		0.92	0.88	0.84	0.84	0.90
最大剪力传递长度 l_t/mm	176.54	191.48	131.71	178.84		117.54	111.66	106.77	106.09	105.87

3. 黏结力传递长度

当界面黏结力经过一段剪力传递长度后，钢管应变与再生混凝土应变达到相

等，此后两者协调变形。根据钢管再生混凝土纵向力的平衡原理，即

$$P = P_c + P_s \tag{7.5}$$

有

$$P = A_c E_c \varepsilon_{c,x} + A_s E_s \varepsilon_{s,x} = A_c E_c \ (\varepsilon_{c,x} + n\omega\varepsilon_{s,x}) \tag{7.6}$$

由于 $\varepsilon_{c,x} = \varepsilon_{s,x} = \varepsilon$，有

$$\varepsilon = \frac{P}{A_c E_c (1 + nw)} \tag{7.7}$$

通过分析隔离的核心混凝土受力平衡，则有

$$P_c = \int_0^{l_t} \tau(x) \, c\mathrm{d}x = A_c E_c \varepsilon = \frac{P}{(1 + nw)} \tag{7.8}$$

在推出试验中，当黏结破坏发生时，黏结应力均匀分布于界面埋置长度，即 $\tau(x) = \tau_{\max}$，书中此值可通过试验结果确定，即近似取 τ_t，故而最大剪力传递长度为

$$l_t = \frac{P_u}{\left[(1 + nw) c\tau_t \right]} \tag{7.9}$$

式中，P_c、P_s 分别为再生混凝土和钢管各自所受的压力；A_c 为核心再生混凝土受压面积；E_c 为再生混凝土弹性模量；$\varepsilon_{c,x}$ 为再生混凝土沿界面埋置长度的应变；$n = E_s/E_c$，$\omega = A_s/A_c$。各试件的最大剪力传递长度见表 7.4，其中圆钢再生混凝土试件的均值长度为 131.29mm，方钢管再生混凝土试件的均值长度为 136.28mm。

7.1.4 影响因素分析

1. 截面形式对黏结强度的影响

对比两类不同截面形式的黏结强度发现：随着荷载水平的逐步提高，两类试件表现出不同发展趋势的极限黏结荷载，圆钢管再生混凝土试件具有缓慢发展至峰值点的特点，此后曲线缓慢下降，而方钢管再生混凝土试件大多表现为突然达到极限荷载后迅速下降，且随之产生第二次峰值荷载，最后才进入稳定的下降段。究其原因是由于方钢管对核心混凝土的约束主要集中在截面的 4 个角部，而钢板中部对核心混凝土的约束作用较次，其黏结滑移损伤的变化规律为纵、横方向双向发展，即随着外荷载的提高，首先在截面每边轴线处的纵向滑移迅速发展，而后在横向上，滑移从截面钢板的中点向 4 个角点延伸，使角部再生混凝土与方钢管的黏结性能也遭到破坏，产生二次滑移。对于圆形截面试件，由于约束沿各方向相同且受力较为均匀，只产生一次峰值荷载，并且黏结

承载力较大。综合来看，圆钢管再生混凝土的界面黏结性能优于方钢管再生混凝土的。

2. 再生粗骨料取代率对黏结强度的影响

由表 7.4 可知，对于圆钢管再生混凝土而言，相同高度试件的黏结强度随着骨料取代率的变化具有一定的波动性，这可能与再生粗骨料具有初始微裂缝及包裹较多水泥基体等性质有关：一方面，再生粗骨料吸水能力较强，导致界面混凝土的强度得到提高，从而增大化学胶结力；另一方面微裂缝的存在使混凝土脆性性质增大，不利于机械咬合力和摩擦阻力的发挥，因此，上述两方面因素对黏结强度存在交互影响。对于方钢管再生混凝土试件，其黏结强度随着骨料取代率的增加而略有增大，但增幅不大，在 1.56%～10.81%内发生变化。

3. 混凝土强度对黏结强度的影响

对比表 7.4 中方钢管再生混凝土的试验黏结强度与计算黏结强度可见，在相同的柱高下，混凝土强度等级为 C30 的 RSST-10 的结果小于混凝土强度为 C50 的所有试件结果。图 7.7 所示为高 450mm 的圆钢管再生混凝土试件，在不同的混凝土强度下的极限黏结强度随混凝土强度等级的分布。由此说明，当混凝土强度较高时，其极限黏结强度在一定程度上会有所提高。

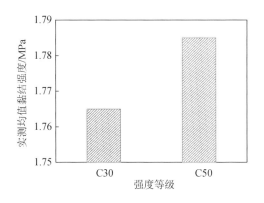

图 7.7　高 450mm 圆钢管试件的极限黏结强度随混凝土强度等级的分布

4. 界面埋置长度、长径比对黏结强度的影响

观察同种截面形式、相同混凝土强度等级的两类试件高度可知，界面埋置长度对黏结强度的总体影响不大。

由图 7.8 可知，在相同的混凝土强度等级下，对于两种截面形式的钢管再生混凝土而言，黏结强度在一定程度上随长径比的增大而呈降低趋势，这一结论与普通钢管混凝土的黏结性能一致。

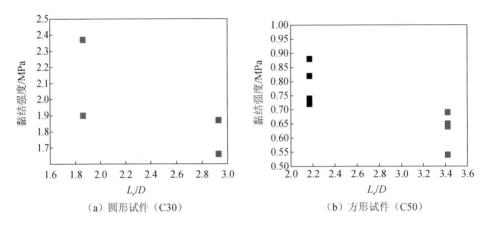

（a）圆形试件（C30）　　　　　（b）方形试件（C50）

图 7.8　黏结结强度随长径比的变化规律

7.1.5　钢管再生混凝土黏结强度计算

1. 钢管再生混凝土与钢管普通混凝土的黏结结强度对比

对于钢管混凝土黏结强度而言，国内外已有较多研究，不同学者得到了不同的研究结果。图 7.9 为钢管再生混凝土与普通钢管混凝土的黏结强度对比。由图 7.9 可知，对于圆钢管试件而言，本书试验获得的界面黏结强度普遍高于普通钢管混凝土的黏结强度；对于方钢管试件而言，钢管与再生混凝土界面黏结强度和变化规律与普通钢管混凝土相当。

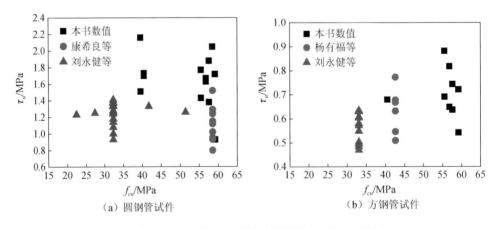

（a）圆钢管试件　　　　　（b）方钢管试件

图 7.9　钢管再生混凝土与钢管普通混凝土的黏结强度对比

同时，为了验证已有关于普通钢管混凝土的计算模式对计算钢管再生混凝土黏结强度的精度，并探讨其可行性，选取了以下 4 种实用方法进行对比计算。

（1）蔡绍怀圆钢管混凝土黏结强度计算模型

蔡绍怀提出了圆钢管混凝土的黏结强度计算公式为

$$\tau_u = 0.1(f_{cu})^{0.4} \tag{7.10}$$

式中，f_{cu} 适用于混凝土强度为 C40～C80 的圆钢管混凝土。对于普通混凝土而言，混凝土强度为 C30 时，计算式不再适用，但由于本节考虑的是再生混凝土，与普通混凝土的区别是，在相同的水胶比配制下，混凝土强度在一定范围内会有所提高，可适当放宽要求。

（2）康希良圆钢混凝土黏结强度的回归公式

康希良基于试验基础上，通过回归提出了圆钢管混凝土极限黏结强度计算公式：

$$\tau_u = \frac{1}{\gamma} k \left(-\frac{4L_e}{0.00028d} + 0.11121\frac{d}{t} + 29.09049\alpha + 0.03439\theta - 7.36037 \right) f_t \tag{7.11}$$

式中，γ 为考虑不确定因素影响的修正系数，建议取 $\gamma=0.96$；k 为钢管表面状况影响系数，对浇筑前未对钢管表面进行除锈处理，建议取 $k=1.3$；L_e 为圆钢管与再生混凝土两者的接触截面埋置长度；d 为钢管直径；t 为钢管壁厚度；α 为圆钢管混凝土构件的含钢率；$\theta = A_s f_y /(A_c f_c)$ 为圆钢管混凝土构件的紧箍系数；f_t 为混凝土轴心抗拉强度。

（3）杨有福方钢管混凝土黏结强度简化模型

基于 CEB-FIP 规范的考虑，杨有福和韩林海提出了方钢管混凝土黏结强度的简化计算模型为

$$\tau = \begin{cases} \tau_u \left(\dfrac{s}{s_0} \right)^{\alpha}, & 0 \leqslant s \leqslant s_0 \\ \tau_u, & s > s_0 \end{cases} \tag{7.12}$$

$$\tau_u = p(2.68 \times 10^{-3} f_{cu} + 0.3) f(\beta) f(\lambda) f(D/t)$$

$$F(\beta) = 1.28 - 0.28\beta$$

$$F(\lambda) = 1.36 - 0.09\ln\lambda$$

$$F(D/t) = 1.35 - 0.09\ln(D/t)$$

式中，$\beta = D/B$；$\lambda = L_e/B$，其中 D 为截面长边边长，B 为短边长。建议系数 α 和 p 的取值分别为 $\alpha=0.6$，$p=1.0$。

（4）赵耀灿方钢管混凝土黏结强度计算模型

赵耀灿基于试验结果通过拟合提出了方钢管混凝土黏结强度计算公式为

$$\tau_u = \frac{\alpha}{\beta} \left(2 - 0.0298\frac{B}{t} - 0.32\frac{L_e}{B} \right) \tag{7.13}$$

式中，B 为方钢管的外边长；α 为表面系数，建议取值 $\alpha=1.3$；β 为安全系数，并建议取值为 $\beta=1.26$。

分别利用上述公式对本节各试件的黏结强度进行计算，并与实测结果并行对比分析，所得相关模型计算结果见表 7.5。

表 7.5　相关模型计算结果　　　　　　　　　（单位：MPa）

	试件编号	RCST-1	RCST-2	RCST-3	RCST-4	RCST-5	RCST-6	RCST-7	RCST-8	RCST-9	RCST-10
圆形试件	蔡绍怀模型计算值	0.51	0.51	0.51	0.5	0.49	0.51	0.51	0.51	0.50	0.50
	蔡绍怀模型值与 τ_f 的比值		0.27	0.34	0.28	0.25	0.23	0.50	0.25	0.27	0.32
	康希良模型计算值	2.73	2.75	2.70	2.68	2.64	2.73	2.75	2.71	2.68	2.65
	康希良模型值与 τ_f 的比值		1.45	1.78	1.50	1.36	1.22	2.70	1.31	1.46	1.69
	试件编号	RCST-11	RCST-12	RCST-13	RCST-14	RCST-15					
	蔡绍怀模型计算值	0.45	0.44	0.44	0.44	0.44					
	蔡绍怀模型值与 τ_f 的比值		0.24	0.27	0.23	0.19					
	康希良模型计算值	2.25	2.18	2.15	2.18	2.16					
	康希良模型值与 τ_f 的比值		1.17	1.30	1.15	0.91					
方形试件	试件编号	RSST-1	RSST-2	RSST-3	RSST-4	RSST-5	RSST-6	RSST-7	RSST-8	RSST-9	RSST-10
	杨有福模型计算值	0.58	0.58	0.58	0.57	0.60	0.60	0.59	0.59	0.59	0.54
	杨有福模型值与 τ_f 的比值	1.07	0.91	0.89	0.83		0.83	0.80	0.72	0.67	0.79
	赵耀灿模型计算值	-0.30	-0.30	-0.30	-0.30	0.12	0.12	0.12	0.12	0.12	0.12
	赵耀灿模型值与 τ_f 的比值	-0.56	-0.47	-0.46	-0.43		0.17	0.16	0.15	0.14	0.18

2. 各国规范与试验结果的对比及分析

为了理解钢管再生混凝土的黏结性能是否满足现有规范的要求，本节对此探讨了各国钢管混凝土关于设计黏结强度的要求：早期学者，如 Morishita、Tomii 和 Morishita 等提到方钢管混凝土的平均黏结强度为 0.15~0.3MPa；日本和我国的有关规范均规定圆、矩形钢管混凝土的黏结强度设计值分别为 0.225MPa 和 0.15MPa；英国规范中规定其值为 0.4MPa；欧洲规范规定了圆形和矩形钢管混凝土的黏结强度设计值分别为 0.55MPa 和 0.4MPa。

综合表 7.5 的结果及上述规范要求，可以看出如下几点。

1）对于圆钢管再生混凝土试件，采用蔡绍怀的计算模型所得结果比试验值偏小，其黏结强度的减小值将近 2/3，因此，计算偏于安全；采用康希良的回归公式计算值大于试验实测值，且平均提高达 46%。

2）对于方钢管再生混凝土试件，采用杨有福的简化计算模型与试验值吻合较好，但计算结果偏于保守；运用赵耀灿的强度计算公式，所得结果与试验值相差较大，建议不能用其计算方钢管再生混凝土的界面黏结强度。

3）比较各国设计规范，两种钢管截面形式的再生混凝土黏结强度都具有较大的安全富余度。

7.2 圆钢管再生混凝土轴心受压短柱的力学性能

通过设计 22 根圆钢管再生混凝土短柱试件进行轴心受压试验，揭示该类新型组合构件的受力机理和破坏形态，获取其荷载-位移的全过程曲线，研究不同再生粗骨料取代率和套箍系数对其受力性能的影响。

7.2.1 试验概况

1. 试验材料

本节试验采用了两种管径的圆钢管，管径分别为 90mm 和 110mm 的 CA 及 CB 系列，依标准试验方法，测得钢管的性能指标见表 7.6。再生混凝土原材料为 32.5R 普通硅酸盐水泥、普通中河砂，天然和再生两种粗骨料，天然粗骨料为连续级配的碎石，粒径为 1.0～2.8cm，堆积密度为 1437kg/m³。再生粗骨料由服役期满后的混凝土电杆经人工破碎后得到，粒径为 1.0～2.8cm，再生粗骨料的堆积密度为 1385kg/m³。混凝土电杆来自南方电网某线路（1958 年生产并服役，2007 年冰灾后拆除运回实验室），该批混凝土电杆的原设计强度为 C30，实测强度为 31MPa。为了能较为精确地揭示再生粗骨料取代率对钢管再生混凝土力学性能的影响，配制了 11 种再生混凝土（再生骨料取代率为 0～100%、中间级差 10%）。再生粗骨料的取代率是指再生粗骨料质量占全部粗骨料质量的百分比。混凝土的强度配制，以取代率为 0 的天然混凝土配制为基准，按 C30 混凝土强度设计，各取代率下再生混凝土的配合比及试验立方体试块强度 $f_{cu,k}$，见表 7.7。各种不同骨料取代率的再生混凝土严格保持水泥、自来水、砂完全相同，粗骨料的总质量也一致，唯一改变的是粗骨料的组成成分（即再生粗骨料增加时，天然粗骨料相应减少）。同时，对天然粗骨料和再生粗骨料采用同样的筛网筛选，并且要经过清洗和风干。

表 7.6   钢管的性能指标

钢管类别	f_y/MPa	f_u/MPa
CA 系列	342.7	420
CB 系列	357.2	442.8

表 7.7   再生混凝土的配合比及试验立方体试块强度 $f_{cu,k}$ 强度

试件编号	水灰比	砂率%	各种材料用量/（kg/m³）					$f_{cu,k}$/MPa
			水泥	自来水	细骨料	天然粗骨料	再生粗骨料	
RAC-0	0.41	32	524	215	532	1129	0	31.10
RAC-10	0.41	32	524	215	532	1016	113	29.14
RAC-20	0.41	32	524	215	532	903	226	28.20
RAC-30	0.41	32	524	215	532	790	339	32.36
RAC-40	0.41	32	524	215	532	677	452	33.82
RAC-50	0.41	32	524	215	532	564	565	31.51
RAC-60	0.41	32	524	215	532	452	667	30.33
RAC-70	0.41	32	524	215	532	339	790	35.86
RAC-80	0.41	32	524	215	532	226	903	36.96
RAC-90	0.41	32	524	215	532	113	1016	34.30
RAC-100	0.41	32	524	215	532	0	1129	38.43

注：RAC-××中 RAC 表示再生混凝土，××表示再生骨料取代率。

2. 试件设计与制作

试验考虑了再生混凝土粗骨料取代率和钢管套箍系数两个变化参数，一共 22 个试件，CA 系列 10 个试件钢管厚度均值为 2.53mm，CB 系列 10 个试件钢管厚度均值为 1.96mm，每个系列粗骨料取代率从 0 到 100% 变化，按 10% 增长。各试件设计及试验参数见表 7.8。

表 7.8   试件设计及试验参数

试件编号	γ/%	L/mm	D/mm	d/mm	t/mm	L/D	D/t	α	f_{ck}/MPa	ξ	N_u/kN
CA-0	0	285.00	88.34	83.16	2.59	3.43	34.11	0.1285	23.6	1.864	504.39
CA-1	10	286.00	88.20	83.00	2.60	3.45	33.92	0.1292	22.1	1.874	517.53
CA-2	20	286.00	88.20	82.86	2.67	3.45	33.03	0.1330	21.4	1.928	509.7
CA-3	30	285.50	88.24	83.14	2.55	3.43	34.60	0.1264	24.6	1.833	522.24
CA-4	40	284.00	88.02	83.14	2.44	3.42	36.07	0.1208	25.7	1.751	521.73
CA-5	50	286.00	88.20	83.12	2.54	3.44	34.72	0.1260	23.9	1.827	519.93
CA-6	60	287.00	88.20	83.34	2.43	3.44	36.30	0.1200	23.1	1.740	517.23
CA-7	70	285.00	88.30	83.22	2.54	3.42	34.76	0.1258	27.3	1.824	530.88
CA-8	80	286.00	88.10	83.08	2.51	3.44	35.10	0.1245	28.1	1.805	533.13
CA-9	90	283.00	88.14	83.34	2.40	3.40	36.73	0.1185	26.1	1.718	538.08

续表

试件编号	γ/%	L/mm	D/mm	d/mm	t/mm	L/D	D/t	α	f_{ck}/MPa	ξ	N_u/kN
CA-10	100	283.50	88.32	83.30	2.51	3.40	35.19	0.1242	29.2	1.801	540.96
CB-0	0	362.50	112.00	108.44	1.78	3.34	62.92	0.0667	23.6	1.008	636.81
CB-1	10	363.00	112.38	108.24	2.07	3.35	54.29	0.0780	22.1	1.180	639.63
CB-2	20	360.00	111.88	108.12	1.88	3.33	59.51	0.0708	21.1	1.070	670.41
CB-3	30	361.00	111.70	108.40	1.65	3.33	67.70	0.0618	24.6	0.933	77.64
CB-4	40	357.00	112.10	108.00	2.05	3.31	54.68	0.0774	25.7	1.169	676.59
CB-5	50	360.00	112.00	108.20	1.90	3.33	58.95	0.0715	23.9	1.081	673.65
CB-6	60	360.00	112.70	108.70	2.00	3.31	56.35	0.0750	23.1	1.134	629.16
CB-7	70	360.00	112.18	108.16	2.01	3.33	55.81	0.0757	27.3	1.145	660.00
CB-8	80	363.00	112.16	108.20	1.98	3.35	56.65	0.0745	28.1	1.126	662.73
CB-9	90	364.00	112.08	108.24	1.92	3.36	58.38	0.0722	26.1	1.091	660.09
CB-10	100	359.00	113.14	108.60	2.27	3.31	49.84	0.0854	29.2	1.290	679.68

注：L 为试件高度；D 为钢管外径；d 为钢管内径；t 为钢管厚度；N_u 为极限承载力试验值；ξ 为套箍系数（$\xi=\alpha f_y/f_{ck}$，含钢率 $\alpha=A_s/A_c$，A_s、A_c 分别为钢管截面与混凝土的面积比）。

　　试件采用直缝钢管，钢管两端截面经工厂刨平，确保试件在加载中与加载端垂直。钢管底部事先用塑料薄膜封底，混凝土从顶部灌入，分三层人工振捣直至密实，端部混凝土抹口抹平。试件采用自然养护。试验前再用打磨机将试件两端打磨平整。

　　3. 加载装置及加载制度

　　试验采用中科院武汉岩土研究所和 SIMENS 公司联合研发的 RMT-201 力学试验压力机加载，试验加载装置如图 7.10 所示。为了获取试件受力的荷载-位移全过程曲线（特别是荷载下降段曲线），试验采用位移控制的加载制度，加载速率为 0.01mm/s。出于保护试验仪器的考虑，试验停机时间设定为：如果加载过程中轴荷载-位移曲线突然出现大幅度下降段至峰值荷载的 70%以下则立即停机，若荷载下降段不明显则在试件压缩下降位移达到 3cm 后停机。

图 7.10　试验加载装置

7.2.2 试验结果及分析

1. 试件破坏过程及形态

钢管再生混凝土试件在受力过程中出现了掉锈和局部屈曲现象。当接近极限荷载的 90% 左右时钢管外表面掉锈，以及接近极限荷载 97% 左右时发现钢管局部屈曲，试件最终破坏形态表现为腰鼓状斜剪压破坏。部分试件 CA-6、CA-8、CA-9、CA-10、CB-8、CB-9 和 CB-10 除了腰鼓状破坏外，还在受力后期钢管环状凸起部位出现撕裂。加载前期和中期钢管再生混凝土试件与取代率为 0 的普通钢管混凝土试件基本相同，加载后期再生混凝土压碎程度较普通混凝土的大，最终在钢管环状凸起处撕裂破坏，如图 7.11 所示。后来剖开钢管后，发现较多再生混凝土成粉末状，而普通混凝土成颗粒状。

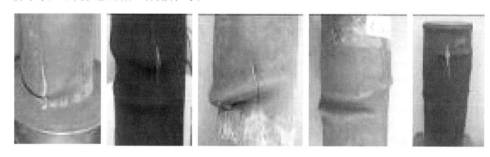

图 7.11　试件钢管局部撕裂破坏

试验过程中，试件达到极限强度后，承载能力有所下降，但幅度不大。在荷载变化不大的情况下，变形不断增大，伴随着钢管凸起，变形达到一定程度后，钢管外表面凸起处出现竖向裂纹，此后荷载下降，试件破坏。部分试件的破坏形态如图 7.12 所示。

图 7.12　试件的破坏形态

2. 应力-应变曲线

由试验实测的荷载-位移曲线数值,利用下列公式进行转化得到了试件受力过程中的名义应力-应变全过程曲线,如图 7.13 所示。

$$\begin{cases} \bar{\sigma} = \dfrac{N}{A} \\ \varepsilon = \dfrac{\Delta l}{l} \end{cases} \tag{7.14}$$

式中,N 为试件的轴向压力;A 为钢管再生混凝土的全截面面积;Δl 为试件受力过程中的压缩位移;l 为试件的总高度。

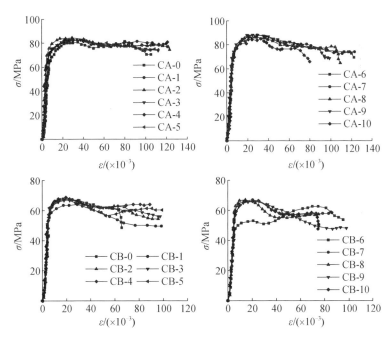

图 7.13　名义应力-应变全过程曲线

各试件的峰值应力和对应的峰值应变的具体数值见表 7.9 和表 7.10。由表 7.9 和表 7.10 可知,钢管再生混凝土达到峰值时的名义应力比普通再生混凝土大得多,钢管再生混凝土达到峰值时的应变达到 0.02 以上,超过普通混凝土破坏时峰值应变的 10 倍,钢管对再生混凝土的约束效果显著。通过比较表 7.9 中各组试件峰值应力的试验结果可发现:与普通钢管混凝土短柱相比,随着再生粗骨取代率的增加,两种不同系列钢管再生混凝土的峰值应力均有不同程度的增加,但并不随取代率的增加而严格地递增,而是呈波动状态。当取代率达到 100%时,CA 系列增加了 7.3%,CB 系列增加了 4.6%。钢管再生混凝土峰值应力增加的主要原因是，在水灰比相同的条件下，再生粗骨料的吸水率较大，实际水灰比减少，再生混凝土的抗压强度提高，从而使钢管再生混凝土的轴压强度提高。

表 7.9　试件的峰值应力

试件编号	CA-0	CA-1	CA-2	CA-3	CA-4	CA-5	CA-6	CA-7	CA-8	CA-9	CA-10
峰值应力/MPa	82.26	84.65	83.36	85.43	85.64	85.14	84.35	86.73	87.49	88.23	88.34
再生/天然	1.00	1.03	1.01	1.04	1.04	10.4	1.03	1.05	1.06	1.07	1.073
试件编号	CB-0	CB-1	CB-2	CB-3	CB-4	CB-5	CB-6	CB-7	CB-8	CB-9	CB-10
峰值应力/MPa	64.66	64.51	68.22	69.11	68.50	68.31	62.79	66.70	67.11	66.80	67.50
再生/天然	1.00	0.99	1.06	1.07	1.06	1.06	0.97	1.03	1.04	1.03	1.046

表 7.10　试件的峰值应变

试件编号	CA-0	CA-1	CA-2	CA-3	CA-4	CA-5	CA-6	CA-7	CA-8	CA-9	CA-10
峰值应变 ($\times 10^3$)	33.23	32.10	28.45	22.03	28.96	23.48	25.08	31.37	29.15	30.38	23.38
再生/天然	1.00	0.97	0.86	0.66	0.87	0.71	0.75	0.94	0.88	0.91	0.70
试件编号	CB-0	CB-1	CB-2	CB-3	CB-4	CB-5	CB-6	CB-7	CB-8	CB-9	CB-10
峰值应变 ($\times 10^3$)	21.50	20.51	18.91	18.32	19.35	21.04	20.01	20.52	14.38	17.45	18.70
再生/天然	1.00	0.95	0.88	0.85	0.90	0.98	0.94	0.95	0.67	0.81	0.87

图 7.13 所示为各试件实测的名义应力-应变全过程曲线。由图 7.13 可知，CA 和 CB 两系列钢管再生混凝土短柱的轴向应力-应变曲线基本上具有相同的形态，除了 CB-6 试件外（可能是混凝土浇筑欠密实所致），应力-应变曲线经历了上升段、峰值、下降段、谷值、再上升、第二峰值、迅速下降（7 个阶段）。

再生粗骨料取代率的变化对钢管再生混凝土应力-应变曲线上升段影响不大，且上升段曲线基本重合；钢管套箍系数对钢管再生混凝土应力-应变曲线下降段有影响，套箍系数小的 CB 系列，荷载-位移曲线下降段较套箍系数大的 CA 系列陡峭。

3. 套箍系数对应力应变曲线的影响

在再生混凝土强度等级和再生粗骨料取代率相同的情况下，套箍系数对应力-应变曲线有影响。CA、CB 两系列钢管再生混凝土试件具有相同的混凝土强度等级和骨料取代率，部分试件的应力-应变对比曲线如图 7.14 所示。

由图 7.14 可知，混凝土强度等级及取代率相同、套箍系数不同的试件，其应力-应变曲线具有相似的形状；套箍系数对试件的峰值应力和峰值应变有明显影响，套箍系数大的试件（CA 系列）的峰值应力和峰值应变均比套箍系数小的试件（CB 系列）要大；同时，试件的极限变形能力也与套箍系数有关，即套箍系数大，极限变形能力也大。

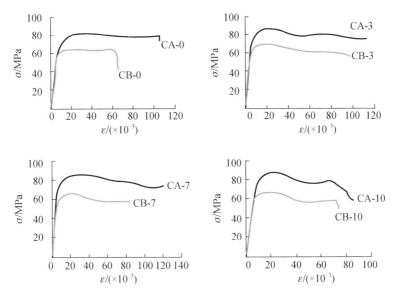

图 7.14　部分试件的应力-应变对比曲线

　　混凝土强度等级及取代率相同，不同套箍系数试件间的峰值应力和峰值应变的比值，具体见表 7.11。由表 7.11 可知，随着套箍系数的增大，试件的峰值应力和峰值应变均有所增大，并且套箍系数对峰值应变的影响较峰值应力大，可见适当增大套箍系数对提高钢管再生混凝土的变形性能也十分有效，但峰值应力、峰值应变的增加与套箍系数的增大不是呈线性关系，峰值应力和峰值应变的增加程度均较套箍系数增加值小，可见对于钢管再生混凝土通过加大套箍系数来提高其强度和延性并不经济，故建议在工程应用时，套箍系数应考虑在一定的合适范围内。

表 7.11　不同套箍系数试件间的峰值应力和峰值应变的比值

γ /%	0	10	20	30	40	50	60	70	80	90	100	均值
套箍系数	1.89	1.58	1.81	1.96	1.49	1.69	1.53	1.59	1.60	1.57	1.39	1.644
峰值应力	1.27	1.31	1.22	1.23	1.17	1.24	1.34	1.30	1.30	1.32	1.31	1.273
峰值应变	1.55	1.57	1.50	1.20	1.50	1.12	1.25	1.53	2.03	1.74	1.25	1.476

4. 再生粗骨料取代率对应力-应变曲线的影响

　　将套箍系数相同的 CA、CB 两系列钢管再生粗骨料取代率的峰值应力和峰值应变进行比较，如图 7.15 和图 7.16 所示。可见，随着再生粗骨料取代率的增加，试件的峰值应力呈现略有增大的趋势，但不明显，峰值应变呈现趋于减小的趋势。钢管再生混凝土随着粗骨料取代率的增加，尽管强度有所增强，但峰值应变却降低，这可能与再生粗骨料表面包裹着部分硬化水泥砂浆，受力过程中容易压碎膨胀有关。

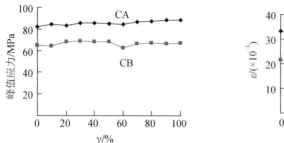 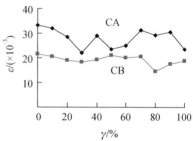

图 7.15　峰值应力与再生粗骨料取代率的关系　图 7.16　峰值应变与再生粗骨料取代率的关系

7.2.3　极限承载力计算

关于钢管普通混凝土柱轴心受压承载力的计算公式，国内外都有大量的研究，其中关于圆钢管混凝土轴压短柱极限承载力的计算理论主要包括统一强度理论、套箍混凝土理论和叠加计算理论 3 种。

1. 统一强度理论

钟善桐（2003）提出的统一强度理论，《钢-混凝土组合结构设计规程》（DL/T 5085—1999）与《高层建筑钢-混凝土混合结构设计规程》（DG/TJ 08-015—2004）也基于这一理论，计算式为

$$N_u = f_{sc} A_{sc} \tag{7.15}$$

$$f_{sc} = \left(1.212 + B\xi_0 + C\xi_0^2\right) f_c \tag{7.16}$$

式中，$B = 0.1759 \dfrac{f_y}{215} + 0.974$，$C = -0.1038 \dfrac{f_c}{20} + 0.0309$，其中 ξ_0 为套箍系数，$\xi_0 = af_s/f_c$，$\alpha = A_s/A_c$ 截面含钢率；f_y 为钢管屈服强度；f_c 为混凝土轴心抗压强度；A_{sc} 为钢管混凝土截面总面积。

《战时军港抢修早强型组合结构技术规程》（GJB 4142—2000）也是采用统一强度理论，但表达式的系数取值有所不同。

$$f_{sc} = \left(1.212 + \alpha\xi_0 + \beta\xi_0^2\right) f_c \tag{7.17}$$

式中，$\alpha = 0.1381 \dfrac{f_y}{215} + 0.7646$，$\beta = -0.0727 \dfrac{f_c}{15} + 0.0216$。

韩林海及《钢管混凝土结构技术规程》（DBJ 13-51—2003）基于这一理论提出的公式为

$$f_{sc} = \left(1.14 + 1.02\xi_0\right) f_c \tag{7.18}$$

2. 套箍混凝土理论

蔡绍怀提出了套箍理论计算公式。

当 $\theta \leqslant 1.235$ 时，有

$$N_u = A_c f_c \left(1 + 2\theta\right) \tag{7.19}$$

当 $\theta > 1.235$ 时，有

$$N_u = A_c f_c \left(1 + \sqrt{\theta} + 1.1\theta\right) \tag{7.20}$$

《钢管混凝土结构设计与施工规程》（CECS 28—2012）也是基于这一理论，其公式为

$$N_u = A_c f_c \left(1 + \sqrt{\theta} + \theta\right) \tag{7.21}$$

式中，$\theta = \dfrac{A_s f_s}{A_c f_c}$，$\theta$ 为套箍系数，f_s 为钢管屈服强度；f_c 为混凝土轴心抗压强度。

《钢管混凝土结构施工与验收规程》（JCJ 01—1989）表达式为

$$N_u = f_s A_s + k_1 f_c A_c \tag{7.22}$$

式中，$k_1 = 1 + \left(\sqrt{4 - 3\alpha^2} - 1\right)\rho \dfrac{f_s}{f_c}$；$\alpha = 0.25 + 0.32\rho$，$\rho = \dfrac{A_s}{A_c}$。

3. 叠加计算理论

叠加计算理论认为钢管混凝土的强度由钢管与内部混凝土的强度叠加而成。欧美国家采用了这一理论方法。

欧洲标准协会 EC4—2004 计算式为

$$N_u = \frac{6t}{D - 2t} f_y A_c + 0.85 f_c' A_c \tag{7.23}$$

美国钢结构协会 AISC 360—2005 计算式为

$$N_u = f_y A_c + 0.95 f_c' A_c \tag{7.24}$$

式中，f_c' 为圆柱混凝土抗压强度（本节取 $f_c' = 0.80 f_{cu,k}$ 进行换算，$f_{cu,k}$ 为试验方体试块强度）；f_y 为钢管屈服强度；D 为钢管外径；t 为钢管壁厚。

分别利用式（7.15）～式（7.24）计算各试件的承载力，同时将理论计算值与试验值结果进行比较，见表 7.12。

表7.12　理论计算值与试验值结果比较

型号	计算值/试验值							
	统一强度理论			套箍混凝土理论			叠加计算理论	
	DL/T 5085—1999 DG/TJ 08-015—2004	GJB 4142—2000	DBJ 13-51—2003	蔡绍怀公式	CECS 28—2012	JCJ 01—1989	EC4—2004	AISC 360—2005
CA-0	0.91	0.76	0.87	1.12	1.08	1.51	0.92	0.73
CA-1	0.84	0.70	0.80	1.02	0.98	1.46	0.88	0.69
CA-2	0.84	0.70	0.80	1.02	0.98	1.51	0.90	0.71
CA-3	0.90	0.75	0.87	1.12	1.07	1.45	0.88	0.71
CA-4	0.92	0.76	0.88	1.14	1.09	1.41	0.87	0.70
CA-5	0.88	0.73	0.84	1.09	1.04	1.45	0.88	0.70
CA-6	0.84	0.70	0.80	1.04	0.99	1.40	0.85	0.68
CA-7	0.97	0.80	0.94	1.22	1.17	1.45	0.89	0.72
CA-8	0.98	0.81	0.96	1.24	1.18	1.44	0.89	0.72
CA-9	0.89	0.74	0.86	1.11	1.07	1.36	0.84	0.68
CA-10	1.00	0.83	0.98	1.27	1.22	1.43	0.89	0.72
平均值	0.91	0.75	0.87	1.13	1.08	1.44	0.88	0.71
标准差	0.06	0.05	0.07	0.09	0.08	0.04	0.02	0.02
变异系数	0.06	0.06	0.08	0.08	0.08	0.03	0.03	0.02

型号	计算值/试验值							
	统一强度理论			套箍混凝土理论			叠加计算理论	
	DL/T 5085—1999 DG/TJ 08-015—2004	GJB 4142—2000	DBJ 13-51—2003	蔡绍怀公式	CECS 28—2012	JCJ 01—1989	EC4—2004	AISC 360—2005
CB-0	0.87	0.74	0.79	1.03	1.03	1.26	0.80	0.67
CB-1	0.88	0.74	0.80	1.07	1.04	1.39	0.85	0.70
CB-2	0.77	0.66	0.70	0.92	0.91	1.22	0.75	0.63
CB-3	0.81	0.70	0.74	0.96	0.97	1.14	0.73	0.62
CB-4	0.95	0.80	0.88	1.16	1.13	1.35	0.84	0.71
CB-5	0.86	0.73	0.78	1.03	1.02	1.26	0.79	0.66
CB-6	0.92	0.78	0.84	1.12	1.09	1.40	0.87	0.72
CB-7	1.02	0.86	0.94	1.25	1.22	1.39	0.87	0.74
CB-8	1.03	0.88	0.96	1.27	1.24	1.37	0.87	0.74
CB-9	0.95	0.81	0.88	1.16	1.14	1.32	0.83	0.71
CB-10	1.13	0.95	1.06	1.42	1.37	1.51	0.94	0.80
平均值	0.93	0.79	0.85	1.13	1.11	1.33	0.83	0.70
标准差	0.11	0.09	0.11	0.15	0.13	0.10	0.06	0.05
变异系数	0.12	0.11	0.13	0.13	0.12	0.08	0.07	0.07

由表 7.12 可知如下几点。

1）采用强度统一理论和叠加计算理论的计算值比试验值偏小，这两种理论计算偏于安全。

2）强度统一理论计算公式中钟善桐公式、DL/T 5085 及 DG/TJ 08-015 给出的公式所得出的计算结果均值较试验值偏低 10% 左右，而《战时军港抢修早强型组合结构技术规程》（GJB 4142—2000）、韩林海公式及《钢管混凝土结构技术规程》（DBJ 13-15—2003）计算的结果均值较试验值偏低 10%～30%。

3）采用套箍混凝土计算理论的计算值要比试验值大。

4）综合表 7.12 可以看出，统一强度理论、叠加计算理论有较大的安全富余量。

7.2.4　应力-应变全过程曲线数学表达式

将 CA、CB 的应力-应变试验曲线除以峰值应力和峰值应变进行归一化处理，如图 7.17 所示，这可以消除变化参数的影响，提取一般规律，由此可以拟合出应力-应变全过程经验曲线，如图 7.18 所示。为了更好地描述试验过程，将图 7.18 曲线分为弹性阶段、弹塑性阶段、下降段及后期稳定阶段，通过最小二乘法拟合其数学表达式，如式（7.25）所示。

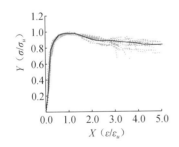
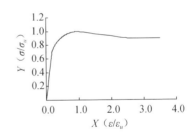

图 7.17　归一化应力-应变试验曲线　　　图 7.18　拟合应力-应变全过程经验曲线

$$\begin{cases} Y = A_1 X, & x < x_A \\ X^2 + 4.278 Y^2 - 2X - 5.056Y + 1.778 = 0, & x_A \leqslant x \leqslant 1 \\ Y = -0.0667X + 1.0667, & 1.0 \leqslant x \leqslant x_B \\ Y = 0.9, & x > x_B \end{cases} \quad (7.25)$$

式中，$X = \varepsilon / \varepsilon_u$，其中 ε_u 表示极限应变，$\varepsilon_u = \varepsilon_{scy}$，$\varepsilon_{scy}$ 为方钢管混凝土轴压时强度值对应的应变；$Y = \sigma / \sigma_u$，其中 σ_u 表示极限应力，$\sigma_u = f_{scy}$，f_{scy} 为方钢管混凝土轴压时的强度值；A_1 为上升段参数；x_A 为比例极限对应的应变与峰值应变比值，

经试验数据拟合，取 A_1=4.0，x_A=0.16；x_B 为下降段极限对应的应变与峰值应变比值，取 2.5。

通过对影响钢管混凝土工作机理和力学性能的基本参数进行系统分析，参照以往钢管混凝土的相关研究，得到钢管再生混凝土的应力应变全过程曲线及计算公式，即式（7.26）～式（7.29）。

根据再生钢管混凝土轴压短柱试验结果验算分析，上升段取代率对其应力-应变关系影响不大，同时，在充分考虑套箍系数 ξ 影响的基础上，提出钢管混凝土轴心受压时的比例极限 f_{scp} 对应的应变 ε_{scp} 计算式（7.29）；根据试验，骨料取代率对峰值应变略有影响，且随着取代率的增加，峰值应变略有降低的趋势。

$$\begin{cases} \sigma = 4.0K_\varepsilon, & 0 \leqslant x \leqslant \varepsilon_{scp} \\ \varepsilon^2 + \dfrac{4.278}{K^2}\sigma^2 - \dfrac{2\eta f_{scy}}{K}\varepsilon - \dfrac{5.056\eta f_{scy}}{K^2}\sigma + 1.778\varepsilon_{scy}^2 = 0, & \varepsilon_{scp} \leqslant x \leqslant \varepsilon_{scy} \\ \sigma = -0.0667K_\varepsilon + 1.0667\eta f_{scy}, & \varepsilon_{scy} \leqslant x \leqslant 2.5\varepsilon_{scy} \\ \sigma = 0.9\eta f_{scy}, & x > 2.5\varepsilon_{scy} \end{cases} \tag{7.26}$$

$$K = \frac{\eta f_{scy}}{\varepsilon_{scp}} = 0.25\frac{\eta f_{scp}}{\varepsilon_{scp}} \tag{7.27}$$

$$f_{scy} = \left(1.212 + B\xi + C\xi^2\right)f_{ck} \tag{7.28}$$

$$\varepsilon_{scp} = \left[1300 + 14.93f_{ck} + 1400 + 40\left(f_{ck} - 20\right)\right]\xi^{0.99} \tag{7.29}$$

式中，f_{scy} 为钢管混凝土轴心受压时的强度指标，其中 $B = 0.1759\dfrac{f_y}{215} + 0.974$；$C = -0.1038\dfrac{f_{ck}}{20} + 0.0309$，$f_{ck}$ 为混凝土抗压强度标准值；f_{scp} 为钢管混凝土轴心受压时的比例极限，$f_{scp} = 0.64f_{scy}$；ε_{scp} 为钢管混凝土轴心受压时的比例极限 f_{scp} 对应的应变；ε_{scy} 为钢管混凝土轴心受压时的强度指标 f_{scy} 对应的应变，$\varepsilon_{scy} = 6.25(1 - 0.0012a)\varepsilon_{scp}$；$\eta$ 为计算值修正系数，取 1.0～1.2。

CA 部分试件应力-应变试验值与理论计算值曲线对比如图 7.19 所示，CB 部分试件应力-应变试验值与理论计算值曲线对比如图 7.20 所示。由图 7.20 可知，按式（7.26）～式（7.29）计算的钢管再生混凝土轴心受压 σ-ε 关系曲线与本节试验结果总体上吻合较好。

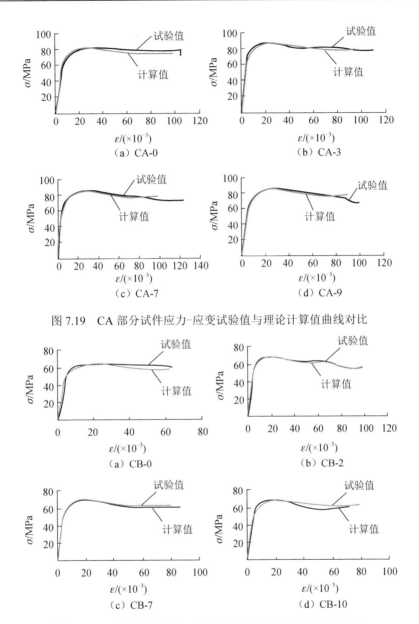

图 7.19　CA 部分试件应力-应变试验值与理论计算值曲线对比

图 7.20　CB 部分试件应力-应变试验值与理论计算值曲线对比

7.3　方钢管再生混凝土轴心受压短柱的力学性能

与圆钢管再生混凝土柱相比，方钢管再生混凝土柱具有节点构造简单、施工方便等优点，方钢管再生混凝土柱的力学性能如何，引起了国内外学者的关注。

7.3.1 试验概况

1. 试验材料

试验材料采用直焊缝焊接的方钢管，边长 121mm，32.5R 普通硅酸盐水泥，天然河砂，城市自来水，天然粗骨料为连续级配的碎石，粒径为 1.0～2.8cm，堆积密度为 1437kg/m³。再生粗骨料来源于南方电网 1958 年生产并已服役期满的废弃混凝土电杆（原设计强度为 C30，回弹法实测强度为 31MPa，碎石类），经破碎、筛分、清洗而得，粒径为 1.0～2.8cm，再生粗骨料的堆积密度为 1385kg/m³。以取代率为 0 的天然混凝土 C30 为强度目标进行配合比设计，具体为水：水泥：砂：天然粗骨料：再生粗骨料=215：524：532：1129：0（单位为 kg/m³）。再生混凝土的试件参数及实测强度见表 7.13。

表 7.13　试件参数及实测强度

试件编号	γ /%	L/mm	B/mm	t/mm	L/B	B/t	α	f_y /MPa	f_u /MPa	f_{ck} /MPa	ξ	N_u /kN
SA-0	0	359	121	3.08	2.97	39.29	0.0529	340	428	23.6	1.59	892
SA-1	10	357	121	3.25	2.95	37.23	0.0560	340	428	22.1	1.80	917
SA-2	20	357	121	3.13	2.95	38.66	0.0538	340	428	21.4	1.78	941
SA-3	30	363	121	3.06	3.00	39.54	0.0526	340	428	24.6	1.51	960
SA-4	40	362	121	3.16	2.99	38.29	0.0544	340	428	25.7	1.50	981
SA-5	50	356	121	3.2	2.94	37.81	0.0551	340	428	23.9	1.63	945
SA-6	60	359	121	3.12	2.97	38.78	0.0536	340	428	23.1	1.64	940
SA-7	70	354	121	3.07	2.93	39.41	0.0527	340	428	27.3	1.37	958
SA-8	80	359	121	3.15	2.97	38.41	0.0542	340	428	28.1	1.37	956
SA-9	90	355	121	3.13	2.93	38.66	0.0538	340	428	26.1	1.46	972
SA-10	100	359	121	3.08	2.97	39.29	0.0529	340	428	29.2	1.28	972

2. 试件设计

以再生粗骨料取代率为变化参数，共设计 10 个试件，具体参数见表 7.13。

3. 加载装置及加载制度

试验采用 RMT-201 岩石与混凝土力学试验机加载，加载装置如图 7.21 所示。采用位移控制的加载制度，加载速率为 0.01mm/s。考虑到试验仪器的安全性，如在加载过程中荷载下降至极限荷载的 70%以下，或若荷载下降段不明显但压缩变形达到 3cm 时，试验停止加载。

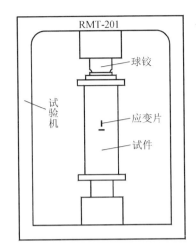

图 7.21　试验加载装置图

7.3.2　试验结果及分析

1. 试件破坏过程及现象

加载初期，所有试件处于弹性阶段；随着荷载的增加，直至极限荷载的 80%～90% 时，钢管表面掉锈，局部出现屈服；当荷载下降至极限荷载的 95% 左右时发现钢管上部局部逐渐向外突起屈曲并形成斜鼓曲环，当荷载下降至极限荷载的 80% 左右时，钢管中部附近出现新的斜鼓曲环，继续加载直至破坏过程中部分试件（SA-3、SA-4、SA-7 和 SA-8）会出现第 3 个鼓曲环，最终因轴向压缩变形过大发生破坏。方钢管再生混凝土试件的最终破坏形态与普通钢管混凝土相似，呈斜压破坏。试件破坏形态如图 7.22 所示。

图 7.22　试件破坏形态

2. 应力-应变曲线

通过 RMT-201 试验机自动采集的各试件受力全过程荷载-位移曲线数值，按式（7.30）转化得到各试件的名义应力-应变曲线，如图 7.23 所示。

$$\begin{cases} \sigma = \dfrac{N}{A} \\ \varepsilon = \dfrac{\Delta l}{l} \end{cases} \qquad (7.30)$$

式中，N 为试件的轴向压力；A 为方钢管再生混凝土总面积；Δl 为试件受力过程中的压缩位移；l 为试件高度。

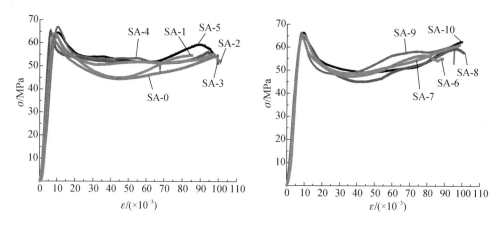

图 7.23　试件的名义应力-应变曲线

由图 7.23 可知，所有试件的名义应力-应变曲线变化趋势基本相同，达到峰值应力后，承载力下降陡峭、幅度大，这不同于圆钢管再生混凝土的平缓下降，主要是方钢管角部和各边中点对内部混凝土约束不一致，不同于圆钢管的均匀约束，导致方钢管约束作用弱于圆钢管，从而表现出其承载力下降陡峭。当荷载达到低谷后，随变形继续增加，方钢管屈服区域随之增大，钢材充分强化，同时，试件方形鼓曲环也逐渐发展成圆形鼓曲状，此时方钢管对核心混凝土的约束逐渐转变为与圆钢管相似的约束机制，故承载力有所提高，出现了回升，直至第二次达到应力峰值，钢管外表面凸起加剧，变形过大导致承载力迅速下降。

3. 峰值应力及峰值应变分析

各试件的峰值应力和峰值应变见表 7.14。由表 7.14 可知，方钢管再生混凝土的峰值应力和峰值应变的均值分别为 64.77MPa 和 8.96×10^{-3}，远远大于同强度等级的再生混凝土的轴心抗压强度和峰值应变，可见方钢管对核心再生混凝土起到了很好的约束作用。

表 7.14　各试件的峰值应力和峰值应变

试件编号	SA-0	SA-1	SA-2	SA-3	SA-4	SA-5	SA-6	SA-7	SA-8	SA-9	SA-10	平均值
峰值应力/MPa	60.97	62.56	64.1	65.6	67.00	64.58	64.20	65.45	65.30	66.42	66.34	64.77
再生/天然	1.00	1.03	1.05	1.08	1.10	1.06	1.05	1.07	1.07	1.09	1.09	
峰值应变（×10⁻³）	8.46	9.96	8.66	6.26	10.59	10.55	8.55	9.26	8.70	8.18	9.43	8.96
再生/天然	1.00	1.18	1.02	0.74	1.25	1.25	1.01	1.09	1.03	0.97	1.11	

　　图 7.24 给出峰值应力和峰值应变随再生骨料取代率的变化曲线。由图 7.24 可知，与方钢管普通混凝土相比，方钢管再生混凝土的峰值应力随着再生粗骨料取代率的增加均有不同程度的增加，但并不是随着取代率的增加而严格地递增，在 10%范围内波动变化。方钢管再生混凝土的峰值应变随着再生粗骨料取代率的增加略有增大的趋势（除 SA-3）。

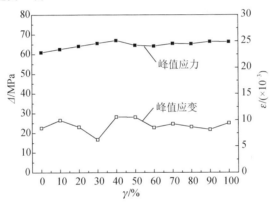

图 7.24　峰值应力和峰值应变随取代率的变化曲线

4. 谷值应力及二次峰值应力分析

　　参考图 7.23 中的实测应力-应变曲线上的峰值应力点、谷值应力点和第二次峰值应力点进行分析，可获得方钢管再生混凝土的承载力退化规律。设 λ_1、λ_2 分别表示为承载力退化幅度和回升幅度，采用式（7.31）计算，具体结果见表 7.15。试件承载力退化幅度 λ_1 和回升幅度 λ_2 的均值分别为 0.75 和 1.187，可见方钢管再生混凝土试件承载力保持稳定性较好，并且后期承载力回升幅度较大。随着再生骨料取代率的提高，试件承载力稳定性变化不明显，但承载力回升幅度变化明显，呈递增的趋势。

$$\begin{cases} \lambda_1 = \dfrac{\sigma_1}{\sigma_2} \\[2mm] \lambda_2 = \dfrac{\sigma_3}{\sigma_2} \end{cases} \tag{7.31}$$

表 7.15 实测的承载力退化幅度和回升幅度

试件编号	SA-0	SA-1	SA-2	SA-3	SA-4	SA-5	SA-6	SA-7	SA-8	SA-9	SA-10	平均值
退化幅度λ_1	0.730	0.720	0.790	0.780	0.790	0.800	0.740	0.750	0.690	0.730	0.740	0.750
回升幅度λ_2	1.224	1.215	1.088	1.095	1.000	1.146	1.194	1.247	1.320	1.253	1.273	1.187

7.3.3 方钢管再生混凝土柱轴心受压极限承载力计算

分别采用统一强度理论和叠加理论进行方钢管再生混凝土柱的轴心受压极限承载力计算。

1. 统一强度理论

钟善桐（2003）提出了方钢管混凝土柱极限抗压承载力的统一强度理论计算式为

$$N_u = f_{sc} A_{sc} \tag{7.32}$$

$$f_{sc} = \left(1.212 + B\xi + C\xi^2\right) f_c \tag{7.33}$$

式中，$B = 0.131\dfrac{f_y}{235} + 0.723$，$C = -0.07\dfrac{f_c}{20} + 0.0262$ ξ 为套箍系数，$\xi = f_y A_s / (f_c A_c)$；$f_y$ 为方钢管屈服强度；f_c 为混凝土轴心抗压强度；A_{sc} 为方钢管混凝土截面总面积。

韩林海（2004）及《钢管混凝土结构技术规程》（DBJ 13-51—2003）提出的计算式为

$$f_{sc} = \left(1.18 + 0.85\xi\right) f_c \tag{7.34}$$

2. 叠加理论

对方钢管混凝土强度的计算，许多国家规范采用叠加计算理论，认为方钢管混凝土的强度是由方钢管与内部混凝土强度叠加而成的。

《矩形钢管混凝土结构技术规程》（CECS 159—2004）按下式进行计算：

$$N_u = f A_s + f_c A_c \tag{7.35}$$

式中，A_s、A_c 分别为矩形钢管、混凝土的截面面积。

日本 AIJ（1997）规程规定为

$$N_u = f A_s + 0.85 f_c' A_c \tag{7.36}$$

$$f = \min\left(f_y, 0.7 f_u\right) \tag{7.37}$$

式中，f_c' 为混凝土圆柱体抗压强度；f_u 为方钢管极限强度。

欧洲标准协会 EC4（2004）规定为

$$N_u = f_y A_s + \frac{2}{3} f_c' A_c \tag{7.38}$$

美国规范 AISC（2005）规定为

$$N_u = 0.85 \times 0.75 \times \left(f_y A_s + 0.85 f_c' A_c \right) \tag{7.39}$$

分别利用式（7.32）～式（7.39）中的公式计算方钢管再生混凝土试件的承载力，并将其计算值与试验值结果相比较，见表 7.16。由表 7.16 可知，采用统一强度理论的计算值较试验结果偏低于 5%；采用叠加理论的计算结果较试验结果偏低 10%～35%，表明这两种理论计算均偏于安全。

表 7.16　计算值与试验值结果比较

试件编号	N_u/kN	统一强度理论				叠加计算理论							
		钟善桐公式		韩林海公式及 DBJ 13-51（2003）		CECS 159（2004）		AIJ（1997）		EC4（2004）		AISC 360（2005）	
		N_c/kN	N_c/N_u	N_c/kN	N_c/N_u	N_c/kN	N_c/N_u	N_c/kN	N_c/N_u	N_c/kN	N_c/N_u	N_c/kN	N_c/N_u
SA-0	892	870	0.975	874	0.980	805	0.903	773	0.866	713	0.799	594	0.666
SA-1	917	869	0.948	876	0.955	810	0.884	780	0.851	724	0.790	592	0.645
SA-2	941	841	0.893	844	0.897	783	0.833	754	0.801	700	0.744	572	0.608
SA-3	960	884	0.921	888	0.925	815	0.849	781	0.814	719	0.749	603	0.628
SA-4	981	917	0.934	923	0.941	844	0.861	809	0.825	744	0.758	625	0.638
SA-5	945	892	0.944	899	0.951	827	0.875	794	0.840	733	0.776	608	0.644
SA-6	940	867	0.923	872	0.927	804	0.856	772	0.821	713	0.759	590	0.628
SA-7	958	931	0.972	936	0.977	853	0.890	814	0.850	745	0.777	636	0.663
SA-8	956	956	1.000	963	1.007	875	0.915	836	0.874	764	0.799	653	0.683
SA-9	972	919	0.946	925	0.952	845	0.870	809	0.832	743	0.764	627	0.645
SA-10	972	965	0.993	971	0.999	879	0.904	839	0.863	764	0.786	660	0.679
平均值			0.950		0.956		0.876		0.840		0.773		0.648
标准差			0.0310		0.0316		0.0244		0.0222		0.0186		0.0217
变异系数			0.0327		0.0331		0.0278		0.0264		0.0241		0.0335

注：N_c 为计算值；N_u 为试验值。

7.3.4　应力-应变全过程曲线数学表达式

为了便于方钢管再生混凝土轴压构件的理论分析及工程应用，常需确定其应力-应变关系曲线的数学表达。为了消除变化参数的影响，本节给出试件应力-应变曲线除以峰值应力和峰值应变进行归一化处理后的无量纲实测应力-应变曲线，如图 7.25 所示。根据曲线的变化趋势将其分为上升段、下降段和回升段三部分，采用最小二乘法对各部分曲线进行拟合，所得的数学表达式为

$$\begin{cases} Y = (a-2)X^3 + (3-2a)X^2 + aX, & X < 1 \\ Y = \dfrac{X^3}{X^3 + b(X-1)^3 + (X-1)^2}, & 0 \leqslant X \leqslant X_B \\ Y = cX + d, & X > X_B \end{cases} \quad (7.40)$$

式中，$X = \varepsilon/\varepsilon_u$，$Y = \sigma/\sigma_u$，其中$\varepsilon_u = \varepsilon_{scy}$，$\sigma_u = f_{scy}$；$X_B$为谷值应变与峰值应变的比值，其变化范围为[4，5.5]，建议取5；参数a的变化范围为[0，1]，建议取0.16；参数b的变化范围为[0.2，0.6]，建议取0.4；参数$c=0.02$；参数$d=0.65$。

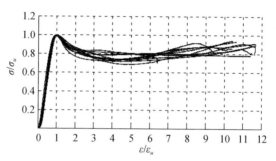

图7.25　无量纲实测应力-应变曲线

通过对方钢管再生混凝土工作机理和力学性能的基本参数进行分析，并考虑取代率的变化影响，给出方钢管再生混凝土柱组合峰值应力和峰值应变的数学表达式，即

$$\begin{cases} \sigma = \dfrac{1}{\varepsilon_{scy}^3}\left[(a-2)\varepsilon^3 + (3-2a)\varepsilon_{scy}\varepsilon^2 + a\varepsilon_{scy}^2\varepsilon\right]f_{scy}, & 0 \leqslant \varepsilon \leqslant \varepsilon_{scy} \\ \sigma = \dfrac{\varepsilon^3}{\varepsilon^3 + b(\varepsilon - \varepsilon_{scy})^3 + (\varepsilon - \varepsilon_{scy})^2\varepsilon_{scy}}f_{scy}, & \varepsilon_{scy} \leqslant \varepsilon \leqslant 5\varepsilon_{scy} \\ \sigma = \left(\dfrac{0.02\varepsilon}{\varepsilon_{scy}} + 0.65\right)f_{scy}, & \varepsilon > 5\varepsilon_{scy} \end{cases} \quad (7.41)$$

$$f_{scy} = \eta(1.212 + B\xi + C\xi^2)f_{ck} \quad (7.42)$$

$$\varepsilon_{scp} = 1.65\phi\left[1300 + 14.93f_{ck} + 1380 + 32(f_{ck} - 15)\right]\xi^{0.99} \quad (7.43)$$

式中，η、ϕ均为计算值修正系数，$\eta = 0.972 + 0.0013\gamma - 0.00002\gamma^2$，$\phi = (1 + 0.0012r)$；$B = 0.131\dfrac{f_y}{235} + 0.723$；$C = -0.07\dfrac{f_c}{20} + 0.0262$；$\sigma$为方钢管混凝土轴压时的组合应力；$\varepsilon$为方钢管混凝土轴压时的组合应变（$\times 10^{-3}$）；$f_{scy}$为方钢管混凝土轴压时的强度指标；$\varepsilon_{scy}$为方钢管混凝土轴压时的强度指标$f_{scy}$对应的应变（$\times 10^{-6}$）；

f_{ck} 为混凝土轴心抗压强度标准值；ξ 为套箍系数；γ 为再生粗骨料取代率。

图 7.26 所示为部分试件应力-应变试验值与计算值曲线对比。由图 7.26 可知，计算值与试验值结果总体上吻合较好。

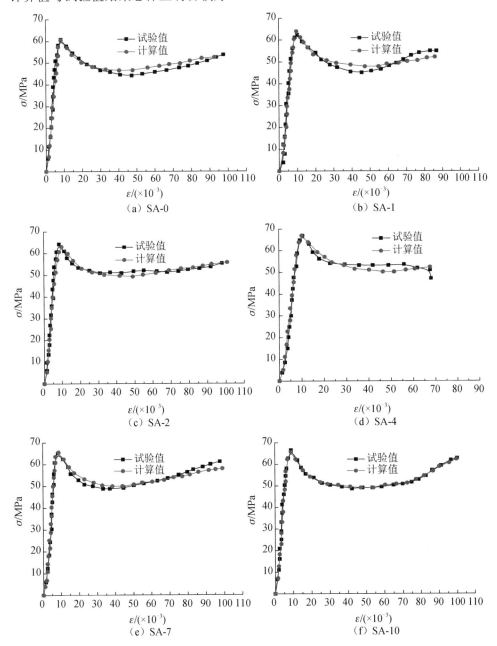

图 7.26　部分试件应力-应变试验值与计算值曲线对比

7.4 圆钢管再生混凝土偏心受压柱的力学性能

与钢管再生混凝土轴心受压柱相比，钢管再生混凝土偏心受压柱的相关性能研究资料更少，并且在实际工程结构中，大部分柱子是偏心受压状态（同时存在轴向压力和弯矩）。

7.4.1 试验概况

1. 试验材料

试验材料主要包括直焊缝焊接钢管、42.5R 普通硅酸盐水泥、天然河砂、城市自来水、天然和再生两种粗骨料。天然粗骨料采用连续级配的碎石，再生粗骨料由服役期满的 C30 混凝土电杆经人工破碎而得。再生和天然粗骨料采用同一筛网筛分，均为连续级配。以再生粗骨料取代率 0 时为基准，再生混凝土目标强度为 C40，其配合比及实测强度详见表 7.17。依标准试验方法测得钢管的屈服强度、极限强度分别为 f_y=345.9MPa、f_u=455.6MPa。

表 7.17 混凝土的配合比及实测强度（每立方米用量）

γ /%	水胶比	砂率/%	水/kg	水泥/kg	河砂/kg	天然粗骨料/kg	再生粗骨料/kg	$f_{cu,k}$/MPa
0	0.42	32	205	488	546	1161	0.0	46.04
50	0.42	32	205	488	546	580.5	580.5	48.07
100	0.42	32	205	488	546	0.0	1161	45.18

2. 试件设计与制作

以再生骨料取代率（γ）、长细比（λ）和偏心距（e）为变化参数共设计了 15 个试件。其中，再生粗骨料取代率分为 0、50%和 100%；长细比分别取 31.3、38.3、52.2；偏心距分别为 0mm、15mm 和 30mm。钢管直径 D=113.5mm（外径），管壁厚度 t=3.0mm，回转半径 i=28.75mm。钢管切割后，首先在下端部焊接 8mm 厚钢板作为端板，再生混凝土采用实验室强制搅拌机搅拌，立式分层浇筑并采用振动棒振捣密实，养护一段时间后，在上端部焊接 8mm 厚钢端板，焊接前用水泥浆找平。试件设计参数及部分试验结果见表 7.18。

表 7.18 试件设计参数及部分试验结果

试件编号	γ/%	L/mm	λ	e/mm	θ	N_u/kN	破坏形态
C1	0	1100	38.26	0	1.935	998.2	弯曲破坏
C2	0	1100	38.26	15	1.935	656.0	弯曲破坏
C3	0	1100	38.26	30	1.935	444.5	弯曲破坏

续表

试件编号	γ/%	L/mm	λ	e/mm	θ	N_u/kN	破坏形态
C4	50	1100	38.26	0	1.853	1050.0	弯曲破坏
C5	50	1100	38.26	15	1.853	650.6	弯曲破坏
C6	50	1100	38.26	30	1.853	506.6	弯曲破坏
C7	100	900	31.30	0	1.972	1148.1	剪切破坏
C8	100	900	31.30	15	1.972	620.8	弯曲破坏
C9	100	900	31.30	30	1.972	478.4	弯曲破坏
C10	100	1100	38.26	0	1.972	1038.0	弯曲破坏
C11	100	1100	38.26	15	1.972	590.0	弯曲破坏
C12	100	1100	38.26	30	1.972	436.8	弯曲破坏
C13	100	1500	52.17	0	1.972	1016.0	弯曲破坏
C14	100	1500	52.17	15	1.972	556.8	弯曲破坏
C15	100	1500	52.17	30	1.972	416.6	弯曲破坏

注：套箍系数 $\theta = A_{sk}f_y/A_c f_{ck}$，$N_u$ 为试件的极限承载力。

3. 加载制度及量测方法

试验采用 10kN 电液伺服压力试验机进行加载。试件上、下端部均用圆形铰与压力机连接。试件的应变由纵向和环向应变片测得，试件的纵向变形由设置于上、下承压板的指示表测量，侧向弯曲挠度由设在同一弯曲平面内的位移计测得，加载装置示意图如图 7.27 所示。

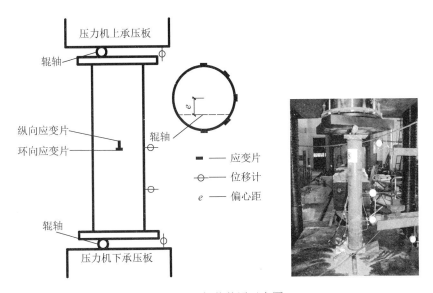

图 7.27　加载装置示意图

试验采用荷载和位移混合控制的加载制度。在荷载达到预估极限荷载以前，以分级荷载控制，每级加载值取预估极限荷载的 1/20，并恒载 3～5min；试件接近预估极限破坏时则转为位移控制，控制的位移级差为 1mm，当承载能力开始下降时，慢速加载，直至试件的承载力下降至极限荷载的 70%为止，试验结束。

7.4.2 试验结果及分析

1. 破坏过程及破坏形态

试件的破坏过程均表现为弹性、弹塑性和破坏三个阶段。当荷载增加到 $50\%P_u$ 时，钢管外表面出现铁锈掉落现象。接近 P_u 时，偏心距 $e=0$ 的试件，端部出现局部的褶皱现象，出现局部失稳破坏；而其他偏心距的试件中部出现明显侧向弯曲变形，中部钢管有鼓曲，试件整体丧失稳定而破坏。各试件的具体破坏形态及破坏荷载详见表 7.18，部分试件及钢管剖切后内部混凝土的破坏形态如图 7.28 所示。

（a）e=0mm   （b）e=15mm   （c）e=30mm   （d）内部混凝土

图 7.28   部分试件及钢管剖切后内部混凝土的破坏形态

2. 荷载-位移曲线

实测轴压试件（$e=0$）的轴向荷载-位移曲线如图 7.29 所示。由图 7.29 可知，钢管再生混凝土柱的轴心受压承载力承载性能稳定性较好，达到峰值荷载以后的下降段较为平缓，位移延性好。

偏心受压试件的轴向荷载-侧向位移曲线如图 7.30 所示。由图 7.30 可知，偏心距对钢管再生混凝土柱的偏心受压承载性能有影响，偏心距大的试件，极限承载力变小，并且峰值荷载后的下降段更为陡峭，延性变差。

3. 轴压试件轴向荷载-应变关系曲线

轴压试件轴向荷载-应变曲线如图 7.31 所示。由图 7.31 可知，加载初期，荷载-轴向应变之间基本保持线性关系，当荷载增加到 0.8 峰值荷载时，曲线出现拐点，开始呈现非线性性质，并且随着荷载的继续增大，非线性现象越加明显。当试件达到峰值荷载时，轴向应变值达到了 $7000\mu\varepsilon$，远远超出了普通钢筋混凝土极限压应变值，可见钢管对内部混凝土的约束效果明显。

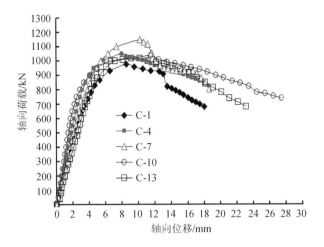

图 7.29　轴压试件轴向荷载–位移曲线（$e=0$）

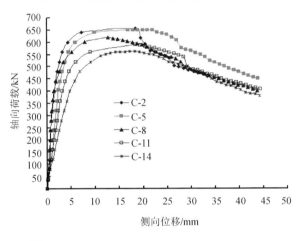

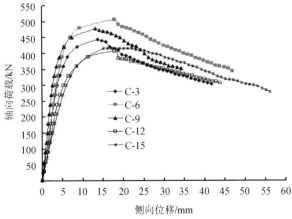

图 7.30　偏压试件轴向荷载–侧向位移曲线

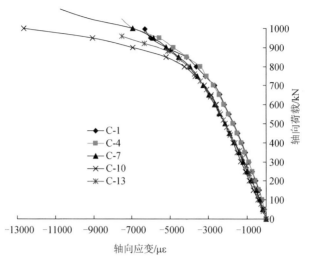

图 7.31　轴压试件轴向荷载-应变曲线

4. 轴压试件荷载-泊松比关系曲线

通过在试件中部粘贴的竖向和环向应变片实测的应变比值，可以获取轴压试件受力过程中的泊松比变化情况，如图 7.32 所示（图中 n=荷载/峰值荷载，ν 为泊松比）。由图 7.32 可知，钢管再生混凝土柱的初始泊松比为 0.45～0.52，在 $n<0.7$ 之前构件的泊松比有小幅度的降低，最小值变化范围为 0.35～0.4，当荷载增加到 $0.7P_u$ 时，泊松比开始逐渐增大，并且表现出明显的非线性性质，达到峰值时，泊松比超过 0.8。

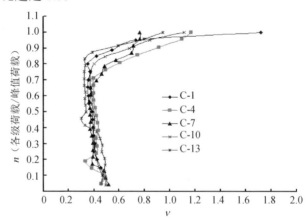

图 7.32　试验实测的轴压试件荷载-泊松比关系曲线

5. 偏压试件荷载-轴向应变关系曲线

通过中部粘贴的应变计可获取偏压试件加载过程中的轴向应变，实测荷载-轴向应变曲线如图 7.33 所示。由图 7.33 可知，偏压试件破坏时截面的应变部分受压、部分受拉，并且受拉应变的数量与偏心距有关，偏心距较大（$e=30$mm）的试件，处于受拉应变状态的应变数较偏心距小（$e=15$mm）的试件多，并且破坏时的拉应变值也大很多。而处于受压区最边缘的应变片，在试件破坏时的极限压应变值均较大，与轴向试件相当，应变值达到了 $7000\mu\varepsilon$ 以上，由于是偏心受压破坏，试件截面中，部分位置的应变无论受拉或受压均没有达到屈服。

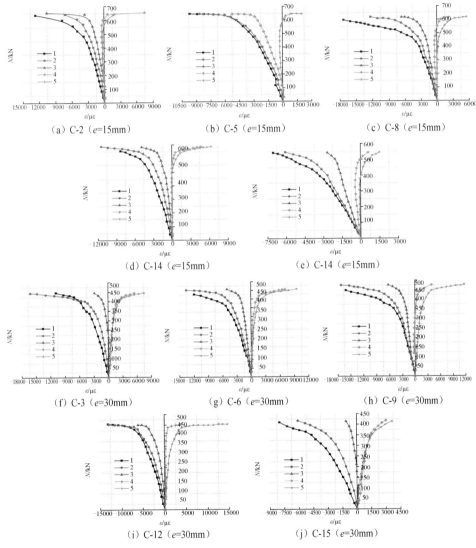

图 7.33　偏心受压试件荷载-轴向应变曲线

（注：图中 1～5 表示钢管跨中竖向应变片读数，具体粘贴位置如图 7.27 所示）

6. 偏压试件荷载-环向应变关系曲线

通过在试件中部粘贴的环向应变片获取了偏压试件在受力过程中的环向应变

值，试验实测荷载-环向应变曲线如图7.34所示。由图7.34可知，在荷载较小时，荷载与钢管环向应变之间基本保持线性关系，但当荷载接近0.7～0.8峰值荷载时，开始转变为非线性，并且转变的临界值与试件的偏心距有关，偏心距大（e=30mm）的试件较偏心距小的试件的临界转变荷载值小，前者约为$0.7P_u$，后者约为$0.8P_u$。这可能跟偏心距大的试件处于受压侧混凝土较早被压碎破坏有关。当试件达到峰值荷载时，偏压试件的钢管环向拉应变值均能达到屈服，可见，尽管是偏心受压，可钢管对内部混凝土的套箍约束作用依然明显。

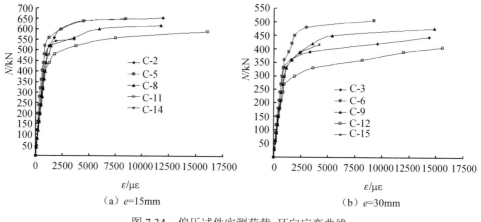

（a）e=15mm　　　　　　　（b）e=30mm

图7.34　偏压试件实测荷载-环向应变曲线

7. 偏压试件截面应变沿高度分布

选取有代表性的C11、C12试件分析中部纵向应变沿截面高度分布情况，如图7.35所示，其中n为每级荷载值与极限承载力之比，即$n=N/N_u$。由图7.35可

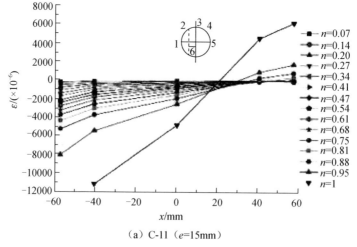

（a）C-11（e=15mm）

图7.35　试件中部纵向应变沿截面高度分布情况

（注：个别荷载值与极限承载力之比重合度较高）

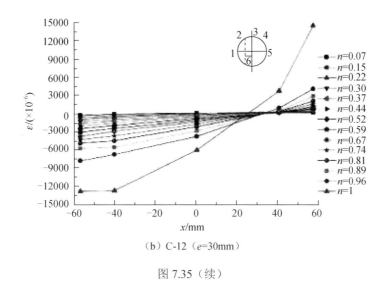

（b）C-12（e=30mm）

图 7.35（续）

知，试件中部截面的平均应变基本符合平截面假定，随着荷载的增大中和轴不断往荷载作用的一侧移动，当 n 接近 0.7～0.8 时，截面应变进入非线性阶段。

7.4.3　影响因素分析

为方便分析，本书用 NC 表示钢管普通混凝土偏心受压柱，RAC-50 和 RAC-100 分别表示取代率为 50% 和 100% 的钢管再生混凝土偏心受压柱。

1. 再生粗骨料取代率的影响

图 7.36 给出相同偏心距、相同长细比、不同再生粗骨料取代率的钢管再生混凝土偏压柱的极限承载力对比。在 3 种不同的偏心距下，试件 C-4 与 C-1 相比，试件 C-5 与 C-2 相比，试件 C-6 与 C-3 相比，极限承载力变化幅度分别为 6.1%、-0.9% 和 13.96%，即与 NC 试件相比，RAC-50 试件承载力略有提高，其原因可能是，由于在 50% 取代率下天然粗骨料与再生粗骨料形成的级配相对较优，再生粗骨料的吸水率比天然粗骨料高，在搅拌混凝土的过程中，再生粗骨料会迅速把部分水吸收，因此，混凝土的实际水灰比（W/C）变小，从而引起强度有所提高。

试件 C-10 与 C-1 相比，试件 C-11 与 C-2 相比，试件 C-12 与 C-3 相比，极限承载力变化的幅值分别为 4%、-10.06% 和 -1.8%，即与 NC 试件相比，RAC-100 试件承载力略有减小，其原因可能是混凝土的粗骨料全部由再生粗骨料构成，再生粗骨料与天然粗骨料相比，其在前期服役阶段和破碎过程中的内部损伤，以及其表面黏附着部分水泥浆体，这种内在的缺陷或多或少地影响到再生混凝土的强度，当再生粗骨料的高吸水率引起的强度提高部分无法抵消这种缺陷带来的不利影响时，表现为引起混凝土强度的降低，表现为试件承载力下降。

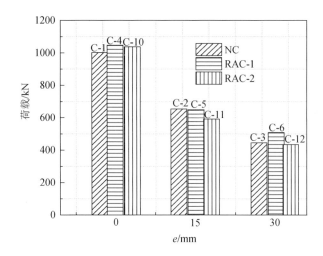

图 7.36 不同取代率极限承载力对比

图 7.37 给出相同偏心距、长细比，不同取代率的钢管再生混凝土偏压柱的荷载与中部侧向挠度 v 关系曲线。由图 7.32 可知，偏心距和长细比相同，不同取代率的钢管再生混凝土偏压柱的荷载与中部侧向挠度关系走势基本一致。当构件接近破坏时，试件的侧向变形发展很快，下降段曲线平缓，延性较好，其中取代率为 100% 的试件较其他试件更为缓慢，表现出随着取代率的增大，再生混凝土的延性略有提高的趋势，这可能与再生粗骨料表面黏附着旧的水泥胶体，具有更好的耗能能力有关。水泥胶体作为一种胶凝材料，具有弹性模量较低、塑性变形能力、能量耗散能力强的特点。

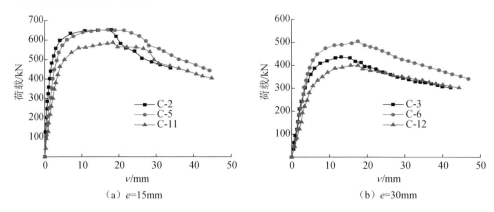

（a）$e=15\text{mm}$ （b）$e=30\text{mm}$

图 7.37 相同偏心距、长细比，不同取代率试件的荷载与中部侧向挠度关系曲线

2. 长细比的影响

图 7.38 所示为取代率为 100% 再生混凝土试件在相同偏心距下的不同长细比试件的极限承载力。由图 7.38 可知，在相同偏心距和相同取代率下，试件的极限

承载力均随长细比增加而逐渐降低，但变化并非线性关系，减小的程度是先大后小。

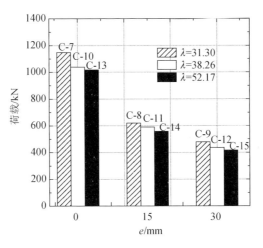

图 7.38　取代率为 100%试件的极限承载力

3. 偏心距的影响

图 7.39 所示为长细比为 38.26 的不同骨料取代率的试件在不同偏心距下的极限承载力对比情况。为了便于分析，取同一偏心距下、不同取代率试件的平均值进行对比。由图 7.39 可知，当偏心距由 0mm 增大到 15mm 时，极限承载力下降38.5%；当偏心距由 15mm 增大到 30mm 时，极限承载力下降 26.8%。可见在长细比相同的情况下，随着偏心距的增大，极限承载力减小，并且呈现非线性性质。

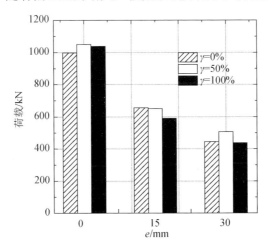

图 7.39　不同偏心距试件的极限承载力对比情况

根据图 7.38 示出的骨料取代率为 100%的不同长细比的试件在不同偏心距下

的极限承载力对比情况，对于$\lambda=31.30$的试件而言：当偏心距由 0mm 增大到 15mm 时，极限承载力下降 45.9%；当偏心距由 15mm 增大到 30mm 时，极限承载力下降 22.9%。对于$\lambda=38.26$的试件而言：当偏心距由 0mm 增大到 15mm 时，极限承载力下降 43.1%；当偏心距由 15mm 增大到 30mm 时，极限承载力下降 25.9%。对于$\lambda=52.17$的试件而言：当偏心距由 0mm 增大到 15mm 时，极限承载力下降 45.1%；当偏心距由 15mm 增大到 30mm 时，极限承载力下降 25.1%。由此可见，在取代率和长细比相同的情况下，随着偏心距的增大，极限承载力逐渐减小，并且呈现非线性性质；随着长细比的逐渐增加，承载力对偏心距更加敏感，下降幅度逐渐增大。该特点与以往钢管普通混凝土柱的力学性能类似。

7.4.4　偏心受压极限承载力计算

目前，国内外对钢管普通混凝土进行了大量研究并取得了较多研究成果，各国均编写了有关规范或规程，如我国 CECS 28、DBJ13-51 及 DL/T 5085，日本 AIJ，英国 BS5400-5 及美国 AISC-LRFD 等。钢管再生混凝土偏心受压柱尽管在材料上与普通钢管混凝土偏心受压柱有所不同，但上述试验结果表明，其破坏形态一致，故本节尝试采用以往普通钢管混凝土偏心受压柱的极限承载力计算方法来计算该类新型构件的极限承载力，并与试验实测结果对比，探讨其可行性。本节分别利用上述各规范或规程方法进行计算，并将计算值与试验值进行对比，具体见表7.19。由表 7.19 可知，CECS 28、AIJ 及 DBJ13-51 的极限承载力计算结果与试验实测结果，吻合较好；DL/T 5085 计算轴压构件时的极限承载力均大于试验值，而AISC-LRFD 和 BS 5400-5 的计算值比试验值小，偏于保守，这可能是由于这两种规范采用叠加理论，认为钢管与混凝土分别受力，而忽略了两者之间的相互作用所致。

表 7.19　计算值与试验值对比

试件编号	$\gamma/\%$	N_u	CECS 28 (2012)		AISC-LRFD (1999)		DL/T 5085 (1999)		DBJ 13-51 (2003)		BS 5400-5 (2005)		AIJ（1997）	
			N_{C1}	N_u/N_{C1}	N_{C2}	N_u/N_{C2}	N_{C3}	N_u/N_{C3}	N_{C4}	N_u/N_{C4}	N_{C5}	N_u/N_{C5}	N_{C6}	N_u/N_{C6}
C-1	0	998.2	916.59	1.089	495.8	1.849	1052.5	0.871	865.8	1.153	656.9	1.520	700.2	1.426
C-2	0	656	610.14	1.075	283.2	2.154	595.6	1.024	559.8	1.172	381.1	1.721	574.6	1.142
C-3	0	444.5	457.26	0.972	213.2	2.145	433.5	1.055	434.4	1.023	283.1	1.570	524.5	0.847
C-4	50	1050	931.71	1.127	504.3	1.848	1074.6	0.867	887.3	1.183	637.0	1.648	715.8	1.467
C-5	50	650.6	620.20	1.049	286.4	2.166	608.1	1.020	574.9	1.132	374.3	1.738	589.9	1.103
C-6	50	506.6	464.80	1.090	215.1	2.161	442.6	1.050	446.6	1.134	279.2	1.814	539.9	0.938
C-7	100	1148.1	968.40	1.186	526.7	1.839	1045.6	0.926	858.5	1.337	653.4	1.757	724.7	1.584
C-8	100	620.8	644.63	0.963	294.8	2.187	595.4	1.083	557.9	1.113	405.1	1.532	579.9	1.071
C-9	100	478.4	483.11	0.990	219.8	2.198	433.2	1.115	432.9	1.105	305.7	1.565	527.9	0.906
C-10	100	1038	910.21	1.140	492.1	1.850	1043.3	0.872	858.7	1.209	625.2	1.660	693.7	1.496

续表

试件编号	$\gamma/\%$	N_u	CECS 28 (2012)		AISC-LRFD (1999)		DL/T 5085 (1999)		DBJ 13-51 (2003)		BS 5400-5 (2005)		AIJ (1997)	
			N_{C1}	N_u/N_{C1}	N_{C2}	N_u/N_{C2}	N_{C3}	N_u/N_{C3}	N_{C4}	N_u/N_{C4}	N_{C5}	N_u/N_{C5}	N_{C6}	N_u/N_{C6}
C-11	100	590	605.89	0.974	281.8	2.150	590.4	1.026	553.5	1.066	368.3	1.602	567.9	1.039
C-12	100	436.8	454.08	0.962	212.4	2.138	429.7	1.057	429.4	1.017	275.1	1.588	517.8	0.844
C-13	100	1016	816.44	1.244	412.5	1.979	952.0	0.858	821.8	1.237	582.7	1.744	613.9	1.655
C-14	100	556.8	543.47	1.025	249.3	2.180	519.8	1.046	480.6	1.159	310.2	1.795	526.4	1.058
C-15	100	416.6	407.30	1.023	193.5	2.105	389.5	1.046	382.5	1.089	229.8	1.813	481.2	0.866
N_u/N_c 均值（μ）			1.061		2.063		0.994		1.142		1.671		1.163	
N_u/N_c 方差（D）			0.0075		0.0209		0.0079		0.0068		0.0108		0.0812	
变异系数（C_v）			0.082		0.070		0.089		0.072		0.062		0.245	

注：N_{C1}、N_{C2}、N_{C3}、N_{C4}、N_{C5}、N_{C6} 分别为按照上述 6 种规程的计算方法所得试件的极限承载力。

7.5　方钢管再生混凝土偏心受压柱的力学性能

与圆钢管再生混凝土相比，方钢管再生混凝土的约束作用相对较差，但其具有抗弯性能好、节点构造简单、易于装修等优点，因此，方钢管再生混凝土也有较好的应用前景。

7.5.1　试验概况

1. 试验材料

试验材料包括直焊缝焊接方钢管、42.5R 普通硅酸盐水泥、普通天然河砂、城市自来水及天然和再生两种粗骨料。再生粗骨料由服役期满后的混凝土电杆经人工破碎后得到，混凝土电杆的设计强度为 C30。对再生粗骨料和天然骨料采用同一筛网筛分，最大粒径为 30mm，均为连续级配。对于不同骨料取代率的再生混凝土，保持水泥、自来水、砂完全相同，在粗骨料质量不变的前提下改变粗骨料的组成含量。混凝土强度由相同条件下养护的边长 150mm 的立方体试块，依标准试验方法测得。再生混凝土配合比及实测强度详见表 7.20。依标准试验方法测得方钢管的屈服强度、极限抗拉强度分别为 f_y=303.3MPa、f_u=394.1MPa。

表 7.20　再生混凝土配合比及实测强度

$\gamma/\%$	水灰比	砂率/%	各种材料用量/（kg/m³）					$f_{cu,k}$/MPa
			水泥	自来水	细骨料（砂）	天然粗骨料	再生粗骨料	
0	0.42	32	488	205	546	1161	0	45.5
50	0.42	32	488	205	546	581	581	42.5
100	0.42	32	488	205	546	0	1161	44.5

2. 试件的设计与制作

试验设计了 15 根方钢管再生混凝土单向偏心受压构件，考虑了 3 个变化参数，分别为偏心率（e/r）、长细比（λ）和骨料取代率（γ）。偏心率分别取 0、0.333 和 0.667；长细比 λ 分别取 34.64、43.30 和 51.96；再生骨料取代率 γ 分别取 0、50% 和 100% 三种，其中 $\gamma=0$ 时对应的再生骨料取代率为 0（天然骨料混凝土），$\gamma=100\%$ 为完全粗骨料取代的全再生混凝土。试件的设计参数及破坏荷载见表 7.21。

表 7.21　试件设计参数及破坏荷载

试件编号	B/mm	t/mm	L/mm	γ /%	λ	e/mm	e/r	ξ	N_u/kN
S-1	120	2.45	1200	0	34.64	0	0.000	0.87	980.00
S-2	120	2.45	1200	0	34.64	20	0.333	0.87	642.88
S-3	120	2.45	1200	0	34.64	40	0.667	0.87	423.36
S-4	120	2.45	1200	50	34.64	0	0.000	0.93	931.00
S-5	120	2.45	1200	50	34.64	20	0.333	0.93	612.50
S-6	120	2.45	1200	50	34.64	40	0.667	0.93	466.48
S-7	120	2.45	1200	100	34.64	0	0.000	0.89	929.04
S-8	120	2.45	1200	100	34.64	20	0.333	0.89	615.44
S-9	120	2.45	1200	100	34.64	40	0.667	0.89	458.64
S-10	120	2.45	1500	100	43.30	0	0.000	0.89	976.08
S-11	120	2.45	1500	100	43.30	20	0.333	0.89	617.40
S-12	120	2.45	1500	100	43.30	40	0.667	0.89	431.20
S-13	120	2.45	1800	100	51.96	0	0.000	0.89	948.64
S-14	120	2.45	1800	100	51.96	20	0.333	0.89	566.44
S-15	120	2.45	1800	100	51.96	40	0.667	0.89	407.68

注：ξ 为套箍系数，$\xi = A_s f_y / (A_c f_{ck})$。

制作时按照试件设计长度截取，并经打磨保证钢管两端截面的平整，在钢管两端设有比截面略大的 8mm 厚的钢板作为试件端板，浇灌混凝土前先将一端的端板焊上，另一端待混凝土浇灌之后再焊接，端板与空方钢管的几何对中，并保证焊缝质量。浇筑钢管内的混凝土时，首先将钢管竖立，从顶部灌入混凝土，并用插入式振捣直至密实，浇筑完毕后，顶部抹平。试件养护方法为自然养护。直至养护两周左右发现，混凝土沿试件纵向有收缩现象，先用等强度水泥浆将混凝土表面与钢管截面抹平，待水泥浆凝固且达到应有强度后焊好另一端板，以期保证钢管和核心混凝土在受荷初期就能共同受力。

3. 加载装置与试验方法

试验采用 1000t 液压式压力试验机（YE-10000F）进行加载。对于偏心距为零的轴心受压试件直接在压力机上进行压缩试验。为了准确地测量轴压试件的变形，在每个试件垂直的两个柱侧面跨中截面中部处沿纵向及环向各设一个电阻应变片，同时沿试件纵向上下端头还设置了两个位移计以测定试件的纵向总变形。对于偏心受压构件，试件上下端部均用圆形铰与压力机连接，为了准确地测量压弯试件的变形，在每个偏心受压试件上，在与偏心方向垂直的一个柱侧面跨中截面中部沿纵向及环向各设一个电阻应变片，同时在对边侧中部设置一个纵向电阻应变片，在与偏心方向平行的一个侧面跨中截面中部以及距离柱边 1/4 柱宽处位置各设一个纵向电阻应变片。在柱子的弯曲平面内布置了 4 个位移计来测量柱子在弯曲平面内沿该方向的挠曲变形，4 个位移计分别布置在柱子的两端、跨中及距柱底端 1/4 高度处。加载装置示意图如图 7.40 所示。

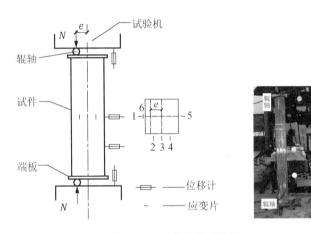

图 7.40　加载装置示意图

为了使试验各部位接触良好，进入正常工作状态，正式试验前先对试件进行预压。试验采用荷载和位移混合控制的加载制度以获取试件受力过程中的荷载-位移全过程曲线。在荷载达到峰值以前，以荷载控制，分级加载，每级加载值取预估极限荷载的 1/20，每级荷载持载 3～5min；试件接近预估极限破坏时则转变为位移控制，控制的位移级差为 1mm，轴压试件以轴向位移，偏压试验以试件中部侧向挠度为位移控制指标；当试件承载能力开始下降时，进行慢速连续加载，直至试件的承载力急剧下降，弯曲变形迅速增长或在承载力下降至极限承载力70%时，结束试验。

7.5.2　试验现象与数据

1. 试验现象及破坏形态

从试验现象可以看出，试件的破坏部位主要集中在试件端头至接近跨中的区域，且均是位于后来焊接端板的一端发生明显鼓曲现象，这可能是在浇灌混凝土的过程中，使用振动棒在钢管外进行振捣而导致一些离析的现象，使钢管混凝土表层聚集着水泥浆，其强度低于钢管底部混凝土的强度，随着上部压力的逐渐增大，水泥浆被压碎而往外扩散，作用到钢管上使其发生鼓曲。对于偏压试件的端部和跨中，受压一侧的钢管严重被压曲，局部有撕裂现象，这是因为在受力过程中受压面钢管的压应力最大，同时与其相邻面的钢管也产生了严重的鼓曲，但鼓曲程度没有受压面的鼓曲程度严重，而受拉面钢管没有明显的鼓曲现象产生，试件整体丧失稳定而破坏。试件的破坏形态如图 7.41 所示。试件破坏荷载的实测值具体见表 7.21。

（a）轴压试件破坏形态　　　　　　　　　（b）偏压试件破坏形态

图 7.41　试件破坏形态

图 7.42 所示为剥开钢管后内部再生混凝土的破坏形态。由图 7.42 可知，鼓曲的端头 30mm 左右长度范围内再生混凝土被压碎，再生混凝土的外凸与钢管的外凸一致。在柱中及其附近截面出现裂缝，而且在钢管产生局部屈曲的部位，再生混凝土也存在较为明显的压碎现象。

图 7.42　再生混凝土的破坏形态

2. 试验实测荷载-位移曲线

通过试验布置的位移计量测了试验加载过程的变形情况，获取了轴向荷载-位移曲线，如图 7.43 所示。由图 7.43 可以看出，相同取代率的试件轴向荷载-轴向变形曲线形状相似。由图 7.43（a）可知，在弹性阶段试件的轴向刚度基本保持不变，呈线性关系；但达到极限荷载之后试件屈服，轴向刚度迅速下降，当荷载下降到极限荷载的 70% 左右的时候轴向刚度平缓发展，这是受压试件截面由方形转变为圆形所导致的。由图 7.43（b）和（c）可知，偏心受压试件的轴向刚度有跳跃现象，即初始轴向刚度较小，随后轴向刚度会增大。

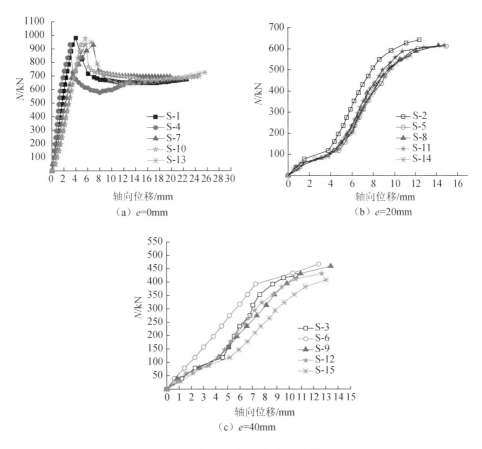

图 7.43　轴向荷载-位移曲线

同时也利用侧面位移计获取偏心受压试件的轴向荷载-跨中挠度曲线，如图 7.44 所示。由图 7.44 可知，随着荷载的增加，侧向挠度不断增大，在达到极限荷载之后荷载处于下降阶段，但侧向挠度增大更为明显。由图 7.44（a）可以看出，除了试件 S-14 以外，其他试件的荷载-跨中侧向位移曲线较为相似，说明长细比在一定范围内，较小的偏心率对方钢管的侧向挠度影响不大，而当长细比较大时，侧向挠度也随之增大而且增加迅速；从图 7.44（b）可看出，在较大偏心率的作用下，长细比对试件侧向挠度的影响显著，特别是长细比较大的试件 S-12 和 S-15，其相应的曲线下降段也较为平缓。

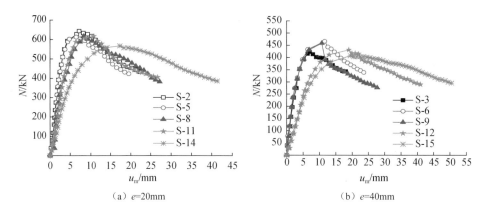

（a）e=20mm　　　　　　　　　　（b）e=40mm

图 7.44　轴向荷载-跨中挠度曲线

应变实测数据通过试验分级采集所得，图 7.45 所示为所有试件试验的荷载-应变曲线。由图 7.45 可知，对于轴心受压试件，随着再生粗骨料取代率的增加，应变值不断增大，而长细比的影响不明显。对于偏心受压试件，相同偏心率的试件应变曲线相似，随着荷载的增加，中和轴位置不断往荷载作用的一侧移动。偏心距为 20mm 的试件在（0.51～0.58）N_u 范围内，方钢管受压面开始屈服；偏心距为 40mm 的试件在（0.4～0.55）N_u 范围内，方钢管受压面开始屈服。

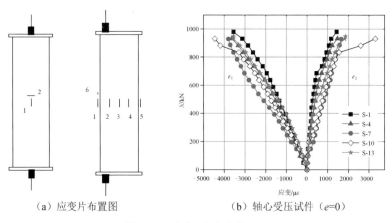

（a）应变片布置图　　　　　　　（b）轴心受压试件（e=0）

图 7.45　荷载-应变曲线

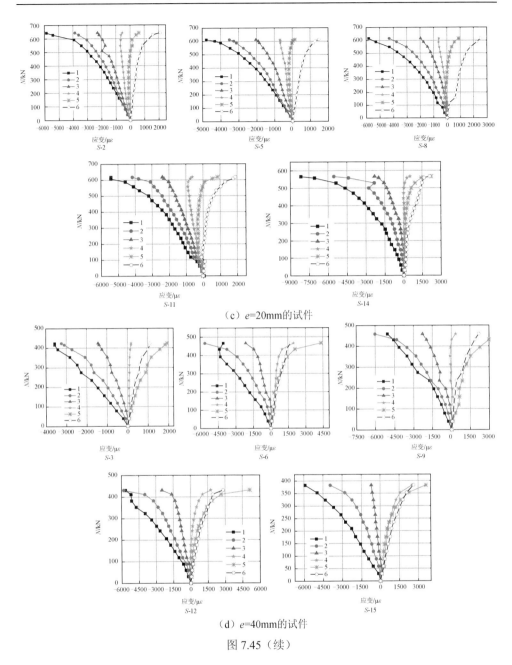

（c）e=20mm的试件

（d）e=40mm的试件

图 7.45（续）

7.5.3 试验结果分析

1. 截面应变分布

图 7.46 为部分试件 S-11 和 S-12 在各级荷载作用下的跨中截面纵向应变-截面高度的关系曲线。

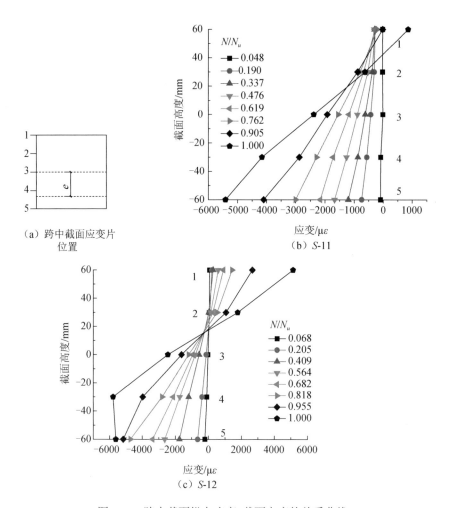

（a）跨中截面应变片位置

（b）S-11

（c）S-12

图 7.46　跨中截面纵向应变-截面高度的关系曲线

由图 7.46 可以看出，在加载过程中跨中截面应变片沿高度的变化基本符合平截面假定，而且在加载初期较低的荷载下，加载初期平均应变的平截面吻合程度要好于加载后期，说明加载初期的钢管与再生混凝土能较好地协同工作。即使在后期较高荷载下，特别是接近极限荷载时，由于受压区钢管和再生混凝土两者之间产生了相互作用，方钢管鼓曲明显，但是在距受压边 1/4～3/4 截面高度范围内，仍然近似符合平截面假定。在临近极限荷载时，中和轴位置随荷载的增大而不断往荷载作用的那一边移动。

2. 长细比的影响

图 7.47 所示为不同长细比试件的荷载-跨中挠度关系曲线。由图 7.47 可知，在

偏心率和取代率相同的情况下，随着长细比的增大，极限承载力逐渐降低，即峰值点降低，但与峰值点对应的峰值挠度却增加。长细比小的试件的上升段斜率较长细比大的试件大，长细比小的试件在达到峰值点后的下降段较为陡峭，但随着长细比的增加，下降段逐渐趋于平缓。总的看来，随着长细比的增大，试件的延性更好。

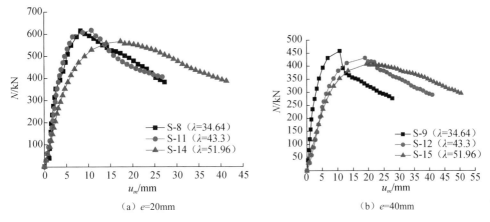

（a）e=20mm　　　　　　　　　　　（b）e=40mm

图 7.47　荷载-跨中挠度关系曲线

3. 偏心率的影响

图 7.48（a）给出长细比为 34.64 的不同再生粗骨料取代率的试件在不同偏心率下的极限承载力对比情况。为了便于分析，取同一偏心率下，不同取代率试件的平均值进行对比。图 7.48（a）中，当偏心率由 0 增大到 0.333 时，极限承载力下降幅度为 34.1%；当偏心率由 0.333 增大到 0.667 时，极限承载力下降幅度为 27.9%。由此可见，在长细比相同的情况下，随着偏心率的增大，极限承载力减小，并且呈现非线性性质。

图 7.48（b）给出了再生粗骨料取代率为 100% 的不同长细比的试件在不同偏心率下的极限承载力对比情况。图 7.48（b）中，$\lambda=34.64$，偏心率由 0 增大到 0.333 时，极限承载力下降幅度约为 33.7%；当偏心率由 0.333 增大到 0.667 时，极限承载力下降幅度约为 25.5%。$\lambda=43.3$，偏心率由 0 增大到 0.333 时，极限承载力下降幅度为 36.7%；当偏心率由 0.333 增大到 0.667 时，极限承载力下降幅度约为 30.2%。$\lambda=51.96$，偏心距由 0 增大到 0.333，极限承载力下降幅度为 40.3%；当偏心率由 0.333 增大到 0.667 时，极限承载力下降幅度为 28%。由此可知，在取代率和长细比相同的情况下，随着偏心率的增大，极限承载力减小，并且呈现非线性性质，而且随着长细比的逐渐增加，承载力对偏心率更加敏感，下降幅度逐渐增大。该特点与钢管普通混凝土柱的力学性能类似。

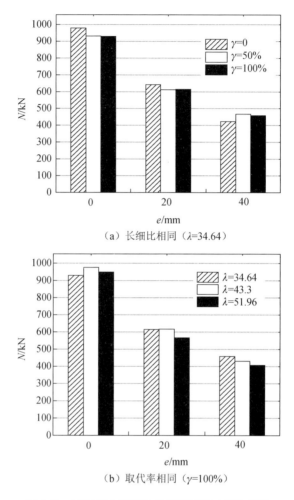

图 7.48　不同偏心率试件的极限承载力对比情况

4. 再生粗骨料取代率的影响

图 7.49 为相同长细比 λ=34.64、相同偏心率 e/r =0.333［图 7.49（a）］及 e/r =0.667［图 7.49（b）］的情况下，试件的荷载-跨中挠度关系曲线。由图 7.49 可知，在偏心率和长细比相同的情况下，试件的荷载-挠度曲线均经历了直线上升、曲线上升和下降阶段，即都经历了弹性、弹塑性和破坏阶段。可以看出，随着取代率的增大，极限承载力的变化不大，下降段略为平缓。这说明再生混凝土粗骨料的取代率对强度影响不大。

图 7.50 为长细比和偏心率相同，但取代率不同的试件的荷载-应变关系曲线。由图 7.50 可知，随着骨料取代率的增加，试件的极限承载力接近，受压侧纵向峰值应变随着也相应增大，再次说明钢管再生混凝土构件有较好的变形性能。

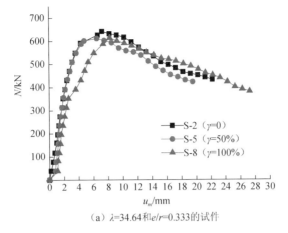

（a）λ=34.64和e/r=0.333的试件

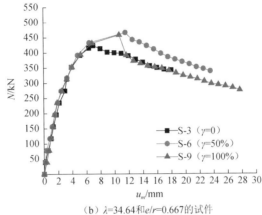

（b）λ=34.64和e/r=0.667的试件

图 7.49　荷载-跨中挠度关系曲线

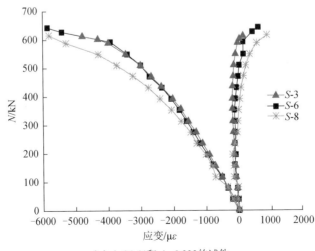

（a）λ=34.64和e/r=0.333的试件

图 7.50　长细比和偏心率相同，但取代率不同的试件的荷载-应变关系曲线

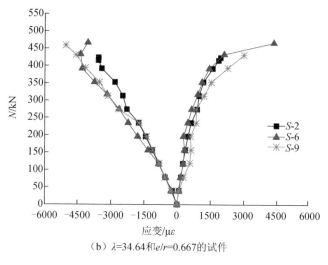

（b）λ=34.64和e/r=0.667的试件

图 7.50（续）

7.5.4 方钢管再生混凝土偏心受压极限承载力计算

与前述圆钢管再生混凝土偏心受压柱类似，采用已有的相关普通方钢管混凝土偏压柱的规范或规程方法，经过试算探讨其是否适用于方钢管再生混凝土偏压柱中。本节分别采用 DBJ13-51（2003）、AIJ（1997）、GJB 4142（2000）、AISC-LRFD（1999）、CECS 159（2004）、BC（2005）进行计算，结果见表 7.22。表 7.22 中 N_u 为试验实测极限强度值，N_c 为计算各试件的极限强度值。各规程计算结果的统计特征值见表 7.23。

表 7.22　计算值与试验值的比较

试件编号	N_u/kN	DBJ 13-51 (2003)		AIJ（1997）		GJB 4142 (2000)		AISC-LRFD (1999)		CECS 159 (2004)		BC（2005）	
		N_c/kN	N_u/N_c	N_c/kN	N_u/N_c	N_c/kN	N_u/N_c	N_c/kN	N_u/N_c	N_c/kN	N_u/N_c	N_c/kN	N_u/N_c
S-1	980.0	979.8	1.00	824.9	1.19	996.5	0.98	814.6	1.20	828.6	1.18	603.2	1.62
S-2	642.9	630.6	1.02	466.4	1.38	679.6	0.95	366.8	1.75	588.9	1.09	368.7	1.74
S-3	423.9	466.4	0.91	360.4	1.17	529.2	0.80	249.4	1.70	456.8	0.93	271.5	1.56
S-4	931.0	934.2	1.00	791.3	1.18	949.9	0.98	783.8	1.19	797.9	1.17	585.3	1.59
S-5	612.5	601.2	1.02	429.9	1.42	639.2	0.96	359.3	1.70	567.0	1.08	360.3	1.70
S-6	466.5	444.7	1.05	322.5	1.45	500.4	0.93	245.9	1.90	439.8	1.06	266.1	1.75
S-7	929.0	964.6	0.96	813.8	1.14	980.9	0.95	804.4	1.15	818.4	1.14	597.2	1.56
S-8	615.5	620.8	0.99	454.2	1.35	665.9	0.92	364.3	1.69	581.6	1.06	365.9	1.68
S-9	458.6	459.1	1.00	347.6	1.32	519.5	0.88	248.3	1.85	451.1	1.02	269.7	1.70
S-10	976.0	925.7	1.05	788.1	1.24	941.5	1.04	779.6	1.25	766.9	1.27	597.2	1.63
S-11	617.4	587.2	1.05	581.4	1.06	595.7	1.04	358.2	1.72	536.8	1.15	349.7	1.77

续表

试件编号	N_u/kN	DBJ 13-51（2003）		AIJ（1997）		GJB 4142（2000）		AISC-LRFD（1999）		CECS 159（2004）		BC（2005）	
		N_c/kN	N_u/N_c	N_c/kN	N_u/N_c	N_c/kN	N_u/N_c	N_c/kN	N_u/N_c	N_c/kN	N_u/N_c	N_c/kN	N_u/N_c
S-12	431.2	432.2	1.00	318.7	1.35	475.3	0.91	245.5	1.76	412.9	1.04	254.9	1.69
S-13	948.6	884.7	1.07	751.9	1.26	899.8	1.05	750.3	1.26	706.0	1.34	597.2	1.59
S-14	566.4	554.4	1.02	588.4	0.96	526.9	1.07	350.8	1.61	486.1	1.17	333.7	1.70
S-15	407.7	406.5	1.00	294.2	1.39	429.9	0.95	241.9	1.69	370.7	1.10	240.9	1.69

表 7.23　计算结果的统计特征值

统计特征值	N_u/N_c					
	DBJ 13-51（2003）	AIJ（1997）	GJB 4142（2000）	AISC-LRFD（1999）	CECS 159（2004）	BC（2005）
平均值（μ）	1.01	1.26	0.96	1.56	1.12	1.67
方差（D）	0.0016	0.0196	0.0051	0.0704	0.0105	0.0047
变异系数（C_v）	0.0016	0.0156	0.0053	0.0451	0.0093	0.0028

由表 7.23 可以看出，DBJ 13-51（2003）和 GJB 4142（2000）给出的极限承载力计算结果相对于其他规范或规程更接近于试验实测结果，其中 DBJ 13-51（2003）（μ=1.01，D=0.0016，C_v=0.0016）的计算结果与试验结果最为接近，且离散性不大，较适合方钢管再生混凝土偏心受压柱的极限承载力计算。

7.6　圆钢管再生混凝土柱的抗震性能

研究圆钢管再生混凝土柱的抗震性能，对于再生混凝土结构在抗震设防区的推广应用有重要意义，本节通过 10 个试件的低周反复荷载试验，以获取其抗震性能指标。

7.6.1　试验概况

1. 试件设计与制作

试验材料为直焊缝圆钢管、42.5R 普通硅酸盐水泥、天然河砂、城市自来水、天然和再生两种粗骨料。选用钢材牌号为 Q235。第一种圆钢管实测内径为 157.0mm，实测管壁厚度为 4.6mm；第二种圆钢管实测内径为 159.1mm，实测管壁厚度为 2.7mm。再生粗骨料和天然粗骨料采用同一筛网筛分，最大粒径为 20mm，均为连续级配的碎石。再生粗骨料的取代率以 0 为基准，分别取为 0、30%、70% 和 100%，混凝土试配强度为 C40。对于不同取代率的再生混凝土，保持水泥、砂子成分不变，在粗骨料总质量相等的前提下，改变天然粗骨料与再生粗骨料的质量组成比例。再生混凝土的配合比见表 7.24。

表 7.24　再生混凝土的配合比（每立方米用量）

取代率/%	水胶比	砂率/%	水/kg	水泥/kg	砂/kg	天然粗骨料/kg	再生粗骨料/kg
0	0.47	33.6	204.8	435.7	564.3	1115.2	0.0
30	0.47	33.6	204.8	435.7	564.3	780.6	334.6
70	0.47	33.6	204.8	435.7	564.3	334.6	780.6
100	0.47	33.6	204.8	435.7	564.3	0.0	1115.2

　　设计并制作了 10 个试件。立面图如图 7.51 所示。考虑了再生粗骨料取代率（γ）、长细比（λ）、轴压比（n）和含钢率（α）4 个变化参数。试件具体设计参数见表 7.25。表中轴压比 $n=N/f_{ck}A_c$，其中，N 为试验过程之中所施加的轴向力，f_{ck} 为实测的 RAC 轴心抗压强度；含钢率 $\alpha=A_s/A_c$，其中 A_s 为外部钢管的截面面积，A_c 为核心 RAC 的截面面积；套箍系数 $\theta=A_s f_{yk}/A_c f_{ck}$，$f_{yk}$ 为实测的钢管屈服强度。试件长细比 $\lambda=4L_0/D$，其中 L_0 为计算高度，D 为钢管外径。

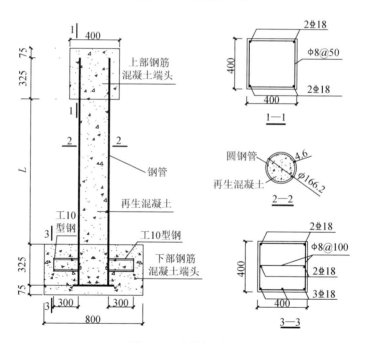

图 7.51　试件立面图

表 7.25　试件设计参数

试件编号	C-1	C-2	C-3	C-4	C-5	C-6	C-7	C-8	C-9	C-10
γ/%	0	30	70	100	100	100	100	100	100	100
λ	20.46	20.46	20.46	20.46	18.05	15.64	20.67	20.67	20.67	20.67
n	0.8	0.8	0.8	0.8	0.8	0.8	0.8	0.7	0.6	0.5

试件编号	C-1	C-2	C-3	C-4	C-5	C-6	C-7	C-8	C-9	C-10
α	0.12	0.12	0.12	0.12	0.12	0.12	0.07	0.07	0.07	0.07
ξ	1.35	1.36	1.31	1.36	1.36	1.36	0.70	0.70	0.70	0.70

注：γ 为取代率；λ 为长细比；n 为轴压比；α 为含钢率；ξ 为套箍系数。

2. 材料力学性能

在试件制作过程中，根据现行国家标准《金属材料室温拉伸试验方法》（GB/T 228—2002），针对两种壁厚，分别预留 3 个样品进行拉伸试验；根据现行国家标准《普通混凝土力学性能试验方法标准》（GB/T 50081—2002），针对不同的取代率，预留了标准立方体和棱柱体试块，与试件同条件自然养护，并进行抗压强度试验。材料的实测性能指标见表 7.26～表 7.28。

表 7.26　钢管实测力学性能

钢管壁厚/mm	f_y/MPa	f_u/MPa	E_s/（×10⁵MPa）	v_s	$\varepsilon_y/\varepsilon_\mu$
4.6	416.0	489.4	2.08	0.296	2000
2.7	366.8	431.6	1.98	0.257	1853

表 7.27　再生混凝土实测强度

γ/%	f_{cu}/MPa	f_c/MPa	f_c/f_{cu}
0	46.8	37.1	0.79
30	50.8	36.9	0.73
70	53.8	38.2	0.71
100	50.1	36.8	0.73

表 7.28　再生混凝土实测变形性能

γ/%	泊松比 v_c				E_c/（×10⁴ MPa）
	$0.2f_c$	$0.4f_c$	$0.6f_c$	$0.8f_c$	
0	0.16	0.19	0.20	0.21	3.72
30	0.17	0.19	0.19	0.22	3.84
70	0.18	0.18	0.21	0.21	3.89
100	0.18	0.19	0.20	0.21	3.67

在表 7.26～表 7.28 中，f_y 和 f_u 分别表示钢管的屈服强度和极限抗拉强度；E_s 和 E_c 分别表示钢管和再生混凝土的弹性模量；ε_y 表示钢管屈服应变；f_{cu} 和 f_c 分别表示立方体的抗压强度和轴心的抗压强度；v_s 和 v_c 表示钢管和再生混凝土的泊松比。

由表 7.27 可知，不同取代率下，再生混凝土的 f_{cu} 与 f_c 均相差不大，4 种取代率下的 f_{cu} 变化幅度分别为 8.55%、5.91% 和 -6.88%；f_c 变化幅度分别为 -0.54%、3.52% 和 -3.66%，处于工程误差允许范围之内，表明再生混凝土的强度指标受取代率的影响并不显著。

由表 7.28 可知，随着应力水平的增加，再生混凝土的泊松比逐渐增大，但是不同取代率下再生混凝土的泊松比始终变化不大，表明随着取代率的增加，再生混凝土的横向变形性能并没有发生较大的改变，且不同取代率下再生混凝土的弹性模量变化幅度分别为 3.23%、1.30% 和 -5.66%，处于工程误差允许范围之内，表明随着取代率的增加，RAC 系列试件的纵向变形性能变化较小。

由表 7.27 和表 7.28 的分析可知，在材料层面上，再生混凝土的力学性能受取代率的影响并不大，甚至在取代率达到 100% 的情况下，再生混凝土的强度及变形性能并没有被弱化。

3. 加载装置

试件采用悬臂柱式加载装置进行加载，如图 7.52 所示。

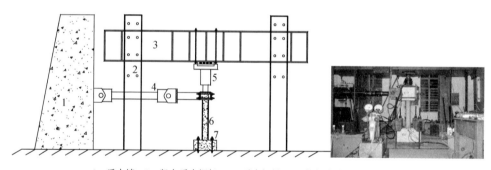

1—反力墙；2—竖向反力钢架；3—反力钢梁；4—推拉电液伺服作动器；
5—1500kN 油压千斤顶；6—试件；7—钢结构压梁

图 7.52　加载装置

4. 加载制度

试件通过 1500kN 油压千斤顶在柱顶施加竖向恒定荷载。水平加载采用力和位移混合控制的方式，试件屈服前，采用荷载控制分级加载，加载级数为 5kN，直至试件达到屈服荷载 P_y，对应于每个荷载步循环一次；试件屈服后，采用位移控制，取屈服位移 Δ_y 的倍数为级差进行控制加载，对应于每级位移循环三次，直至荷载下降到峰值荷载的 85% 时停止试验。试验中保持加载和卸载速度一致，以保证试验数据的稳定。水平荷载加载制度如图 7.53 所示。

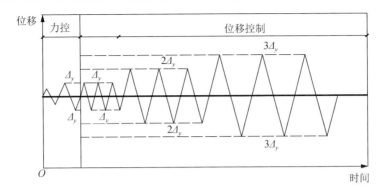

图 7.53　水平荷载加载制度

5. 测量装置

试验测量装置主要为位移测量装置和应变采集系统。柱顶水平位移由推拉电液伺服作动器自身所配置的位移传感器测得，钢管的应变由应变片测得，钢管应变片布置如图 7.54 所示（图中数字表示应变片粘贴位置及编号）。

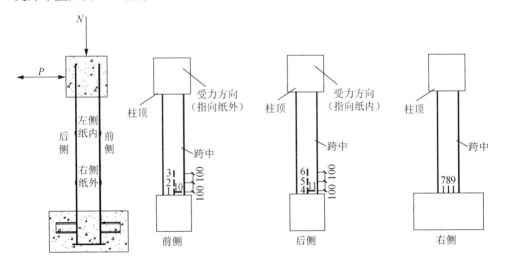

图 7.54　钢管应变片布置

7.6.2　宏观破坏特征

试件的宏观破坏特征如下。

1）如图 7.55 所示，试件破坏过程及破坏形态均与普通钢管混凝土柱试件相似，主要表现为钢管底部的鼓曲破坏，试件前后两侧形成了一道较为明显的鼓曲波。

2）试件发生鼓曲破坏时，外部钢管应变早已达到屈服应变，所以钢管鼓曲属于弹塑性屈曲。

3）试验结束后，人工切割试件的外部钢管，观察核心再生混凝土的破坏形态。由图 7.55 可知，沿柱高范围内，均没有发现横向裂缝，再生混凝土的破坏形态主要表现为底部再生混凝土的被压碎,破坏范围主要集中在距离试件最底部 4cm 内。

图 7.55　试件破坏形态

4）所有试件外部钢管的成型方式均采用直焊缝焊接，在整个加载过程，焊缝均没有开裂，焊接水平达到了技术要求。

5）取代率单参数变化试件的塑性铰平均高度为 2.7～3.0cm，塑性铰沿钢管表面的平均长度为 15.8～19.0cm，喷漆脱落范围中心的平均高度为 4.8～5.6cm，加载结束时对应的最大位移转角为 1/12～1/14rad；长细比单参数变化试件的塑性铰平均高度为 2.9～3.0cm，塑性铰沿钢管表面的平均长度为 14.1～16.8cm，喷漆脱落范围中心的平均高度为 4.8～5.6cm，加载结束时对应的最大位移转角范围为 1/21～1/14；轴压比单参数变化试件的塑性铰平均高度为 1.6～5.0cm，塑性铰贯穿整个钢管表面，喷漆脱落范围中心的平均高度为 3.5～5.5cm，加载结束时对应的最大位移转角为 1/13。总体而言，喷漆脱落范围中心平均高度约为塑性铰平均高度的 2 倍。

6）试件破坏前，外部钢管与核心再生混凝土黏结性能良好；试件破坏后，通过金属锤子敲击试件外部钢管表面，发现试件黏结性能依然良好，没有发生脱黏现象，表明圆钢管对核心再生混凝土的约束效果良好，在反复推拉的过程中，试件能够较好地作为一个整体抵抗外界作用。

7.6.3　试验结果及分析

1. 柱顶荷载-位移滞回曲线

试验实测柱顶荷载-位移滞回曲线如图 7.56 所示，其中，P 为水平荷载，Δ 为柱端水平位移；符号□为试件屈服点，符号○为试件峰值点，符号 △ 为试件破坏点。由图 7.56 可知，圆钢管再生混凝土柱滞回曲线具有以下特征。

1）在荷载控制阶段，试件滞回曲线呈线性变化，且重合成一条直线，初始弹性刚度无明显变化，荷载控制加载阶段结束时，没有发现明显的残余变形，试件基本上处于弹性工作状态。

2）在位移控制阶段，荷载有部分提高，达到峰值荷载之后，承载力开始下降，水平荷载卸载为零时，位移不再为零，此时试件开始存在残余变形，说明与荷载相比，反复加载过程中，位移存在一定的滞后性能，且随着循环位移的增加，残余变形越来越大，位移的滞后性能愈加明显，而且每级位移三次循环的滞回曲线逐渐倾斜，越来越向位移轴靠拢，即在加载过程中，强度和刚度的逐级退化，构件的损伤逐级增加，但是滞回环越来越饱满，其耗能能力逐渐增加。

3）试件的滞回曲线比较饱满，滞回曲线的形状从梭形发展到弓形，除轴压比单参数变化外，其余试件的滞回曲线捏缩现象不显著，表现出良好的稳定性。

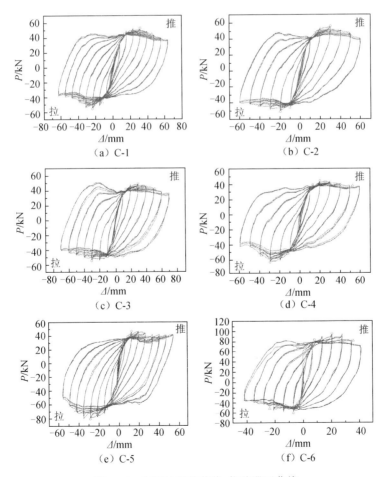

图 7.56　实测柱顶的荷载-位移滞回曲线

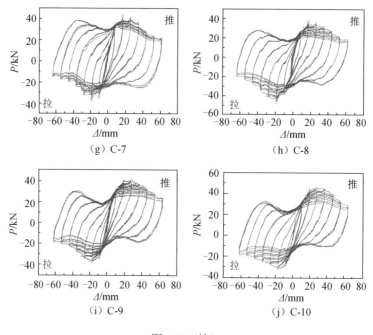

图 7.56（续）

4）对于取代率单参数变化试件，其滞回曲线与普通钢管混凝土基本相似，表明在现有取代率参数变化范围内，试件的滞回曲线受其影响不大。

5）对于长细比单参数变化试件，随长细比的增加，试件的屈服荷载、峰值荷载及破坏荷载逐渐地加大，且对应于各特征点（屈服点、峰值点和破坏点）处的滞回环越来越饱满，耗能能力逐渐提高。

6）对于轴压比单参数变化试件，后期滞回曲线捏缩现象比较显著，特别是轴压比较小时，该现象更为显著。这主要是由于试件含钢率较小，其对核心混凝土的约束作用较弱，尤其是后期加载阶段，钢管底部局部屈曲现象较为严重，其约束作用更是弱上加弱。当轴压比较小时，核心再生混凝土的横向变形有可能小于外部钢管，致使钢管与再生混凝土没有达到最紧密的接触状态，相应地钢管对核心再生混凝土的环向约束也没有达到最佳的状态。

7）对于轴压比单参数变化试件，随着轴压比的增加，试件的各特征点处承载力变化不大，有的甚至变小，这主要和试验设计的较小轴压比有关。

8）对于两种不同含钢率的试件 C-4 和 C-7，最明显的区别在于由于壁厚较小，试件 C-7 滞回曲线的后期出现了捏缩现象，表明与试件 C-4 相比，试件 C-7 后期的耗能能力较弱。

2. 骨架曲线

图 7.57 为试件的 P-Δ 骨架曲线。在试件制作过程中，部分试件在钢管垂直度方面存在一定偏差，致使滞回曲线及骨架曲线并不对称，为了便于说明问题，对部分有偏差的试件取骨架曲线在正、负两个方向绝对值的平均值。由图 7.57 可知，方钢管再生混凝土柱骨架曲线具有以下特征。

1）所有试件的骨架曲线较为完整，有上升段、峰值段及下降段。除试件 C-6 因为长细比较大外，试件骨架曲线下降段较平滑，后期变形能力强，位移延性较好，其形状类似于没有发生局部失稳的钢结构，这主要是钢管对核心再生混凝土的约束作用，使其处于三向受压状态，再生混凝土的抗压强度和变形能力得到提高；同时，由于核心再生混凝土的支撑作用，延缓或阻止了钢管的内凹屈曲，外部钢管的稳定性得到加强。外部钢管与核心再生混凝土之间协同互补，共同工作、互称整体的优势，保证了两种材料性能的充分发挥。

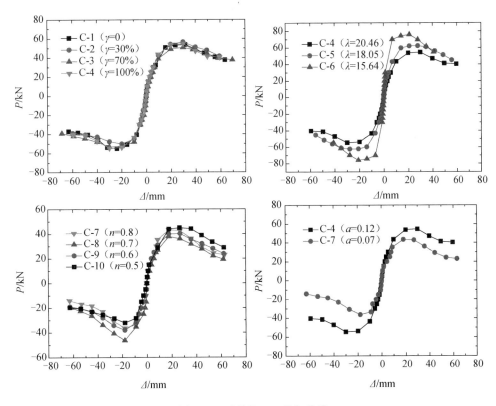

图 7.57 试件的 P-Δ 骨架曲线

2）对于取代率单参数变化试件，骨架曲线形状相似，弹性阶段几乎重合，表明设计取代率的变化对初始弹性刚度的影响不大；当曲线达到峰值荷载时，曲线有小幅度的分离，但达到下降段时，除取代率为100%的试件C-4外有细微差别外，曲线又较好地重合在一起，总体上来讲，在钢管内部填充废弃混凝土并不会劣化试件的负刚度段行为。试件C-4之所以会出现细微的差别，其原因可能试件内部的核心再生混凝土，其粗骨料全部由再生粗骨料组成，而在破碎、生产的过程之中，再生粗骨料内部可能会出现微裂缝等初始缺陷，积累了一定的原始损伤，在加载前期由于钢管对核心再生混凝土的良好约束作用，这种损伤表现并不明显，但随着钢管鼓曲程度的增加，损伤逐渐突显出来，影响到后期下降段的刚度。

3）对于长细比单参数变化试件，骨架曲线差异比较明显，在弹性阶段，随着长细比的减小，曲线变陡，弹性阶段和强化阶段刚度加大，试件的峰值承载力相应地增加，但试件C-6的曲线下降段急促，后期变形能力较弱。

4）对于轴压比单参数变化试件，轴压比的增加而带来的变化在骨架曲线的下降段表现得较为突出，试件C-7轴压比最大，但下降段比较陡峭，破坏位移较小，变形能力不大。

5）对于试件C-4和C-7，随着含钢率的增加，弹性阶段的刚度有所增加，峰值承载力增加尤为突出，但试件C-4的骨架曲线下降段试件C-7近似平行，这主要是因为，含钢率在一定范围内变化时，由于在加载后期，钢管鼓曲严重，两种壁厚的钢管对核心再生混凝土的横向约束力均较小，因为壁厚较大而带来的优势被弱化，加之本节试验选取的轴压比只有再生混凝土有关，施加给试件C-4和C-7的竖向力相等，但加载后期，钢管因为屈曲而失去了大部分竖向荷载承载能力，试件的竖向力大部分由核心RAC承担，此时试件C-4与C-7核心再生混凝土所承担的轴向压力近似相等，因此试件C-7和C-4下降段刚度变化不大。

3. 位移延性系数

在结构工程抗震研究中，延性是一个重要的性能指标，它反映了构件受力后期塑性变形能力的大小。

本节采用能量等值法计算构件的位移延性系数 μ，$\mu = \Delta_u / \Delta_y$，其中 Δ_y 为屈服位移，由能量等值法求得，Δ_u 为极限位移，取为峰值荷载 P_m 下降到85%时对应的位移值。通过能量等值法确定初始屈服点的示意图如图7.58所示：面积 OAB=面积 BYM，Δ_y 即为所求的初始屈服位移。计算求得的试件各特征点荷载-位移实测值见表7.29，其中，P_y 和 P_u 分别为 Δ_y 和 Δ_u 对应的荷载值，Δ_m 为 P_m 对应的位移值。

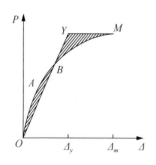

图7.58 能量等值法示意图

表 7.29　试件各特征点荷载-位移实测值

试件编号	加载方向	屈服点		峰值点		破坏点		$\mu=\Delta_u/\Delta_y$	$\mu_{平均}$
		P_y	Δ_y	P_m	Δ_m	P_u	Δ_u		
C-1	正向	46.19	13.81	53.71	31.75	45.65	45.26	3.28	3.18
	反向	46.57	12.42	54.93	23.87	46.69	38.31	3.08	
	平均	46.38	13.12	54.32	27.81	46.17	41.79		
C-2	正向	47.80	14.27	56.43	29.97	47.97	47.96	3.36	3.58
	反向	45.40	10.73	50.16	19.92	42.64	40.78	3.80	
	平均	46.60	12.50	53.30	24.95	45.31	44.37		
C-3	正向	43.30	14.18	50.8	29.97	43.18	51.30	3.62	4.24
	反向	47.66	9.89	53.25	29.96	45.26	48.10	4.86	
	平均	45.48	12.04	52.03	29.97	44.22	49.70		
C-4	正向	39.96	13.04	45.66	20.01	38.81	52.54	3.98	3.58
	反向	52.53	12.35	64.24	30.01	54.60	38.61	3.12	
	平均	46.25	12.70	54.95	25.01	46.71	45.58		
C-5	正向	39.97	10.19	47.75	13.98	40.59	52.70	5.18	4.43
	反向	64.94	11.63	79.29	27.97	67.40	42.83	3.70	
	平均	52.46	10.91	63.52	20.98	54.00	47.77		
C-6	正向	85.30	8.47	99.08	24.48	84.22	35.35	4.17	5.75
	反向	49.56	3.40	58.84	7.01	50.01	24.92	7.33	
	平均	67.43	5.94	78.96	15.75	67.12	30.14		
C-7	正向	35.91	9.68	43.31	18.02	36.81	34.91	3.54	3.32
	反向	32.57	8.85	36.35	18.01	30.90	26.77	2.86	
	平均	34.24	9.27	39.83	18.02	33.86	30.84		
C-8	正向	31.80	13.12	37.72	17.99	32.06	35.37	2.70	3.19
	反向	33.32	7.81	46.33	18.04	39.38	28.7	3.67	
	平均	32.56	10.47	42.03	18.02	35.72	32.04		
C-9	正向	33.17	11.31	40.21	27.02	34.18	39.74	3.51	3.17
	反向	33.10	10.57	37.95	17.93	32.26	29.95	2.83	
	平均	33.14	10.94	39.08	22.48	33.22	34.85		
C-10	正向	37.12	14.01	45.01	26.72	38.26	45.33	3.24	3.04
	反向	29.06	10.8	32.07	17.91	27.26	30.82	2.85	
	平均	33.09	12.41	38.54	22.32	32.76	38.08		
平均		57.60	16.40	67.00	30.02	56.95	49.58		

由表 7.29 可以看出，试件的延性系数大于 3，表现了良好的抗震变形性能。

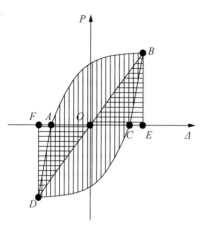

图 7.59　h_e 计算示意图

对于取代率单参数变化试件，屈服荷载、峰值荷载和破坏和荷载以及相应的位移比较接近，取代率对特征值没有较大的影响。

4. 耗能性能

采用等效黏滞阻尼系数 h_e 来评价试件的能量耗散能力，h_e 计算示意图如图 7.59 所示。

$$h_e = \frac{S_{(ABC+CDA)}}{2\pi S_{(OBE+ODF)}}$$

式中，$S_{(ABC+CDA)}$表示滞回环面积，$S_{(OBE+ODF)}$表示滞回环峰值点对应的三角形面积（图 7.59 中横线所示）。计算试件各特征点的等效黏滞阻尼系数 h_e，见表 7.30。

表 7.30　试件各特征点的等效黏滞阻尼系数 h_e

试件编号	C-1	C-2	C-3	C-4	C-5	C-6	C-7	C-8	C-9	C-10
Δ_y	0.152	0.190	0.175	0.179	0.161	0.157	0.187	0.163	0.163	0.160
Δ_m	0.248	0.257	0.299	0.234	0.213	0.212	0.234	0.239	0.233	0.210
Δ_u	0.402	0.406	0.460	0.433	0.433	0.378	0.356	0.338	0.335	0.305

由表 7.30 可以看出，所有试件屈服时 h_e 介于 0.152～0.190，峰值时 h_e 介于 0.210～0.299，破坏时 h_e 介于 0.305～0.460，而普通钢筋混凝土柱破坏时的等效黏滞阻尼系数一般为 0.1～0.2，只是相当于钢管再生混凝土柱试件屈服时的 h_e，峰值时 h_e 的 1/2 和破坏时 h_e 的 1/3。

5. 刚度退化

本节采用割线刚度来表示反复荷载作用试件的刚度退化。割线刚度表达式为

$$K_i = \frac{|+F_i| + |-F_i|}{|+X_i| + |-X_i|}$$

式中，试件第 i 次的割线刚度等于第 i 次循环的正负最大荷载（$+F_i$ 和 $-F_i$）的绝对值之和与相应变形（$+X_i$ 和 $-X_i$）绝对值之和的比值。

为了解单参数变化试件的刚度退化规律，对刚度-位移按照设计参数进行归一化分析，如图 7.60 所示，其中 K_e 为试件弹性阶段初始刚度，K_{j1} 每级循环位移下，第一次循环的割线刚度。

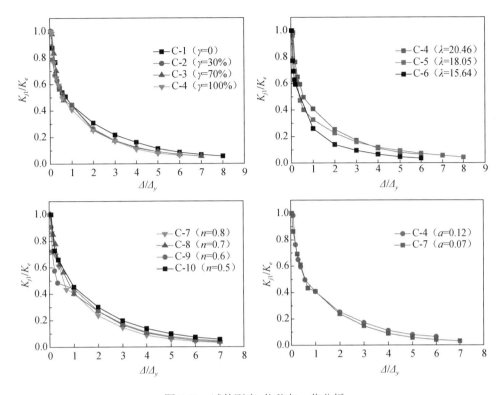

图 7.60　试件刚度-位移归一化分析

从图 7.60 可以看出以下几点。

1）对于取代率单参数变化试件，刚度退化曲线基本重合，试件 C-1 刚度退化速率略小，这主要是因为再生粗骨料表面附着一部分水泥砂浆，降低了再生混凝土弹性模量，在低周反复荷载作用下，加速了再生混凝土开裂或被压碎的趋势。但总体上来说，试件 C-1 刚度退化速率不是特别明显，即不同再生粗骨料取代率下，钢管再生混凝土试件的刚度退化规律基本一致。

2）对于长细比单参数变化试件，试件屈服前后，随长细比的增加，刚度退化较慢。而随着循环位移的增加，刚度退化速率基本一致。

3）对于轴压比单参数变化试件，随着轴压比的增加，试件的刚度退化速率依次增大。这主要是与试验后期越来越明显的二阶效应有关。

4）对于试件 C-4 和 C-7，刚度退化曲线基本重合，退化速率基本一致。再次证明，在试验含钢率参数变化范围，壁厚优势在下降段刚度方面并不明显。

表 7.31 所示为试验各阶段特征刚度实测值，其中 K_e 为弹性刚度，K_y 为屈服刚度，K_m 为峰值刚度，K_u 为破坏刚度。

表 7.31　试验各阶段特征刚度实测值

试件编号	K_e/（kN/mm）	K_y/（kN/mm）	K_m/（kN/mm）	K_u/（kN/mm）	K_y/K_e	K_m/K_e	K_u/K_e
C-1	10.43	3.54	1.95	1.10	0.34	0.19	0.11
C-2	9.87	3.73	2.14	1.02	0.38	0.22	0.10
C-3	9.90	3.78	1.74	0.89	0.38	0.18	0.09
C-4	10.64	3.64	2.20	1.02	0.34	0.21	0.10
C-5	18.87	4.81	3.03	1.13	0.25	0.16	0.06
C-6	38.46	9.62	5.60	2.23	0.25	0.15	0.06
C-7	9.32	3.70	2.21	1.10	0.40	0.24	0.12
C-8	8.60	3.70	2.21	1.10	0.43	0.26	0.13
C-9	7.93	3.03	1.74	0.95	0.38	0.22	0.12
C-10	6.99	2.67	1.73	0.86	0.38	0.25	0.12

7.7　方钢管再生混凝土柱的抗震性能

正如上节所述，方钢管再生混凝土在抗弯刚度和节点处理上较圆钢管再生混凝土柱具有优势，方钢管再生混凝土柱的抗震性能的好与否，很大程度上影响到其地震区能否推广应用。

7.7.1　试验概况

1. 试件设计

试原料为直焊缝方形钢管、42.5R 普通硅酸盐水泥、天然河砂、城市自来水、天然和再生两种粗骨料（采用同一筛网筛分，最大粒径为 20mm，均为连续级配的碎石）。再生粗骨料的取代率分别取为 0、30%、70%、100%，混凝土试配强度为 C40。再生混凝土配合比详见表 7.24。以再生粗骨料取代率（γ）和轴压比（n）为变化参数设计了 6 个试件，试件设计参数见表 7.32。

表 7.32　试件设计参数

试件编号	S-1	S-2	S-3	S-4	S-5	S-6
γ/%	0	30	70	100	100	100
n	0.8	0.8	0.8	0.8	0.7	0.6
α	0.15	0.15	0.15	0.15	0.15	0.15
ξ	1.61	1.62	1.56	1.62	1.62	1.62
λ	19.51	19.51	19.51	19.51	19.51	19.51

注：轴压比 $n=N/f_{ck}A_c$，其中，N 为试验过程之中所施加的轴向压力，f_{ck} 为实测的再生混凝土轴心抗压强度；含钢率 $\alpha=A_s/A_c$，A_s 为外部钢管的截面积，A_c 为核心再生混凝土的截面积；套箍系数 $\xi = A_s f_{yk}/A_c f_{ck}$，$f_{yk}$ 为实测的钢管屈服强度。

试件长细比 $\lambda = 2\sqrt{3}L_0/B$，L_0 为计算高度，取为 850mm，B 为方钢管外边长，取为 150.9mm，方钢管实测管壁厚度为 5.0mm。试件立面及截面尺寸如图 7.61 所示。

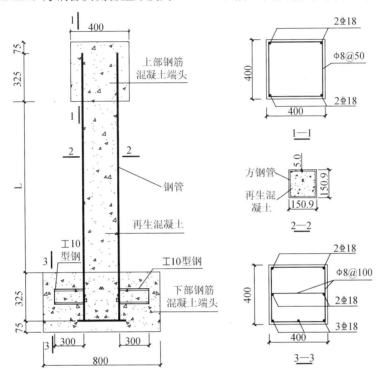

图 7.61　试件立面及截面尺寸

2. 材料性能

根据《普通混凝土用碎石或卵石质量标准及检验方法》（JGJ 53—92）对本试验随机预留的天然碎石粗骨料和再生碎石粗骨料进行物理性能试验，其基本物理性能指标见表 7.33。

表 7.33　粗骨料基本物理性能指标

粗骨料类型	粒径/mm	表观密度/（kg/m³）	堆积密度/（kg/m³）	吸水率/%	含水率/%
天然	5～20	2722	1435	0.05	0.00
再生	5～20	2655	1270	3.16	1.82

根据现行国家标准《金属材料室温拉伸试验方法》（GB/T 228—2002），分别预留 3 个样品进行拉伸试验；针对不同的取代率，预留 3 个立方体标准试块和 3 个棱柱体标准试块，与试件同条件自然养护，参照现行国家标准《普通混凝土力学性能试验方法》（GB/T 50081—2002）进行抗压强度试验。再生混凝土的力学性能指标见表 7.34；方钢管的力学性能指标见表 7.35。

表 7.34　再生混凝土的力学性能指标

$\gamma/\%$	f_{cu}/MPa	f_c/MPa	f_c/f_{cu}	$E_c/（10^4 MPa）$
0	46.8	37.1	0.79	3.72
30	50.8	36.9	0.73	3.84
70	53.8	38.2	0.71	3.89
100	50.1	36.8	0.73	3.67

表 7.35　方钢管的力学性能指标

f_y/MPa	f_u/MPa	$E_s/（10^5 MPa）$	ν	$\varepsilon_y/\mu\varepsilon$
406.5	478.3	2.18	0.272	1865

3. 加载装置

试件采用悬臂柱式加载装置进行加载，如图 7.52 所示。

4. 加载制度

试件通过 1500kN 油压千斤顶在柱顶施加恒定轴向压力。水平加载采用力和位移混合控制的方式，试件屈服前，采用荷载控制分级加载，每级荷载 5kN，直至达到屈服荷载 P_y，对应于每个荷载步循环一次；试件屈服后，采用位移控制，取屈服位移 Δ_y 的倍数为级差进行控制加载，对应于每级位移循环三次，直至荷载下降到峰值荷载的 85%时停止试验。水平荷载加载制度如图 7.53 所示。

5. 测量装置

试验测量装置主要为位移测量装置和应变采集系统。柱顶水平位移由推拉电液伺服作动器自身所配置的位移传感器测得，钢管的应变由应变片测得，钢管应变片布置如图 7.54 所示。

7.7.2　试件破坏特征

通过对 6 根方钢管再生混凝土柱试件的低周反复加载试验，试件破坏形态如图 7.62 所示，观察得到试件整体破坏特征，具体如下所述。

1）如图 7.62 所示，试件破坏过程以及破坏形态与普通钢管混凝土柱试件相似，主要表现为钢管底部的鼓曲破坏，试件前后两侧形成的一道鼓曲波比较明显。

2）试件发生鼓曲破坏时，外部钢管早已达到屈服应变，所以钢管鼓曲属于弹塑性屈曲。

3）试验结束后，人工切割外部钢管，观察核心再生混凝土的破坏形态。由图 7.55 可见，沿柱高范围内，均没有发现横向裂缝，再生混凝土的破坏形态主要表现为底部再生混凝土的被压碎，破坏范围主要集中在距离试件最底部 20cm 内。

4）外部方钢管采用直焊缝焊接，整个加载过程焊缝均没有开裂，焊接水平达到了技术要求。

5）取代率单参数变化试件的塑性铰平均高度为 4.5～5.9cm，喷漆脱落范围中心的平均高度为 8.3～11.7cm，加载结束时对应的最大位移转角为 1/12；轴压比单参数变化试件的塑性铰平均高度为 4.8～5.9cm，喷漆脱落范围中心的平均高度为 8.8～11.7cm，加载结束时对应的最大位移转角为 1/12。所有试件钢管底部的塑性铰贯穿整个钢管横截面。总体来讲，喷漆脱落范围中心平均高度约为平均塑性铰高度的 2 倍。

6）当试件开始卸载及反向加载的时候，鼓曲波逐渐被拉平，同时受压侧钢管鼓曲波越来越明显。加载结束时，钢管角部鼓曲不大，且钢管四面均向外发生鼓曲，钢管底部较为明显的压弯塑性铰已经形成，且布满整个钢管截面，在与推拉方向垂直的截面上，钢管的鼓曲程度明显大于与推拉方向平行的截面。

7）试件破坏前，外部钢管与核心再生混凝土黏结性能良好；试件破坏后，通过金属锤子敲击试件外部钢管表面，发现试件从钢管底部开始出现了较为严重的脱黏现象，脱黏区高度为 13～64cm。

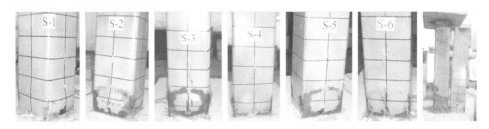

图 7.62　试件破坏形态

7.7.3　试验结果及分析

1. 柱顶荷载-滞回曲线

试验实测的柱顶荷载-位移（P-Δ）滞回曲线如图 7.63 所示，其中 P 表示水平荷载，Δ 表示柱端水平位移；符号 □ 表示试件屈服点，符号 ○ 表示试件峰值点，符号 △ 表示试件破坏点。由图 7.63 可得出如下结论。

1）在荷载控制阶段，试件的滞回曲线呈线性变化，且重合成一条直线，初始弹性刚度无明显变化，力控加载阶段结束时，没有发现明显的残余变形，试件基本上处于弹性工作状态。

2）在位移控制加载阶段，荷载有部分提高，达到峰值荷载之后，承载力开始下降，水平荷载卸载为零时，位移不再为零，此时试件存在残余变形，说明与荷载相比，在低周反复加载的过程之中，位移存在一定的滞后性能，且随着循环位移的增加，残余变形越来越大，位移的滞后性能愈发明显；而且每级位移三次循环所得到的滞回曲线逐渐地发生倾斜，越来越向位移轴靠拢，反映了加载过程中，强度和刚度的逐级退化，构件的损伤逐级增加。但是滞回环越来越饱满，其耗能能力逐渐增加。

3）所有试件的滞回曲线比较饱满，滞回曲线的形状从梭形发展到弓形，试件的滞回曲线捏缩现象不显著，表现出良好的稳定性。

4）对于取代率单参数变化试件，其滞回曲线与普通钢管混凝土试件（S-1）基本相似，表明当取代率分别为30%、70%和100%时，试件的滞回曲线受其影响不大。

5）对于轴压比单参数变化试件，随着轴压比的增加，各级循环位移下的滞回环越来越饱满，其耗能能力越来高，这主要是轴压比较大时，承载力较高，柱顶荷载-滞回曲线较为饱满所致。

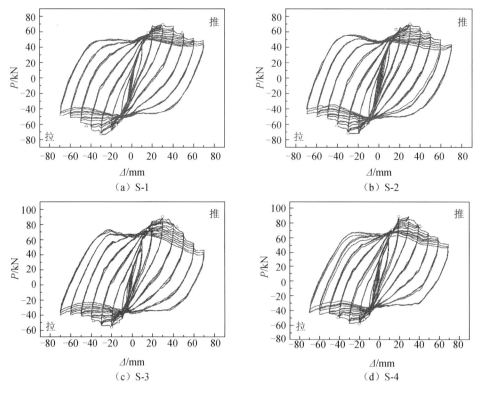

（a）S-1　　　　　　　　　　　　　　（b）S-2

（c）S-3　　　　　　　　　　　　　　（d）S-4

图 7.63　柱顶荷载-位移滞回曲线

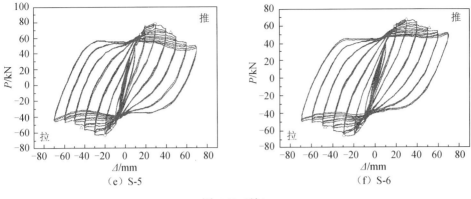

（e）S-5　　　　　　　　　　　　　（f）S-6

图 7.63（续）

2. 骨架曲线

图 7.64 为试件的骨架曲线，部分试件由于在试件制作过程之中，在钢管垂直度方面存在一定偏差，致使滞回曲线及骨架曲线并不对称，为了便于说明问题，对部分有偏差试件取骨架曲线在正、负两个方向绝对值的平均值。由图 7.64 可以看出如下几点。

1）所有试件的骨架曲线较为完整，有上升段、峰值段以及下降段。试件骨架曲线下降段比较平滑，后期变形能力强，位移延性较好，其形状类似于没有发生局部失稳的钢结构，这主要是由于钢管对核心再生混凝土的约束作用，其处于三向受压状态，再生混凝土的抗压强度和变形能力得到提高；同时，核心再生混凝土的支撑作用，延缓或阻止了钢管的内凹屈曲，外部钢管的稳定性得到加强。外部钢管与核心再生混凝土之间协同互补，共同工作、互称整体的优势，保证了两种材料性能的充分发挥。

2）对于取代率单参数变化试件，骨架曲线形状相似，弹性阶段几乎重合，表明取代率在 0～100%范围内变化时，试件初始弹性刚度受其影响不大；当曲线达到峰值荷载时，曲线有小幅度的分离，但达到下降段时，除试件 S-4（γ=100%）有细微差别外，曲线又较好地重合在一起，总体上来讲，在钢管内部填充废弃混凝土并不会劣化试件的负刚度段行为。试件 S-4 之所以会出现细微的差别，其原因如下：对于试件内部的核心再生混凝土，其粗骨料全部由再生粗骨料组成，而在机械破碎、生产的过程之中，再生粗骨料内部可能会出现微裂缝等初始缺陷，积累了一定的原始损伤，在加载前期由于钢管对核心再生混凝土的良好约束作用，这种损伤表现并不明显，但随着钢管鼓曲程度的增加，损伤逐渐地突显出来，以至于影响到了后期下降段的刚度。

3）对于轴压比单参数变化试件，轴压比的增加而带来的变化，在骨架曲线的下降段表现得较为突出，试件 S-4 轴压比最大，但下降段比较陡峭，破坏位移较小，变形能力不大。

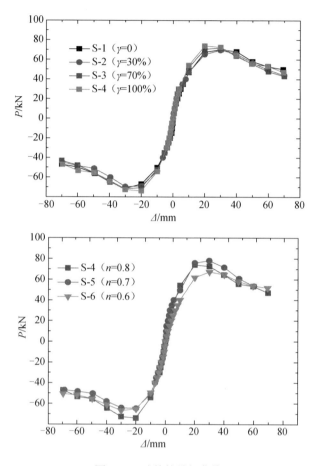

图 7.64　试件的骨架曲线

3. 位移延性系数

在结构工程抗震性能研究中，延性是一个重要的性能指标。本节采用能量等值法计算构件的位移延性系数 μ。$\mu=\Delta_u/\Delta_y$，其中 Δ_y 为屈服位移，由能量等值法求得，Δ_u 为极限位移，取为峰值荷载 P_m 下降到 85%时对应的位移值。通过能量等值法确定初始屈服点的示意图如图 7.58 所示。

作二折线 OY-YM 代替原有 P-Δ 曲线，使曲线 OABM 与折线 OY-YM 下的总面积相等，即面积 OAB=面积 BYM。图 7.58 中 Δ_y 即为所求的初始屈服位移。计算求得的试件各特征点荷载-位移实测值见表 7.36，其中 P_y 和 P_u 分别为 Δ_y 和 Δ_u 对应的荷载值，Δ_m 为 P_m 对应的位移值。

表 7.36　试件各特征点荷载-位移实测值

试件编号	加载方向	屈服点		峰值点		破坏点		$\mu=\Delta_u/\Delta_y$	$\mu_{平均}$
		P_y	Δ_y	P_m	Δ_m	P_u	Δ_u		
S-1	正向	59.47	16.04	70.12	30.01	59.60	48.44	3.02	2.98
	反向	59.12	15.22	71.44	30.03	60.72	44.78	2.94	
	平均	59.30	15.63	70.78	30.02	60.16	46.61		
S-2	正向	62.96	16.06	69.55	29.88	59.12	47.39	2.95	3.04
	反向	58.41	13.01	69.54	30.01	59.11	40.73	3.13	
	平均	60.69	14.54	69.55	29.95	59.12	44.06		
S-3	正向	72.08	15.58	89.43	30.01	76.02	43.33	2.78	2.80
	反向	50.07	13.37	57.31	19.98	48.71	37.81	2.83	
	平均	61.08	14.48	73.37	25.00	62.37	40.57		
S-4	正向	70.12	13.19	88.06	19.99	74.85	41.49	3.15	2.98
	反向	53.05	14.64	59.79	20.03	50.82	41.10	2.81	
	平均	61.59	13.92	73.93	20.01	62.84	41.30		
S-5	正向	63.85	15.45	78.01	29.85	66.31	44.85	2.90	3.07
	反向	55.50	13.37	64.75	19.88	55.04	43.22	3.23	
	平均	59.68	14.41	71.38	24.87	60.68	44.04		
S-6	正向	59.34	18.88	67.20	30.02	57.12	51.50	2.73	3.08
	反向	55.86	13.92	66.79	30.01	56.77	47.66	3.42	
	平均	57.60	16.40	67.00	30.02	56.95	49.58		

从表 7.36 中可以看出如下几点。

1）试件的平均延性系数接近 3，试件的抗震变形性能良好。

2）对于取代率单参数变化试件，屈服荷载、峰值荷载和破坏荷载以及相应的位移比较接近，位移延性系数变化不大，取代率对特征值没有较大的影响。

3）对于轴压比单参数变化试件，随着轴压比的增加，试件的屈服荷载、峰值荷载和破坏荷载均有所提高，试件的屈服位移、峰值位移和破坏位移均有所降低。

4. 耗能性能

结构抗震中，耗能性能是一个重要的性能指标。本节采用等效黏滞阻尼系数 h_e 来评价试件的能量耗散能力。从表 7.37 中可以看出，随着循环位移的增加，试件的 h_e 逐渐变大，加载结束时，试件达到了 0.4 以上，说明低周反复荷载作用下，方钢管再生混凝土柱具有良好的能量耗散能力。

表 7.37　试件实测各级等效黏滞阻尼系数

试件编号	Δ_y	$2\Delta_y$	$3\Delta_y$	$4\Delta_y$	$5\Delta_y$	$6\Delta_y$	$7\Delta_y$
S-1	0.149	0.155	0.192	0.279	0.392	0.467	0.505
S-2	0.150	0.168	0.217	0.331	0.435	0.492	0.565
S-3	0.180	0.175	0.217	0.315	0.427	0.518	0.588
S-4	0.131	0.167	0.196	0.308	0.403	0.436	0.533
S-5	0.125	0.151	0.203	0.298	0.395	0.452	0.513
S-6	0.109	0.138	0.191	0.279	0.360	0.404	0.430

为便于对比分析，表 7.38 给出了试件各特征点实测等效黏滞阻尼系数平均值 h_e。

表 7.38　试件各特征点实测等效黏滞阻尼系数平均值 h_e

试件编号	S-1	S-2	S-3	S-4	S-5	S-6
Δ_y	0.153	0.159	0.178	0.145	0.137	0.126
Δ_m	0.192	0.192	0.197	0.167	0.176	0.191
Δ_u	0.358	0.358	0.324	0.323	0.338	0.360

从表 7.38 中可以看出如下两点。

1）所有试件屈服时 h_e 介于 0.126～0.178，峰值时 h_e 介于 0.167～0.197，破坏时 h_e 介于 0.323～0.360，而普通钢筋混凝土柱破坏时的等效黏滞阻尼系数一般为 0.1～0.2，只是相当于方钢管再生混凝土柱试件屈服时的 h_e。

2）相对试件 S-1 来说，S-2、S-3 和 S-4 的 h_e 有小幅度的降低，总体上来讲，再生粗骨料取代率的增加并没有显著地改变试件的耗能能力。

5. 刚度退化

在循环位移不断增大的情况下，刚度一环比一环减少，因此，刚度将随着循环周数和位移接近峰值而减少，这就是刚度退化。本节采用割线刚度来表示试件的变形性能。割线刚度计算公式同 7.6 节中公式。

为了解单参数变化试件的刚度退化规律，对刚度-位移按照设计参数进行归一化分析，如图 7.65 所示。从图 7.65 中可以看出如下两点。

1）对于取代率单参数变化试件，刚度退化曲线基本重合。试件 S-1 刚度退化速率略小，这主要是因为再生粗骨料表面附着一部分水泥砂浆，降低了再生混凝土弹性模量，在低周反复荷载作用下，加速了再生混凝土开裂或被压碎的趋势。但总体上来说，试件 S-1 刚度退化速率不是特别明显，即不同再生粗骨料取代率下，钢管再生混凝土柱试件的刚度退化规律基本一致。

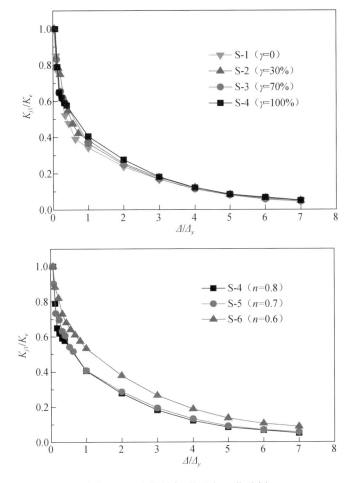

图 7.65　试件刚度-位移归一化分析

2）对于轴压比单参数变化试件，随着轴压比的增加，试件的刚度退化速率依次增大。这主要与试验后期越来越明显的二阶效应有关。

表 7.39 所示为试验各阶段特征刚度实测值。

表 7.39　试件刚度特征点实测值

试件编号	K_e /（kN/mm）	K_y /（kN/mm）	K_m /（kN/mm）	K_u /（kN/mm）	K_y/K_e	K_m/K_e	K_u/K_e
S-1	14.15	3.79	2.36	1.29	0.27	0.17	0.09
S-2	13.16	4.18	2.32	1.34	0.32	0.18	0.10
S-3	14.20	4.22	2.94	1.54	0.30	0.21	0.11
S-4	13.35	4.43	3.69	1.52	0.33	0.28	0.11
S-5	12.27	4.14	2.87	1.38	0.34	0.23	0.11
S-6	8.40	3.51	2.23	1.15	0.42	0.18	0.09

7.8　全再生粗骨料钢管混凝土柱-钢筋混凝土梁框架的抗震性能

上述试验结果表明，在构件层面，钢管再生混凝土柱具有良好的承载能力和抗震性能，在结构层面的抗震性能如何值得期待。

7.8.1　试验概况

1. 试件设计与制作

全再生粗骨料钢管混凝土柱-钢筋混凝土梁框架的立面图，如图 7.66 所示。试件缩尺模型与工程原型的几何比例为 1：3。管内及梁内再生混凝土强度等级为 C40，再生粗骨料取代率均为 100%，1m³ 再生混凝土配合比为水泥：砂：再生粗骨料：水=435.7：564.3：1115.2：204.8。钢管牌号为 Q235，管壁厚度为 4.6mm。由于加载末期，试件的竖向力大部分由核心再生混凝土承担，为了反映试件的最终的传力路径和受力状态，本节选取的轴压比只与混凝土有关，即轴压比

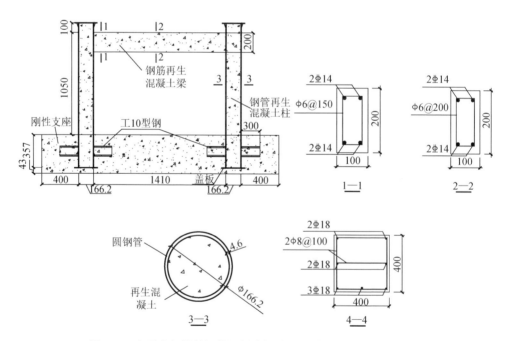

图 7.66　全再生粗骨料钢管混凝土柱-钢筋混凝土梁框架的立面图

$n=N/f_{ck}A_c$，取为 0.8，N 为试验过程之中所施加的轴向力，f_{ck} 为实测的再生混凝土轴心抗压强度，框架钢筋再生混凝土梁纵筋体积配筋率为 2.50%，加密区配箍率为 0.57%，非加密区配箍率为 0.38%；沿钢管表面与推、拉作用线平行方向焊接工 10 型钢各一根，工字钢长度为 300mm；在钢管底部焊接 8mm 厚盖板作为封闭端，用以浇筑再生混凝土，在钢管顶部焊接 8mm 厚盖板以及预留 100mm 高钢管再生混凝土柱，用以有效地传递轴力。试件实测参数见表 7.40。其中，含钢率 $\alpha=A_s/A_c$，A_s 和 A_c 分别为钢管和核心再生混凝土的横截面面积；套箍系数 $\xi=A_sf_y/(A_cf_c)$，f_y 和 f_c 分别为钢管和核心再生混凝土的屈服强度和轴心抗压强度。

表 7.40　试件实测参数

试件名称	钢管再生混凝土柱		钢筋再生混凝土梁				α	ξ
	截面尺寸 /（mm×mm）	柱高 /mm	截面尺寸 /（mm×mm）	净跨 /mm	实测纵筋 直径/mm	实测箍筋 直径/mm		
钢管再生混凝土柱-钢筋再生混凝土梁框架	φ166.2×4.6	951.2	101.1×202.6	1413.2	12.63	6.00	0.12	1.36

钢管再生混凝土柱-钢筋再生混凝土梁框架节点采用外加强环刚性节点的形式，试件节点构造图如图 7.67 所示。梁内纵筋沿外伸型钢牛腿上下翼缘焊接至加强环与钢管表面交界处。其中，纵筋与上下翼缘采用双面焊缝的形式。焊接采用手工电弧焊，角钢为 Q235，焊条型号为 E4303。

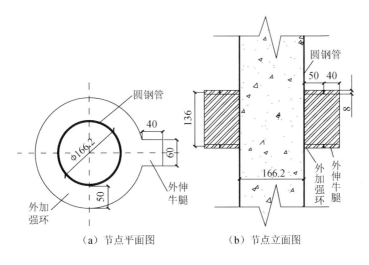

（a）节点平面图　　　　　　（b）节点立面图

图 7.67　试件节点构造图

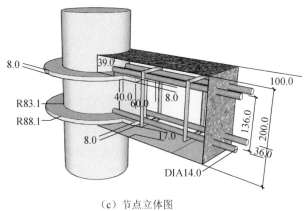

（c）节点立体图

图 7.67（续）

2. 材料性能

根据国家标准《普通混凝土用碎石或卵石质量标准及检验方法》（JGJ 53—92）对本试验所用的天然碎石粗骨料和再生碎石粗骨料进行物理性能试验，其实测物理性能指标见表 7.33。

通过对比发现，再生碎石粗骨料的物理性能指标与天然碎石粗骨料差别较大。这主要与材料的组成成分以及内部微观结构有关。再生粗骨料表面附着大量的硬化水泥砂浆，使得其表面粗糙、孔隙率大，且在再生粗骨料的机械破碎过程之中，其内部产生了较多的闭合微裂纹或裂缝，而天然粗骨料组成成分单一，内部累积损伤较少。

依据《金属材料室温拉伸试验方法》（GB/T 228—2002）、《普通混凝土力学性能试验方法标准》（GB/T 50081—2002），对试件用材进行材性试验，实测的材料力学性能指标见表 7.41。

表 7.41　钢管、再生混凝土实测力学性能

钢材类型	f_y/MPa	f_u/MPa	E_s/MPa	ε_y/με
圆钢管	416.0	489.4	2.08×10^5	2000
纵筋	420.3	632.0	2.12×10^5	1983
箍筋	399.9	542.6	2.10×10^5	1904
再生混凝土	f_{cu}/MPa	f_c/MPa	E_c/MPa	
钢管内再生混凝土	53.8	48.6	4.24×10^4	
梁内再生混凝土	47.3	37.7	3.56×10^4	

3. 加载装置

加载装置如图 7.68 所示。千斤顶与反力钢梁之间设置滚轮装置，便于千斤顶随试件自由的水平移动。

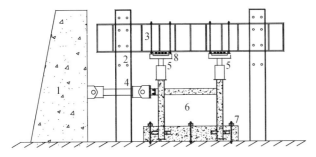

1—钢筋混凝土反力墙；2—竖向反力钢柱；3—反力钢梁与反力钢柱通过高强螺栓连接；
4—推拉电液伺服作动器，作动器与试件之间通过特制加载端并使用高强螺栓连接；
5—1500kN 油压千斤顶；6—试件；7—钢结构压梁；8—滚轮装置

图 7.68　加载装置

4. 加载制度

试件安装完毕后，按照预定的试验轴压比，通过两部相同的 1500kN 油压千斤顶在柱顶同步施加至恒定轴向荷载。水平加载采用力和位移联合控制的方式，试件屈服前，采用荷载控制分级加载，每级 5kN，直至试件达到屈服荷载 P_y，对应于每个荷载步循环一次；试件屈服后，采用位移控制，取屈服位移 Δ_y 的倍数为级差进行控制加载，屈服位移以框架中受力钢管或纵筋首先达到屈服应变时对应的柱端水平位移，每级位移循环三次，直至荷载下降到峰值荷载的 85%时停止试验。水平荷载加载制度如图 7.69 所示。

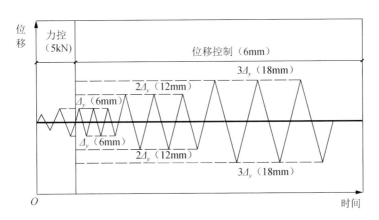

图 7.69　水平荷载加载制度

5. 测试装置

竖向荷载由液压稳压器控制的油压千斤顶压力表提供，油压千斤顶已事先进行过标定；水平荷载及位移由电液伺服加载系统自带荷载和位移传感器测得。钢管、纵向钢筋、箍筋和横梁再生混凝土的应变由应变片量测，应变片的布置如图 7.70 所示，框架梁内纵筋、箍筋的应变片布置如图 7.71 所示。

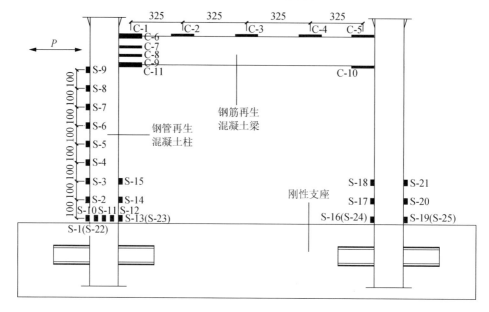

图 7.70　应变片布置图

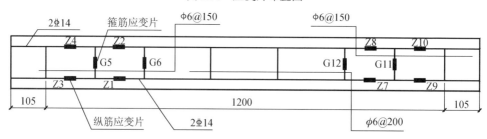

图 7.71　梁内纵筋、箍筋的应变片布置

7.8.2 · 试验过程及破坏特征

1. 试验过程描述

为了便于描述，规定加载过程以推为正，以拉为负。同时，以远离加载点的一侧为前侧，以接近加载点的一侧为后侧，以钢筋再生混凝土横梁的正面区域为右侧，背面区域为左侧。

荷载控制加载阶段，荷载加载至 ±30kN 时，在梁端距离框架柱约为 18cm 处，出现微小弯曲裂缝，裂缝高度约为 8cm；加载至 ±40kN 时，在横梁端距离框架柱约为 10cm 处，横梁右侧以及底部出现连续弯曲裂缝，且底部裂缝贯穿整个截面，随着荷载的增加，原有裂缝不断向上延伸、加宽；加载至 ±55kN 时，在横梁跨度

1/5～1/3 处，出现新的弯曲裂缝，裂缝高度约为 15cm，随着荷载的增加，新裂缝出现的位置逐渐向横梁跨中靠拢；当荷载加载至 ±80kN 时，横梁端部上下裂缝贯通；加载至 ±95kN 时，在横梁跨度 3/4 处，出现新的竖向裂缝，裂缝高度约为 8cm；加载至 ±105kN 时，在横梁跨中附近，开始出现较小的弯曲裂缝。直至荷载控制加载结束时，横梁以弯曲裂缝为主，且竖向弯曲裂缝已基本出齐，裂缝间距为 10～15cm；框架柱没有鼓曲，但实测钢管应变、钢筋再生混凝土梁受力主筋应变已接近屈服应变。

此后，采用位移控制的加载方式，位移达到 ±1Δ_y 时，在横梁跨中及梁端原有弯曲裂缝继续向上延伸，同时在梁端 1/5 跨度处，开始出现细小斜向裂缝；位移达到 ±2Δ_y 时，新出现的斜裂缝与原有斜裂缝构成交叉斜裂缝，而原有弯曲裂缝不再延伸、加宽，裂缝主要以斜向裂缝的产生、发展为主；位移达到 ±3Δ_y 时，在横梁的前侧、后侧距离梁端 20～25cm（1/7～1/6 梁跨）处，均形成了主交叉斜裂缝，主交叉斜裂缝与水平线的夹角为 33°～42°，弯剪塑性铰已经较为明显。此时，梁端再生混凝土开始起皮、脱落，随着循环次数的增加，主斜裂缝不断斜向上延伸、加宽，并不断产生新的微小交叉斜裂缝；位移达到 ±4Δ_y 时，主交叉斜裂缝已延伸至梁顶、梁底。受斜裂缝影响，梁顶部、底部再生混凝土开始出现水平裂缝，受力主筋保护层开始脱离并退出工作，同时横梁端部正面及背面区域伴有片状再生混凝土脱落的现象；位移达到 ±5Δ_y 时，横梁顶部、底部大面积再生混凝土被压碎，成块状脱落，部分区域受力主筋及箍筋外露，且变形严重，甚至在主斜裂缝区域，横梁顶部再生混凝土保护层被掀起，较为明显的弯剪塑性铰已经形成，此时荷载已下降至峰值承载力的 85%，试件发生严重变形，不宜继续加载，加载至 5Δ_y 第一次循环结束时，继续加载比较危险，试验宣告结束。此时，钢管底部应变已达到屈服应变，但没有发生鼓曲。钢管再生混凝土框架最终破坏形态如图 7.72 所示。

（a）横梁破坏过程及最终破坏形态

（b）柱最终破坏形　　　　　（c）整体破坏形态

图 7.72　试件破坏形态

2. 破坏特征分析

钢管再生混凝土框架的破坏特征如下。

1）钢管再生混凝土框架梁端首先产生弯曲裂缝，随后，在梁跨 1/7～1/6 处斜向演化交叉斜裂缝，并逐渐发展成为临界斜裂缝，最后导致剪压区再生混凝土保护层被掀起，形成较为明显的弯剪塑性铰。柱底应变达到屈服应变，但钢管没有鼓曲，塑性铰并不明显。本次试验中，横梁破坏形态属于弯剪破坏，满足了"强剪弱弯"的抗震设计要求。钢管再生混凝土框架梁先出铰，柱后出铰，说明钢管再生混凝土框架结构属于梁铰破坏机制，满足了"强柱弱梁"的抗震设计要求。

2）若以钢管底部截面屈服作为钢管再生混凝土柱屈服的标志，以端部受拉纵筋屈服作为钢筋再生混凝土梁截面屈服的标志，则依据粘贴在钢管底部以及纵筋端部的应变片，可知框架塑性铰形成顺序，如图 7.73 所示。由图 7.73 可知，框架在正向与反向出铰顺序均表现为梁端、梁端、柱底、柱底，表明此类新型结构能够实现梁铰耗能机制，且钢筋再生混凝土梁的充分破坏延缓了柱底的出铰时间。

3）在钢管再生混凝土框架整个加载过程中，横梁最前侧和最后侧始终没有产生竖向及斜向裂缝，其节点核心区如图 7.74 所示。这主要是由于在这个局部区域，配置了工字形外伸牛腿，并且牛腿与钢管外加强环焊接成整体，梁端的强度和刚度得到了加强，有效地将弯矩及剪力传递给钢管再生混凝土框架柱。

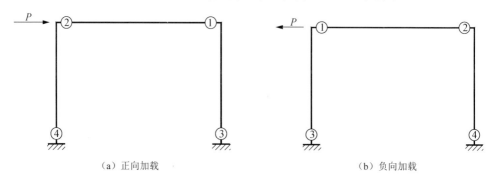

（a）正向加载　　　　　　　　　　　　（b）负向加载

图 7.73　钢管再生混凝土框架塑性铰形成顺序

图 7.74　节点核心区

4）钢管再生混凝土框架节点区采用外加强环的连接方式，从试验现象来看，节点核心区保持完好，如图 7.74 所示，符合"强节点，弱构件"的抗震设计要求。

7.8.3　试验结果及分析

1. 荷载-顶点位移滞回曲线

试验实测的框架荷载-顶点位移滞回曲线如图 7.75 所示，其中 P 表示水平荷载，Δ 表示梁端水平位移；符号□表示试件屈服点，符号○表示峰值点，符号△表示破坏点。

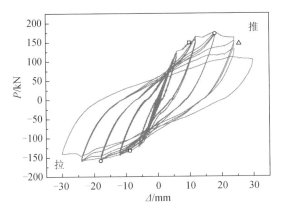

图 7.75　框架荷载-顶点位移滞回曲线

由图 7.75 可见，钢管再生混凝土柱-钢筋再生混凝土梁框架的滞回曲线具有以下特征。

1）滞回曲线对称，具有较好的稳定性。在整个试验过程中，滞回曲线没有捏缩，呈现出比较饱满的梭形。

2）荷载控制阶段初期，框架的总体变形相对较小，加载曲线斜率变化不大，卸载后的残余变形也较小，且正向和反向加卸载时，滞回曲线重合较好，刚度的突变不明显，试件基本上处于弹性阶段。

3）位控加荷初期，梁端出现较多裂缝，梁中钢筋首先屈服，滞回环开始张开，正向及反向卸载为零时，框架的位移滞后，出现残余变形。当循环位移达到 $2\Delta_y$ 左右时，框架开始屈服。屈服之后，滞回曲线开始向位移轴倾斜，随着循环位移的增加，试件的荷载逐渐增大，所形成的滞回环也越加丰满。当循环位移分别达到 $3\Delta_y$ 时，钢管再生混凝土框架达到峰值荷载。此时，本级循环位移下三次循环滞回曲线互相偏离较多，试件强度和刚度出现明显的退化，正向以及反向卸载时，框架存在较大的残余变形，表明试件开始出现一定的累积损伤。

4）正向循环位移分别达到 $4\Delta_y$ 时，钢管再生混凝土框架承载力降低至破坏荷载水平。此时，试件的本级位移下三次循环滞回曲线已出现大幅度的偏离，强度衰减及刚度退化已经非常明显，试件的累积损伤显著加大，但试件的循环位移却在增加，滞回环的面积变大，试件的耗能能力依然得到了提高。

2. 骨架曲线

试件的骨架曲线是指荷载-滞回曲线的各级循环位级下第一循环的峰点所连成的包络线，它能够明确地反映出结构的强度以及变形性能。钢管再生混凝土框架的骨架曲线如图 7.76 所示。

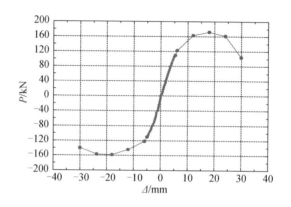

图 7.76　骨架曲线

由图 7.76 可见，该框架骨架曲线可以分为三个阶段，即弹性阶段、弹塑性阶段及破坏阶段。在弹性阶段，骨架曲线近似为斜率不变的一条直线；位移控制阶段开始后，曲线开始出现转折点，从而进入弹塑性阶段，曲线斜率不断减小，框架整体刚度逐渐降低，曲线达到峰值荷载时，梁端塑性铰已经非常明显，弹塑性阶段框架整体刚度降到最小；随后，承载力开始下降，位移增加较快，框架结构进入破坏阶段。

3. 层间位移延性系数

本节采用能量等值法计算试件的位移延性系数 μ。$\mu = \Delta_u / \Delta_y$，$\Delta_y$ 为屈服位移，由能量等值法求得，Δ_u 为极限位移，取为峰值荷载 P_m 下降到 85% 时对应的位移值。表 7.42 中，由于加载结束时，只有正向荷载降到峰值荷载的 85%，框架的正向位移延性系数分别达到了 2.58；负向最大位移分别达到了 30.05mm，如负向位移延性系数取其最大加载位移与屈服位移的比值，分别得负向位移延性系数为 3.40，正向与负向位移延性系数平均值分别为 2.99，位移延性系数接近 3，但实际的位移延性系数应该大于 3，试件表现出较好的延性，以及全再生粗骨料钢管再生混凝土框架在设计方法及构造措施上均能够满足延性框架的需求。

表 7.42　试件各特征点荷载-位移实测值

试件名称	加载方向	屈服点		峰值点		破坏点		$\mu=\Delta_u/\Delta_y$	$\mu_{平均}$
		P_y	Δ_y	P_m	Δ_m	P_u	Δ_u		
全再生粗骨料钢管混凝土柱-钢筋混凝土梁框架	正向	148.60	9.88	172.14	17.98	146.32	25.50	2.58	2.58
	反向	132.48	8.83	158.62	18.02	134.83			

表 7.43 为框架骨架曲线特征点位移转角实测值（θ_y、θ_m 和 θ_u）。由表 7.43 可以看出如下两点。

1）在多遇（中震）地震作用下，结构的弹性层间位移转角应小于某一规定限值，钢筋混凝土框架为 1/550，多、高层钢结构为 1/250，以防止建筑主体结构受到损坏和非结构构件发生过重破坏并导致人员伤亡，保证建筑的正常使用功能。目前试件的屈服位移转角为 1/91，远远高于有关规范规定的限值，可见试件在弹性阶段的变形能力满足我国有关抗震规范要求。

2）在罕遇（大震）地震作用下，结构的弹塑性层间位移转角应小于某一规定限值，钢筋混凝土框架与多、高层钢结构为 1/50，以防止结构倒塌。目前试件的破坏位移转角为 1/33，远远高于有关规范规定的限值 1/50，可见全再生粗骨料混凝土钢管混凝土柱-钢筋混凝土梁框架防倒塌能力较强。

表 7.43　框架骨架曲线特征点位移转角实测值

试件名称	加载方向	θ_y	$(\theta_y)_{平均}$	Δ_m/L	$(\theta_m)_{平均}$	破坏点 Δ_u/L	$(\theta_u)_{平均}$
全再生粗骨料钢管混凝土柱-钢筋混凝土梁框架	正向	1/86	1/91	1/47	1/47	1/33	1/33
	反向	1/96		1/47			

4. 耗能性能

在研究工程结构抗震时，常用等效黏滞阻尼系数 h_e 大小作为判别结构耗能能力的一个重要指标，$h_e=S_{(ABC+CDA)}/(2\pi S_{(OBE+ODF)})$。$h_e$ 为每级循环位移下第一次循环的等效黏滞阻尼系数。其中，广义对比试件为我国学者周云完成的一榀形状、尺寸相近的单层单跨钢筋混凝土柱-钢筋混凝土梁框架，混凝土为 C30 普通混凝土，柱高为 1100mm，梁净跨为 1840mm，柱截面尺寸为 160mm×160mm，梁截面尺寸为 100mm×200mm。

由表 7.44 可见，h_e 随着循环位移的增加而增加，表明滞回环越来越饱满，耗散的能量越来越多，这主要由于梁端以及柱端塑性铰的出现与发展，增加了框架整体结构的耗能性能。加载结束时，对比试件的 h_e 达到 0.156，全再生粗骨料钢管混凝土柱-钢筋混凝土梁框架达到 0.276，远远大于钢筋混凝土柱-钢筋混凝土梁对比框架试件。

表 7.44　试件实测各级位移等效黏滞阻尼系数

试件名称	Δ_y	$2\Delta_y$	$3\Delta_y$	$4\Delta_y$	$5\Delta_y$
钢筋混凝土柱-钢筋混凝土梁对比框架	0.064	0.104	0.140	0.156	
全再生粗骨料钢管混凝土柱-钢筋混凝土梁框架	0.067	0.156	0.191	0.231	0.276

表 7.45 为框架特征点实测等效黏滞阻尼系数。由表 7.45 可见：全再生粗骨料钢管混凝土柱-钢筋混凝土梁框架屈服及峰值时，h_e 均大于对比试件，破坏时，框架的 h_e 均达到了 0.2 以上，耗能性能良好。

表 7.45　框架特征点实测等效黏滞阻尼系数

试件名称	h_{ey}	h_{em}	h_{eu}
钢筋混凝土柱-钢筋混凝土梁对比框架	0.077	0.114	
全再生粗骨料钢管混凝土柱-钢筋混凝土梁框架	0.118	0.191	0.243

为了进一步了解 h_e 随 Δ 的变化趋势，图 7.77 给出全再生粗骨料钢管混凝土柱-钢筋混凝土梁框架及其对比试件的 h_e-Δ 关系曲线。从图 7.77 中可以看出，同一级循环位移下，全再生粗骨料钢管混凝土柱-钢筋混凝土梁框架的耗能性能均优于普通钢筋混凝土试件；随着循环位移的增加，本试验试件与对比试件之间的耗能差距越来越大，这主要与试验后期钢管再生混凝土框架柱良好的塑性变形性能有关。

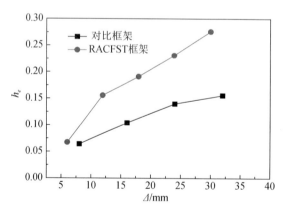

图 7.77　试件 h_e-Δ 关系曲线

对全再生粗骨料钢管混凝土柱-钢筋混凝土梁框架的 h_e-Δ 实测数据进行无量纲化分析，如图 7.78 所示。

由图 7.78 可见，h_e 与 Δ 呈现出一次函数互相增长的关系，数学表达式为

$$y = ax + b$$

式中：$x = \Delta / \Delta_y$；控制参数 a 和 b 分别取 0.04658 和 0.02473。

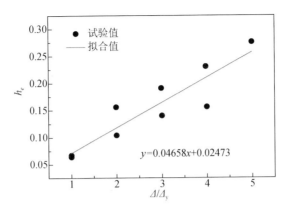

图 7.78　h_e-Δ/Δ_y 拟合曲线

5. 刚度退化

在循环位移不断增大的情况下，刚度一环比一环减少，因此，刚度将随着循环周数和位移接近峰值而减少，这就是刚度退化。本节采用割线刚度来表示试件的变形性能，割线刚度 $K_i = (|+P_i|+|-P_i|)/(|+\Delta_i|+|-\Delta_i|)$。

图 7.79 为各级循环位移下，全再生粗骨料钢管混凝土柱-钢筋混凝土梁框架割线的刚度退化，其中 K_{j1} 为各级位移下第一次循环的割线刚度。由图 7.79 可见：随着位移的增加，割线刚度逐渐地减小，整个试验全过程中，刚度退化由快到慢。这主要是因为框架屈服之前，裂缝出现较多，使得承载力的增长速率小于位移的增长速率，刚度退化较为迅速，而随着梁端以及柱端塑性铰的出现与发展，良好的变形能力使得承载力下降较慢，此时承载力的减小速率小于位移的增长速率，刚度退化较为缓慢。

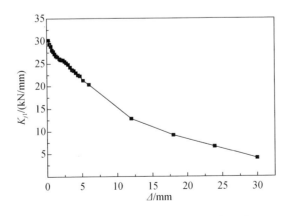

图 7.79　各级循环位移下试件的刚度退化

为了进一步了解割线刚度与位移之间的关系,将刚度与位移实测数据进行无量纲化分析,给出刚度与位移之间的数学表达式。图 7.80 为刚度-位移无量纲化分析。

如图 7.80 所示,框架的刚度退化表现出良好的规律性,全再生粗骨料钢管混凝土柱-钢筋混凝土梁框架成二次函数形式分布,数学表达式为

$$y=ax^2+bx+c$$

式中,$y=K_{j1}/K_e$,$x=\Delta/\Delta_y$;控制参数 a、b 和 c 分别取 0.0328、-0.3267 和 0.971。

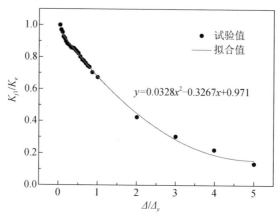

$$y=0.0328x^2-0.3267x+0.971$$

图 7.80　刚度-位移无量纲化分析

表 7.46 为框架特征点刚度实测值。

表 7.46　框架特征点刚度实测值

试件名称	$K_e/$（kN/mm）	$K_y/$（kN/mm）	$K_m/$（kN/mm）	$K_u/$（kN/mm）	K_y/K_e	K_m/K_e
全再生粗骨料钢管混凝土柱-钢筋混凝土梁框架	30.22	15.02	9.19	—	0.50	0.30

7.9　全再生粗骨料方钢管混凝土柱-钢筋混凝土梁框架的抗震性能

本节通过一榀采用全再生粗骨料的方钢管再生混凝土柱-钢筋再生混凝土梁框架的低周反复荷载试验,以揭示该类新型结构的抗震性能。

7.9.1　试验概况

1. 试件设计与制作

全再生粗骨料的方钢管再生混凝土柱-钢筋再生混凝土梁框架结构的立面示意如图 7.81 所示。试件缩尺模型与工程原型的几何比例为 1:3,管内及梁内

再生混凝土强度等级为 C40，再生粗骨料取代率均为 100%，1m³ 再生混凝土配合比为水泥∶砂∶再生粗骨料∶水=435.7∶564.3∶1115.2∶204.8。钢管牌号为 Q235，管壁厚度为 5.0mm。由于加载末期，试件的竖向力大部分由核心再生混凝土承担，为了反映试件最终的传力路径和受力状态，本节选取的轴压比只与混凝土有关，即轴压比 $n=N/f_{ck}A_c$，取为 0.8，N 为试验过程中所施加的轴向力，f_{ck} 为实测的 RAC 轴心抗压强度，框架钢筋再生混凝土梁纵筋体积配筋率为 1.73%，加密区配箍率为 0.75%，非加密区配箍率为 0.38%；沿钢管表面与推、拉作用线平行方向焊接工 10 型钢各一根，工字钢长度为 300mm；在钢管底部焊接 8mm 厚盖板作为封闭端，用以浇筑再生混凝土，在钢管顶部焊接 8mm 厚盖板以及预留 100mm 高方钢管再生混凝土柱，用以有效地传递轴力。

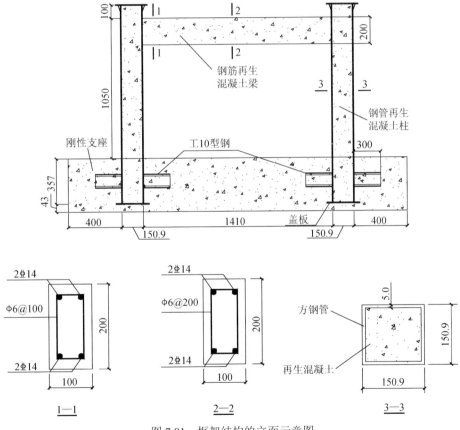

图 7.81　框架结构的立面示意图

框架节点采用在钢管表面开孔穿筋的连接形式，如图 7.82 所示。钢筋从一端穿越，在另外一端通过角钢与钢管壁焊接在一起，其中角钢与钢管壁采用满焊焊缝的形式，纵筋与角钢采用双面焊缝的形式。角钢为 Q235 级钢，焊接采用手工电弧焊，焊条型号为 E4303。

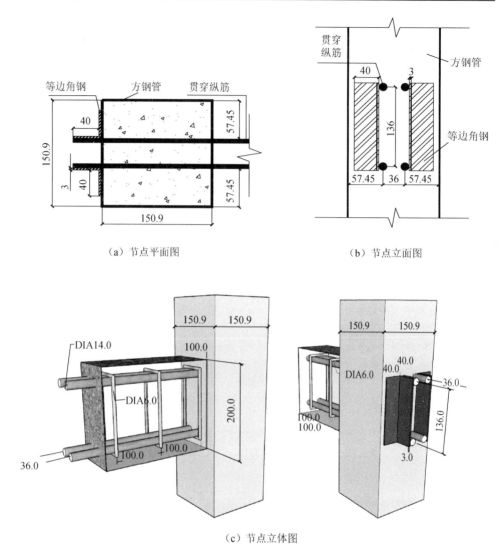

（a）节点平面图   （b）节点立面图

（c）节点立体图

图 7.82　试件节点构造图

2. 材料性能

依据标准试验方法《金属材料室温拉伸试验方法》（GB/T 228—2002）《普通混凝土力学性能试验方法标准》（GB 50081—2002），对试件用材进行材性试验，实测材料力学性能指标见表 7.47。

表 7.47　实测材料力学性能指标

钢材类型	f_y/MPa	f_u/MPa	E_s/MPa	ε_y/$\mu\varepsilon$
方钢管	406.5	478.3	2.18×10^5	1865

钢材类型	f_y/MPa	f_u/MPa	E_s/MPa	$\varepsilon_y/\mu\varepsilon$
纵筋	470.5	672.8	1.99×10^5	2364
箍筋	419.9	548.5	2.16×10^5	1944
再生混凝土	f_{cu}/MPa	f_c/MPa	E_c/MPa	
钢管内部再生混凝土	53.8	48.6	4.24×10^4	
梁内部再生混凝土	47.3	37.7	3.56×10^4	

3. 加载装置及加载制度

加载装置如图 7.83 所示。首先，按照预定的试验轴压比，通过两部相同的 1500kN 油压千斤顶在柱顶同步施加至恒定轴向荷载。然后，水平加载采用力和位移联合控制的方式，试件屈服前，采用荷载控制分级加载，每级 5kN，直至试件达到屈服荷载 P_y，对应于每个荷载步循环一次；试件屈服后，采用位移控制，取屈服位移 Δ_y 的倍数为级差进行控制加载，屈服位移以框架中方钢管或纵筋首先达到屈服应变时对应的柱端水平位移，每级位移循环三次，直至荷载下降到峰值荷载的 85% 时停止试验。

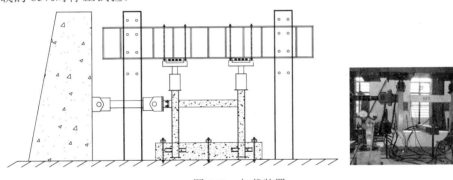

图 7.83　加载装置

4. 测量装置

外部钢管和再生混凝土应变片的布置如图 7.70 所示，框架梁内纵筋、箍筋的应变片布置如图 7.84 所示。

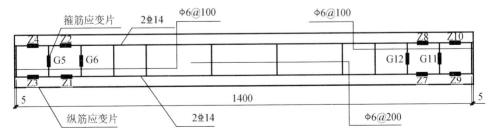

图 7.84　框架梁内纵筋、箍筋的应变片布置

7.9.2　试验过程及破坏特征

1. 试验过程描述

为了便于描述，规定加载过程以推为正，以拉为负。同时，以远离加载点的一侧为前侧，以接近加载点的一侧为后侧，以钢筋再生混凝土横梁的正面区域为右侧，背面区域为左侧。

加载首先采用荷载控制的方式。荷载加载至 ±60kN 时，在试件后侧梁端左侧区域距离框架柱大约 12cm 处，首先出现两条微小的弯曲裂缝，裂缝高度大约 6cm；此后加载至 ±65kN 时，在试件后侧梁端右侧区域紧接着出现一条弯曲裂缝，并且在梁底开始出现横向裂缝，然后逐渐向两端延伸，随着荷载的增加，原有裂缝不断向上延伸、加宽，并伴随新弯曲裂缝的出现；加载至 ±70kN 时，裂缝贯穿整个横梁底部；加载至 ±80kN 时，在横梁跨度 1/4 处，出现新的弯曲裂缝，裂缝高度大约 5cm，随着荷载的增加，新裂缝出现的位置逐渐向横梁跨中靠拢；当荷载加载至 ±100kN 时，在横梁跨度 1/3 处，出现新的竖向裂缝，裂缝高度约为 5cm；此后直至荷载达到 ±110kN 时，新裂缝不再出现，原有裂缝继续延伸、加宽。从开始加载到力控结束，横梁以弯曲裂缝为主，弯曲裂缝主要集中在试件的梁端，裂缝间距大约 10cm；框架柱没有鼓曲，但实测的钢管应变、钢筋再生混凝土梁受力主筋应变已达到屈服应变。

此后，采用位移控制的加载方式。位移达到 ±Δ_y 时，在梁跨 3/4 处开始出现新的裂缝，梁端原有弯曲裂缝继续向上延伸、加宽，部分截面裂缝全部贯通；位移达到 ±3Δ_y 时，新裂缝基本不再出现，原有裂缝继续加宽；位移达到 ±4Δ_y 时，横梁后侧的再生混凝土被压碎，弯曲塑性铰较为明显，并在塑性铰位置伴随一些次生裂缝的出现，同时框架柱钢管底部的环氧树脂脱落，个别应变片失效；位移达到 ±5Δ_y 时，横梁后侧被压碎再生混凝土开始脱落，受力主筋保护层退出工作，梁端塑性铰已经非常明显，同时横梁前侧再生混凝土被压碎，另一塑性铰较为明显，紧接着试件后侧框架柱开始鼓曲，本级位移循环结束时，试件前侧框架柱也开始鼓曲；位移达到 ±6Δ_y 时，梁端再生混凝土成块状脱落，受力主筋、箍筋外露，且变形严重，如图 7.85（a）和（b）所示。梁端非常明显的弯曲塑性铰已经形成，钢管底部的鼓曲也较为明显，此时荷载已下降至峰值承载力的 85%，试件变形严重，不宜继续加载，试验宣告结束。试验结束后，实测到所有梁端塑性铰沿梁跨平均高度为 17.8cm，沿梁高平均高度为 7.8cm，塑性铰区域呈三角形分布。方钢管再生混凝土框架柱最终破坏形态如图 7.85（c）所示，横梁破坏过程及最终破坏形态如图 7.85（d）所示，框架整体破坏形态如图 7.85（e）所示。

（a）横梁前侧破坏形态　（b）横梁后侧破坏形态　　　　（c）框架柱破坏形态

（d）横梁破坏形态

（e）框架整体破坏形态

图 7.85　试件破坏形态

2. 破坏特征分析

1）方钢管再生混凝土框架梁端主要以弯曲裂缝为主，并在破坏时形成主裂缝，没有出现斜裂缝，且横梁两端弯曲破坏较为充分，横梁前后两侧均形成了非常明显的弯曲塑性铰，其破坏形式满足了"强剪弱弯"的抗震设计要求。

2）在试验过程中，节点核心区保持完好，符合"强节点，弱构件"的抗震设计要求。

3）本次试验中，方钢管再生混凝土框架均是梁先出铰，柱后出铰，说明方钢管再生混凝土框架结构属于梁铰破坏机制，满足了"强柱弱梁"的抗震设计要求。

4）若以钢管底部截面屈服作为方钢管再生混凝土柱屈服的标志，以端部受拉纵筋屈服作为钢筋再生混凝土梁截面屈服的标志，则依据粘贴在钢管底部以及纵筋端部的应变片，可知框架的出铰顺序，如图 7.86 所示。由图 7.86 可知，框架在正向与反向出铰顺序均表现为梁端、梁端、柱底、柱底，表明此类新型结构能够实现梁铰耗能机制，且钢筋再生混凝土梁的充分破坏延缓了柱底的出铰时间。

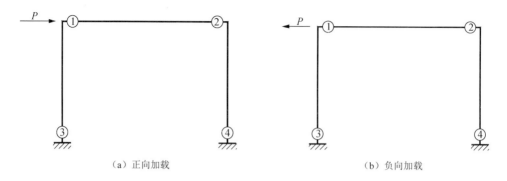

（a）正向加载　　　　　　　　　　　（b）负向加载

图 7.86　框架的出铰顺序

7.9.3　试验结果及分析

1. 荷载-顶点位移滞回曲线

试验实测的框架荷载-顶点位移滞回曲线如图 7.87 所示，其中 P 表示水平荷载，Δ 表示梁端水平位移，符号□表示试件屈服点，符号○表示试件峰值点，符号△表示试件破坏点。

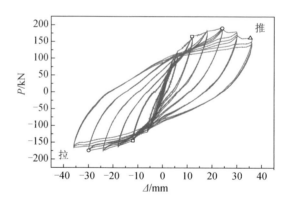

图 7.87　荷载-顶点位移滞回曲线

由图 7.87 可知，全再生粗骨料方钢管再生混凝土柱-钢筋再生混凝土梁框架的滞回曲线具有以下特征。

1）框架的滞回曲线对称，具有较好的稳定性。在整个试验中，滞回曲线没有捏缩，呈梭形。

2）加载初期，框架的总体变形相对较小，加载曲线斜率变化不大，卸载后的残余变形也较小，且正向和反向加卸载时，滞回曲线重合较好，刚度突变不明显，试件基本上处于弹性阶段。此时，滞回环不明显，试件的耗能能力较弱。

3）位控加荷初期，梁端出现较多裂缝，梁中钢筋首先屈服，滞回环开始张开，正向及反向卸载为零时，框架的位移滞后，出现残余变形。当循环位移达到 $2\Delta_y$ 左右时，框架开始屈服。屈服之后，滞回曲线开始向位移轴倾斜，随着循环位移的增加，试件的荷载逐渐地增大，所形成的滞回环也愈加丰满。当循环位移达到 $4\Delta_y$ 时，方钢管再生混凝土框架达到峰值荷载，此时，本级位移下三次循环滞回曲线互相偏离较多，试件强度和刚度出现明显的退化，正向以及反向卸载时，框架存在较大的残余变形，表明试件开始出现一定的累积损伤。

4）正向循环位移分别达 $6\Delta_y$ 时，方钢管再生混凝土框架承载力降低至破坏荷载水平。此时，试件的本级位移下三次循环滞回曲线已出现大幅度的偏离，强度衰减及刚度退化已经非常明显，试件的累积损伤显著加大，但试件的循环位移却在增加，滞回环的面积变大，试件的耗能能力依然得到了提高。

2. 骨架曲线

方钢管再生混凝土框架的骨架曲线如图 7.88 所示。由图 7.88 可知，框架骨架曲线可以分为三个阶段，即弹性阶段、弹塑性阶段以及破坏阶段。在弹性阶段，骨架曲线近似斜率不变的一条直线；位控加荷开始后，曲线开始出现转折点，从而进入弹塑性阶段，曲线斜率不断减小，框架整体刚度逐渐降低，曲线达到峰值荷载时，梁端塑性铰已经较为明显，弹塑性阶段框架整体刚度降到最小；随后，承载力开始下降，位移增加较快，框架结构进入破坏阶段。

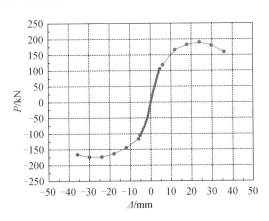

图 7.88　框架的骨架曲线

3. 层间位移延性系数

本节采用能量等值法计算试件的位移延性系数。表 7.48 示出试件各特征点荷载-位移实测值。表 7.48 中的位移延性系数 $\mu = \Delta_u / \Delta_y$，$\Delta_y$ 为屈服位移，由能量等值法求得，Δ_u 为极限位移，取为峰值荷载 P_m 下降到 85% 时对应的位移值。由于加载结束时，只有正向荷载降到峰值荷载的 85%，试件框架的正向位移延性系数达到 2.97；负向最大位移达到了 35.89mm，如负向位移延性系数取其最大加载位移与屈服位移的比值，可知负向位移延性系数为 2.99，正向与负向位移延性系数平均值为 2.98，位移延性系数接近 3，但实际的位移延性系数应该大于 3，试件表现出较好的延性，方钢管再生混凝土框架在设计方法及构造措施方面均能够满足延性框架的需求。

表 7.48　试件各特征点荷载-位移实测值

加载方向	屈服点		峰值点		破坏点		μ
	P_y	Δ_y	P_m	Δ_m	P_u	Δ_u	
正向	165.73	11.91	190.53	24.02	161.95	35.36	2.97
反向	144.70	11.99	174.25	29.90	148.11		

表 7.49 为框架骨架曲线特征点位移转角实测值（$\theta_i=\Delta_i/L$，i 取 y、m 和 u）。由表 7.49 可知如下两点。

1）在多遇地震（小震）作用下，结构的弹性层间位移转角应小于某一规定限值，钢筋混凝土框架为 1/550，多、高层钢结构为 1/250，以防止建筑主体结构受到损坏和非结构构件发生过重破坏，保证建筑的正常使用功能。目前方钢管再生混凝土框架的屈服位移转角为 1/88，远远高于有关规范规定的限值，可见试件在弹性阶段的变形能力能满足我国有关抗震规范的要求。

2）在罕遇地震（大震）作用下，结构的弹塑性层间位移转角应小于某一规定限值，钢筋混凝土框架与多、高层钢结构为 1/50，以防止结构倒塌。目前方钢管再生混凝土框架的破坏位移转角为 1/30，远远高于有关规范规定的限值 1/50，可见方钢管再生混凝土框架防倒塌能力较强。

表 7.49　框架骨架曲线特征点位移转角实测值

加载方向	屈服点 θ_y	$(\theta_y)_{平均}$	峰值点 θ_m	$(\theta_m)_{平均}$	破坏点 θ_u
正向	1/88		1/44		1/30
反向	1/88	1/88	1/35	1/39	

4. 耗能性能

本节采用等效黏滞阻尼系数 h_e 来评价试件的能量耗散能力。表 7.50 为试件实测各级位移 h_e 的计算结果，并选取上节由我国学者周云完成的钢筋混凝土柱-钢筋混凝土梁框架作为对比试件。由表 7.50 可见：h_e 随着循环位移的增加而增加，表明滞回环越来越饱满，耗散的能量越来越多，这主要由于梁端塑性铰的发展以及柱端塑性铰的出现，增加了框架整体结构的耗能性能。加载结束时，对比框架 h_e 达到 0.156，方钢管再生混凝土框架 h_e 达到 0.281，远远大于对比钢筋混凝土框架试件。

表 7.50　试件实测各级位移 h_e 的计算结果

试件名称	Δ_y	$2\Delta_y$	$3\Delta_y$	$4\Delta_y$	$5\Delta_y$	$6\Delta_y$
钢筋混凝土柱-钢筋混凝土梁对比框架	0.064	0.104	0.140	0.156		
全再生粗骨料方钢管混凝土柱-钢筋混凝土梁框架	0.087	0.146	0.161	0.189	0.241	0.281

为了进一步了解 h_e 随 Δ 的变化趋势，图 7.89 给出全再生粗骨料方钢管混凝土柱-钢筋混凝土梁框架及对比试件的 h_e-Δ 关系曲线。从图 7.89 中可以看出，同一级循环位移下，全再生粗骨料方钢管混凝土柱-钢筋混凝土梁框架的耗能性能均优于普通钢筋混凝土试件；随着循环位移的增加，全再生粗骨料方钢管混凝土柱-钢筋混凝土梁框架与对比试件之间的耗能差距越来越大。

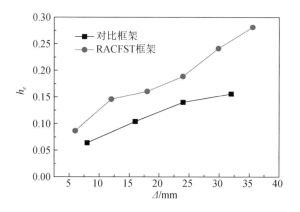

图 7.89　试件 h_e-Δ 关系曲线

对全再生粗骨料方钢管混凝土柱-钢筋混凝土梁框架及对比试件的 h_e-Δ 实测数据进行无量纲化分析，h_e-Δ/Δ_y 拟合曲线如图 7.90 所示。

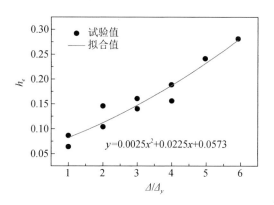

$$y=0.0025x^2+0.0225x+0.0573$$

图 7.90　h_e-Δ/Δ_y 拟合曲线

由图 7.90 可见，h_e 与 Δ 呈现出二次函数互相增长的关系，数学表达式为

$$y=ax^2+bx+c$$

其中，$x=\Delta/\Delta_y$。控制参数 a、b 和 c 分别取 0.0025、0.002 25 和 0.0573，方程表达式拟合相似度为 0.9286。

表 7.51 为框架实测特征点 h_e。由表 7.51 可知，全再生粗骨料方钢管混凝土柱-钢筋混凝土梁框架屈服及峰值 h_e 均大于对比试件，破坏时，h_e 均达到了 0.2 以上，试件的耗能性能良好。

表 7.51　试件实测特征点 h_e

试件名称	h_{ey}	h_{em}	h_{eu}
对比框架	0.077	0.114	
RACFST 框架	0.146	0.191	0.216

5. 刚度退化

本节采用割线刚度来表示试件的刚度退化。割线刚度 $K_i=(|+F_i|+|-F_i|)/(|+X_i|+|-X_i|)$，其含义是试件第 i 次的割线刚度等于第 i 次循环的正负最大荷载($+F_i$ 和 $-F_i$)的绝对值之和与相应变形 ($+X_i$ 和 $-X_i$) 绝对值之和的比值。

图 7.91 为各级循环位移下，全再生粗骨料方钢管混凝土柱-钢筋混凝土梁框架割线刚度退化，其中 K_{j1} 为各级位移下第一次循环的割线刚度。由图 7.91 可见，随着位移的增加，割线刚度逐渐减小，整个试验过程中刚度退化由快到慢。这主要是因为框架屈服之前，裂缝出现较多，使得承载力的增长速率小于位移的增长速率，刚度退化较为迅速，而随着梁端以及柱端塑性铰的出现和发展，良好的变形能力使得承载力下降较慢，此时承载力的减小速率小于位移的增长速率。为了进一步了解割线刚度与位移之间的关系，将刚度与位移实测数据进行无量纲化分析，给出刚度与位移之间的数学表达式。

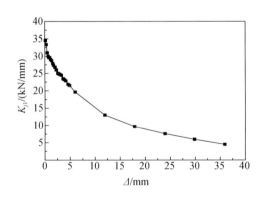

图 7.91　各级循环位移下试件刚度退化

如图 7.92 所示，全再生粗骨料方钢管混凝土柱-钢筋混凝土梁框架的刚度退化表现出良好的规律性，且成幂函数形式分布，数学表达式为

$$y = \frac{a}{a+x}$$

式中，$y=K_{j1}/K_e$；$x=\Delta/\Delta_y$。方程表达式拟合相似度为 0.9992，控制参数 a 取 1.2153。

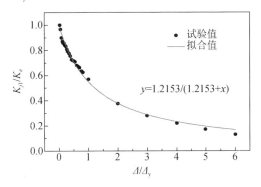

图 7.92　刚度-位移无量纲化

6. 全再生粗骨料圆钢管再生混凝土柱-钢筋再生混凝土梁框架对比

在 7.9 节完成的全再生圆钢管混凝土柱-钢筋混凝土梁框架的抗震性能试验，除了柱截面形式不同外，其他参数基本相同，表 7.52 给出两种全再生混凝土钢管混凝土框架的抗震性能对比。由表 7.52 可见：与全再生圆钢管的再生混凝土框架相比，全再生方钢管的再生混凝土框架的抗震性能指标略好，这可能是由于方钢管截面与圆钢管相比，其截面抗弯承载力和抗弯刚度更大的缘故。

表 7.52　全再生圆、方钢管框架对比

试件名称	θ_y	θ_m	θ_u	h_{eu}
全再生粗骨料方钢管混凝土柱-钢筋混凝土梁框架	1/88	1/39	1/30	0.216
全再生粗骨料圆钢管混凝土柱-钢筋混凝土梁框架	1/112	1/58	1/38	0.243

7.10　本 章 小 结

本章深入研究了钢管（包括方钢管）再生混凝土界面间的黏结滑移性能、钢管再生混凝土轴压性能及其极限承载力计算、钢管再生混凝土偏压性能、低周反复荷载作用下钢管再生混凝土柱的抗震性能及钢管再生混凝土柱-钢筋再生混凝土梁框架的抗震性能。

主要参考文献

蔡绍怀，2003. 现代钢管混凝土结构[M]. 北京：人民交通出版社.

蔡四维，蔡敏，1999. 混凝土的损伤断裂[M]. 北京：人民交通出版社.

曹万林，尹海鹏，张建伟，等，2011. 再生混凝土框架结构抗震性能试验研究[J]. 北京工业大学学报，37（2）：191-198.

陈爱玖，章青，王静，等，2009. 再生混凝土冻融循环试验与损伤模型研究[J]，工程力学，26（11）：102-107.

陈宗平，陈宇良，覃文月，等，2013. 型钢再生混凝土梁受弯性能试验及承载力计算[J]. 工业建筑，43（9）：11-16.

陈宗平，陈宇良，姚侃，2014. 再生混凝土三轴受压力学性能试验及其影响因素. 建筑结构学报，35（12）：72-81.

陈宗平，陈宇良，钟铭，2014. 型钢再生混凝土梁受剪性能试验及承载力计算[J]. 实验力学，29（1）：97-103.

陈宗平，柯晓军，薛建阳，等，2013. 钢管约束再生混凝土的受力机理及强度计算[J]. 土木工程学报，46（2）：70-77.

陈宗平，徐金俊，郑华海，等，2013. 再生混凝土基本力学性能试验及应力-应变本构关系[J]. 建筑材料学报，16（1）：24-32.

陈宗平，叶培欢，薛建阳，等，2014. 高温后型钢再生混凝土偏压柱的力学性能研究[J]. 工业建筑，44（11）：39-44.

陈宗平，张士前，王妮，等，2013. 钢管再生混凝土轴压短柱受力性能的试验与理论分析[J]. 工程力学，30（4）：107-114

陈宗平，郑巍，陈宇良，2016. 高温后型钢再生混凝土梁的受力性能及承载力计算[J]. 土木工程学报，49（2）：49-57.

陈宗平，钟铭，陈宇良，等，2014. 型钢再生混凝土偏压柱受力性能试验及承载力计算[J]. 工程力学，31（4）：160-170.

陈宗平，周春恒，陈宇良，等，2014. 再生卵石骨料混凝土力学性能试验研究[J]. 建筑材料学报，17（3）：465-469.

陈宗平，周春恒，谭秋虹，2015. 高温后型钢再生混凝土柱轴压性能及承载力计算[J]. 建筑结构学报，36（12）：70-81.

崔正龙，大芳賀義喜，北迁政文，等，2007. 再生混凝土的冻融循环试验研究[J]，建筑材料学报，10（5）：534-537.

董宏英，王攀峰，曹万林，等，2013a. 再生混凝土强度对筒体耐火性能的影响[J]. 北京工业大学学报，39（6）：869-874.

董宏英，王攀峰，曹万林，等，2013b. 再生混凝土筒体壁厚对抗火性能的影响[J]. 工程力学，30（S1）：72-77.

董宏英，王攀峰，曹万林，等，2013c. 再生混凝土筒体耐火性能试验研究与理论分析[J]. 建筑结构学报，34（8）：65-71.

杜朝华，2012. 再生骨料混凝土梁受弯性能试验研究[J]. 混凝土，3：77-80.

杜朝华，郝彤，赵临涛，2012. 再生混凝土柱受压性能试验研究[J]. 工业建筑，42（4）：31-36.

范进，沈银良，吴斌，2006. 型钢混凝土梁受力性能试验研究[J]. 南京理工大学学报，30（6）：709-713.

福州大学，福州省建筑科学研究院，2003. 钢管混凝土结构技术规程：DBJ 13-51—2003[S]. 福州：福建省住房和建设厅.

哈尔滨建筑工程学院，中国建筑科学研究院，1992. 钢管混凝土结构设计与施工规程：CECS 28；90[S]. 北京：中国计划出版社.

韩林海，2004. 钢管混凝土结构：理论与实践[M]. 北京：科学出版社.

韩林海，2007. 钢管混凝土结构：理论与实践[M]. 2版. 北京：科学出版社.

侯永利，郑刚，2013. 再生骨料混凝土不同龄期的力学性能[J]. 建筑材料学报，16（4）：683-687.

胡琼，卢锦，2012. 再生混凝土柱抗震性能试验[J]. 哈尔滨工业大学学报，44（2）：23-27.

胡琼，宋灿，邹超英，2009. 再生混凝土力学性能试验[J]. 哈尔滨工业大学学报，41（4）：33-36.

华北电力设计院，1999. 钢-混凝土组合结构设计规程：DL/T 5085—1999[S]. 北京：中国电力出版社.

黄一杰，肖建庄，2013. 钢管再生混凝土柱抗震性能与损伤评价[J]. 同济大学学报（自然科学版），41（3）：330-335.

康希良，2007. 钢管混凝土组合力学性能及黏结滑移性能研究[D]. 西安：西安建筑科技大学.

寇世聪，潘智生，2012. 不同强度混凝土制造的再生骨料对高性能混凝土力学性能的影响[J]. 硅酸盐学报，40（1）：7-11.

李佳彬，肖建庄，黄健，2006. 再生粗骨料取代率对混凝土抗压强度的影响[J]. 建筑材料学报，3：297-301.

李九苏，肖汉宁，龚建清，2008. 再生骨料水泥混凝土的级配优化试验研究[J]. 建筑材料学报，11（1）：105-110.

李秋义，李艳美，毛高峰，等，2008. 再生细骨料种类和取代量对混凝土强度的影响[J]. 青岛理工大学学报，29（3）：10-15.

李旭平，2007a. 钢筋再生混凝土梁的受弯性能[J]. 混凝土，3：19-21.

李旭平，2007b. 再生混凝土基本力学性能研究（Ⅰ）：单轴受压性能[J]. 建筑材料学报，10（5）：598-564.

刘超，白国良，贾胜伟，等，2013. 同轴压比再生混凝土框架节点抗震性能试验研究[J]. 土木工程学报，46（6）：21-28.

刘数华，2009. 高性能再生骨料混凝土试验研究[J]. 沈阳建筑大学学报（自然科学版），25（2）：262-266.

刘永健，刘君平，池建军，2006. 钢管混凝土界面抗剪黏结滑移力学性能试验[J]. 广西大学学报（自然科学版），36（4）：78-80.

刘祖强，薛建阳，马辉，等，2015. 型钢再生混凝土柱正截面承载力试验及数值模拟[J]. 工程力学，32（1）：81-87.

柳炳康，陈丽华，周安，等，2011. 再生混凝土框架梁柱中节点抗震性能试验研究[J]. 建筑结构学报，32（11）：109-115.

骆行文，2006. 循环荷载作用下再生混凝土力学特性试验研究[D]. 武汉：武汉理工大学.

吕西林，张翠强，周颖，等，2014a. 半再生混凝土框架的抗震性能[J]. 中南大学学报（自然科学版），45（4）：1214-1226.

吕西林，张翠强，周颖，等，2014b. 全再生混凝土框架抗震性能[J]. 中南大学学报（自然科学版），45（6）：1932-1942.

马辉，薛建阳，林建鹏，等，2013. 型钢再生混凝土梁抗剪承载力及其可靠度分析[J]. 工业建筑，43（9）：7-10.

朋改非，黄艳竹，张九峰，2012. 骨料缺陷对再生混凝土力学性能的影响[J]. 建筑材料学报，15（1）：80-84.

彭有开，吴徽，高全臣，2013. 再生混凝土长柱的抗震性能试验研究[J]. 东南大学学报，43（3）：576-581.

邱慈长，王清远，石宵爽，等，2011. 薄壁钢管再生混凝土轴压实验研究[J]. 实验力学（1）：8-15.

同济大学，浙江杭萧钢构股份有限公司，2004. 矩形钢管混凝土结构技术规程：CECS 159—2004[S]. 北京：中国计划出版社.

万夫雄，赵鹏辉，柴栋，等，2016. 高温后再生混凝土的变形性能试验[J]. 混凝土（11）：4-7.

王妮，陈宗平，李启良，等，2013. 型钢再生混凝土组合柱轴压性能试验研究[J]. 工程力学，30（6）：133-141.

王社良，李涛，杨涛，等，2013. 掺加硅粉及纤维的再生混凝土柱抗震性能试验研究[J]. 建筑结构学报，34（5）：122-129.

王武祥，廖礼平，王爱军，2010. 建筑废弃物再生原料生产混凝土砌块的技术研究[J]. 建筑砌块与砌块建筑，4：4-7.

王新永,李云霞,李秋义,2006. 再生混凝土的用水量和强度试验研究[J]. 新型建筑材料 (12): 913-15.

王玉银,陈杰,纵斌,等,2011. 钢管再生混凝土与钢筋再生混凝土轴压短柱力学性能对比试验研究[J]. 建筑结构学报, 32 (12): 170-177.

吴波,刘伟,刘琼祥,等,2010. 薄壁钢管再生混合短柱轴压性能试验研究[J]. 建筑结构学报, 31 (8): 22-28.

吴波,张金锁,赵新宇,2012. 薄壁方钢管再生混合柱抗震性能试验研究[J]. 建筑结构学报, 33 (9): 38-48.

吴波,赵新宇,杨勇,2012. 采用大尺度废弃混凝土的再生混合构件研究进展[J]. 华南理工大学学报 (自然科学版), 40 (10): 174-184.

吴波,赵新宇,张金锁,2012. 薄壁圆钢管再生混合中长柱的轴压与偏压试验研究[J]. 土木工程学报, 45 (5): 65-77.

吴瑾,王东东,吴方华,2013. 腐蚀钢筋再生混凝土板弯曲性能试验研究[J]. 建筑结构, 43 (1): 69-72.

吴淑海,李晓文,肖慧,等,2009. C30 再生混凝土变形性能及应力-应变曲线试验研究[J]. 混凝土, 242 (12): 21-25.

肖建庄,2008. 再生混凝土[M]. 北京: 科学出版社.

肖建庄,杜江涛,2008. 不同再生粗集料单轴受压应力-应变全曲线[J]. 建筑材料学报, 11 (1): 111-115.

肖建庄,黄运标,2006. 高温后再生混凝土残余抗压强度[J]. 建筑材料学报, 9 (3): 255-259.

肖建庄,黄运标,郑永朝,2009. 高温后再生混凝土的残余抗折强度[J]. 建筑科学与工程学报, 26 (3): 32-36.

肖建庄,雷斌,袁飚,2008. 不同来源再生混凝土抗压强度分布特征研究[J]. 建筑结构学报, 29 (5): 94-100.

肖建庄,李宏,2013. 再生混凝土单轴受压疲劳性能[J]. 土木工程学报, 46 (2): 62-69.

肖建庄,李佳彬,兰阳,2003. 再生混凝土技术研究最新进展与评述[J]. 混凝土 (10): 17-20.

肖建庄,王长青,丁陶,2013. 再生混凝土框架结构抗震性能及其评价[J]. 土木工程学报, 46 (8): 55-66.

肖建庄,杨洁,黄一杰,2011. 钢管约束再生混凝土轴压试验研究[J]. 建筑结构学报, 32 (6): 92-98.

谢汇,耿欧,袁江,2010. 再生混凝土高温后性能试验研究[J]. 混凝土 (10): 18-19, 59.

谢丽丽,杨薇薇,刘立新,2007. 工业废渣再生混凝土多孔砖配合比的试验研究[J]. 郑州大学学报 (工学版), 2 (28): 27-29.

徐明,高海平,陈忠范,2014. 高温下再生混凝土梁受剪性能试验研究[J]. 建筑结构学报, 35 (6): 42-52.

徐明,王韬,陈忠范,2015. 高温后再生混凝土单轴受压应力-应变关系试验研究[J]. 建筑结构学报, 2: 158-164.

徐明,张牟,唐永辉,等,2012. 高温后再生混凝土抗压强度的试验研究[J]. 混凝土 (11): 42-44.

徐亦冬,周士琼,肖佳,2004. 再生混凝土骨料试验研究[J]. 建筑材料学报, 7 (4): 447-450.

薛建阳,马辉,2013a. 不同剪跨比下型钢再生混凝土柱抗震性能试验研究[J]. 地震工程与工程震动, 33 (4): 228-234.

薛建阳,马辉,2013b. 低周反复荷载下型钢再生混凝土短柱抗震性能试验研究[J]. 工程力学, 30 (12): 123-131.

薛建阳,刘锦禄,马辉,等,2013a. 型钢再生混凝土长柱恢复力模型的试验研究[J]. 工业建筑, 43 (9): 35-39.

薛建阳,马辉,陈宗平,等,2013b. 型钢再生混凝土柱保护层厚度力学分析[J]. 工程力学, 30 (5): 202-206.

薛建阳,王秀振,马辉,等,2013c. 型钢再生混凝土梁受剪性能试验研究[J]. 建筑结构, 43 (7): 69-72.

薛建阳,鲍雨泽,任瑞,等,2014a. 低周反复荷载下型钢再生混凝土框架中节点抗震性能试验研究[J]. 土木工程学报, 47 (10): 1-8.

薛建阳,高亮,罗峥,等,2014b. 再生混凝土空心砌块填充墙-型钢再生混凝土框架结构抗震性能试验研究[J]. 建筑结构学报, 35 (3): 77-84.

薛建阳,马辉,刘义,2014c. 反复荷载下型钢再生混凝土柱抗震性能试验研究[J]. 土木工程学报, 47 (1): 36-46.

薛建阳,王刚,刘辉,等,2014d. 型钢再生混凝土框架抗震性能试验研究[J]. 西安建筑科技大学学报, 46 (5): 629-634.

薛建阳，马辉，任瑞，等，2015a. 型钢再生混凝土组合结构基本受力性能与抗震设计方法[M]. 北京：科学出版社.

薛建阳，雷思维，高亮，等，2015b. 型钢再生混凝土框架-空心砌块墙抗侧刚度试验研究[J]. 工程力学，32（3）：73-81.

闫东明，林皋，徐平，2007. 三向应力状态下混凝土动态强度和变形特性研究[J]. 工程力学，24（3）：58-64.

杨海峰，孟少平，邓志恒，2011. 高强再生混凝土常规三轴受压本构曲线试验[J]. 江苏大学学报，32（5）：597-601.

杨有福，2007. 钢管再生混凝土构件荷载-变形关系的理论分析[J]. 工业建筑，37（12）：1-6.

杨有福，2006. 钢管再生混凝土构件力学性能和设计方法若干问题的探讨[J]. 工业建筑（11）：1-5，10.

杨有福，韩林海，2006. 矩形钢管自密实混凝土的钢管-混凝土界面黏结性能研究[J]. 工业建筑，36（11）：32-36.

杨有福，韩林海. 2008. 钢管再生混凝土结构工作机理的若干关键问题研究[C]//首届全国再生混凝土研究与应用学术交流会论文集，北京：455-464.

杨有福，马国梁，2013. 不锈钢管再生混凝土弯曲性能[J]. 大连理工大学学报，53（4）：572-578.

曾力，赵伟，2010. 高强再生混凝土干缩特性[J]. 土木建筑与环境工程，32（4）：125-130.

张永娟，何舜，张雄，等，2012. 再生混凝土Bolomey公式的修正[J]. 建筑材料学报，15（4）：538-543.

赵鸿铁，2001. 钢与混凝土组合结构[M]. 北京：科学出版社.

赵军，刘秋霞，林立清，等，2013. 大城市建筑垃圾产生特征演变及比较[J]. 中南大学学报（自然科学版），44（3）：1297-1304.

赵耀灿，刘佳，2011. 方钢管混凝土黏结强度的计算方法[J]. 科技信息，5：732-733.

中国工程建设标准化协会，2012. 实心与空心钢管混凝土结构技术规程：CECS 254—2012[S]. 北京：中国计划出版社.

中国建筑科学研究院，2003. 普通混凝土力学性能试验方法：GB 50081—2002[S]. 北京：中国建筑工业出版社.

中国人民解放军原总后勤部，2002. 战时军港抢修早强型组合结构技术规程：GJB 4142—2000[S]. 北京：中国人民解放军原总后勤部.

中华人民共和国国家质量监督检验检疫总局，中国国家标准化管理委员会，2002. 金属材料室温拉伸试验方法：GB/T228—2002[S]. 北京：中国标准出版社.

中华人民共和国住房和城乡建设部，2015. 建筑抗震试验规程：JGJ/T 101—2015[S]. 北京：中国建筑工业出版社.

钟善桐，2003. 钢管混凝土结构[M]. 3版. 北京：清华大学出版社.

周静海，何海进，孟宪宏，等，2010. 再生混凝土基本力学性能试验[J]. 沈阳建筑大学学报（自然科学版），26（3）：464-468.

周静海，王新波，于铁汉，2008. 再生混凝土四边简支板受力性能试验[J]. 沈阳建筑大学学报（自然科学版），24（3）：411-415.

周静海，于洪洋，杨永生，2010. 再生混凝土大偏压长柱受力性能试验[J]. 沈阳建筑大学学报（自然科学版），26（2）：255-260.

周云，尹庆利，林绍明，等，2012. 带防屈曲耗能支撑钢筋混凝土框架结构抗震性能研究[J]. 土木工程学报，45（11）：29-38.

ABBAS A, FATHIFAZL G, 2009. Durability of recycled aggregate concrete designed with equivalent mortar volume method[J]. Cement and Concrete Composites, 31(8): 555-563.

ACHTEMICHUK S, HUBBARD J, 2009. The utilization of recycled concrete aggregate to produce controlled low-strength materials without using Portland cement[J]. Cement and Concrete Composites, 31(8): 564-569.

ACI 2005, 2005. Building code requirements for structural concrete and commentary[S]. Farmington Hills: American Concrete Institute.

AIJ 1997, 1997. Recommendations for design and construction of concrete filled steel tubular structure. Architectural Institute of Japan (AIJ), Tokyo: Arcmtectural.

AISC-LRFD 1999, 1999. Load and resistance factor design specification for structural steel buildings[S]. 2nd ed. American Institute of Steel Construction (AISC), Chicago: American Institute of Steel Construction.

ALEKSANDAR R, IVAN S M, et al, 2013. Flexural behavior of reinforced recycled aggregate concrete beams under short-term loading[J]. Materials and Structures, 46(6): 1045-1059.

AQIL U, TATSUOKA F, UCHIMURA T, 2005. Strength and deformation characteristics of recycled concrete aggregate in tri-axial compression[J]. Journal of Materials in Civil Engineering, 5(1): 24-26.

BAIRAGI N K, KISHORE R, 1993. Behavior of concrete with different pro-portions of natural and recycled aggregates, Resource [J]. Conservation and Recycling, 9 (3): 109.

BHIKSHMA V, KISHORE R, 2010. Development of stress-strain curves for recycled aggregate concrete[J]. Asian Journal of Civil Engineering: Building and Housing, 11(2): 253-263.

BIAN J H, CAO W L, DONG H Y, et al, 2014. The fire resistance performance of recycled aggregate concrete columns with Different Concrete Compressive Strengths[J]. Materials, 7(12): 7843-7860.

BRECCOLOTTI M, MATERAZZI A L, 2010. Structural reliability of eccentrically-loaded sections in RC columns made of recycled aggregate concrete[J]. Engineering Structures, 32(3): 3704-3712.

BRITISH STANDARDS INSTITUTIONS, 2005. BS 5400 Steel, concrete and composite bridge-part 5: code of practice for design composite bridges[M]. UK: British Standards Institutions, 2005.

CAIMS R, et al, 1998. Recycled aggregate concrete prestressed beams[C]//Proceedings of Concrete Aggregate Thoams THlford, New York.

CANDAPPA D C, SANJAYAN J G, SETUNGE S, 2001. Complete triaxial stress-strain curves of high-strength concrete[J]. Journal of Materials in Civil Engineering, 13: 209-215.

CEIA F, GUERRA M, RAPOSO J, et al, 2016. Shear strength of recycled aggregate concrete to natural aggregate concrete interfaces[J]. Construction and Building Materials, 109: 139-145.

CHAKRADHARA R M, BHATTACHARYYA S K, BARAI S V, 2011. Behavior of recycled aggregate concrete under drop weight impact load[J]. Construction and Building Materials, 25(1): 69-80.

CHARLES W R, ROBERT C, 1999. Shear connector requirements for embedded steel sections [J]. Journal of Structural Engineering, 125(2): 142-151.

CHEN G M, CHEN J F, GUO Y C, et al, 2014. Compressive behavior of steel fiber reinforced recycled aggregate concrete after exposure to elevated temperatures[J]. Construction and Building Materials, 71: 1-15.

CHEN G M, GUO Y C, XIE Z H, et al, 2014. Compressive behaviour of concrete structures incorporating recycled concrete aggregates, rubber crumb and reinforced with steel fibre subjected to elevated temperatures[J]. Journal of Cleaner Production, 72: 193-2035

CHEN J, GENG Y, WANG Y Y, 2015. Testing and analysis of axially loaded conventional-strength recycled aggregate concrete filled steel tubular stub columns[J]. Engineering Structures, 86: 192-212.

CHEN Z P, XU J J, ZHENG H H, 2016. Bond behavior of H-shaped steel embedded in recycled aggregate concrete under push-out loads[J]. International Journal of Steel Structures, 16(2): 347-360.

CHOI W C, YUN H D, 2012. Compressive behavior of reinforced concrete columns with recycled aggregate under uniaxial loading[J]. Engineering Structures, 41(4): 285-293.

CORREIA J R, DE BRITO J, MARQUES A M, 2013. Post-fire residual mechanical properties of concrete made with recycled rubber aggregate[J]. Fire Safety Journal, 58: 49-57.

CORREIA J R, MARTINS D J, DE BRITO J, 2016. The effect of high temperature on the residual mechanical performance of concrete made with recycled ceramic coarse aggregates[J]. Fire and Materials, 40(2): 289-304.

DE BRITO J, MATIAS D, ROSA A, et al, 2013. Mechanical properties of concrete produced with recycled coarse aggregates-Influence of the use of superplasticizers[J]. Construction and Building Materials, 44: 101-109.

DHIR R K, LIMBACHIYA M C, 1999. Suitability of recycled aggregate for use in BS 5328 designated mixes [J]. Proceedings of the Institution of Civil Engineers, 134: 257-274.

DHIR R K, GHATAORA G S, LYE C, et al, 2016. Creep strain of recycled aggregate concrete[J]. Construction and Building Materials, 102: 244-259.

DUAN Z H, KOU S C, POON C S, 2013. Prediction of compressive strength of recycled aggregate concrete using artificial neural networks[J]. Construction and Building Materials, 40: 1200-1206.

EGUCHI K, TERANISHI K, NAKAGOME A, et al, 2007. Application of recycled coarse aggregate by mixture to concrete construction[J]. Construction and Building Materials, 21 (7): 1542-1551.

ETXEBERRIA M, VAZQUEZ E, MARI A, et al, 2007. Influence of amount of recycled coarse aggregates and production process on properties of recycled aggregate concrete[J]. Cement and Concrete Research, 37(5): 735-742.

EUROCODE 4 (EC4), 2004. Design of composite steel and concrete structures-Part1-1: General Rules and Rules for Buildings[M]. Brussels: The European Committee for Standardization.

EVANGELISTA L, DE BRITO J, 2007. Mechanical behavior of concrete made with fine recycled concrete aggregates [J]. Cement and Concrete Composites, 29(5): 397-401.

FATHIFAZL G, RAZAQPUR A G, ISGOR O B, et al, 2011. 2011. Shear capacity evaluation of steel reinforced recycled concrete (RRC) beams[J]. Engineering Structures, 33(3): 1025-1033.

FOLINO P, XARGAY H, 2014. Recycled aggregate concrete–mechanical behavior under uniaxial and triaxial compression[J]. Construction and Building Materials, 56 (1): 21-31.

GOKCE A, NAGATAKI S, SAEKI T, et al, 2004. Freezing and thawing resistance of air-entrained concrete incorporating recycled coarse aggregate: The role of air content in demolished concrete[J]. Cement and Concrete Research, 34(5): 799-806.

HACHEMI S, OUNIS A, 2015. Performance of concrete containing crushed brick aggregate exposed to different fire temperatures[J]. European Journal of Environmental and Civil Engineering, 19 (7): 805-824.

HUANG Y J, XIAO J Z, ZHANG C H, 2012. Theoretical study on mechanical behavior of steel confined recycled aggregate concrete[J]. Journal of Constructional Steel Research, 76: 100-111.

KATZ A, 2003. Properties of concrete made with recycled aggregate from partially hydrated old concrete [J]. Cement and Concrete Research, 33(5): 703-711.

KHATIB J M, 2005. Properties of concrete incorporating fine recycled aggregate[J]. Cement and Concrete Research, 35(4): 763-769.

KONNO K, SATO Y, UEDO T, 1998. Mechanical property of recycled concrete under lateral confinement [J]. Transactions of the Japan Concrete Institute, 20: 287-292.

KOU S C, POON C S, 2012. Enhancing the durability properties of concrete prepared with coarse recycled aggregate[J]. Construction and Building Materials, 35: 69-76.

KOU S C, POON C S, ETXEBERRIA M, 2011. Influence of recycled aggregates on long term mechanical properties and pore size distribution of concrete[J]. Cement and Concrete Composites, 33(2): 286-291.

KOU S C, POON C S, ETXEBERRIA M, 2014. Residue strength, water absorption and pore size distributions of recycled aggregate concrete after exposure to elevated temperatures[J]. Cement & Concrete Composites, 53: 73-82.

LI H, XIAO J, YANG Z, 2013. Fatigue behavior of recycled aggregate concrete under compression and bending cyclic loadings [J]. Construction and Building Materials, 38: 681-688.

LI W, XIAO J, SUN Z, et al, 2013. Properties of interfacial transition zones in recycled aggregate concrete tested by nanoindentation[J]. Cement and Concrete Composites, 37: 276-292.

LI X P, 2009. Recycling and reuse of waste concrete in China part II. structural behaviour of recycled aggregate concrete and engineering applications[J]. Resources, Conservation and Recycling, 53(3): 107-112.

LIU Q, XIAO J Z, SUN Z H, 2011. Experimental study on the failure mechanism of recycled concrete[J]. Cement and Concrete Research, 41(10): 1050-1057.

LIU Y X, ZHA X X, GONG G B, 2012. Study on recycled-concrete-filled steel tube and recycled concrete based on damage mechanics[J]. Journal of Constructional Steel Research, 71: 143-148.

LU X B, TZU C, HSU T, 2007. Stress-strain relations of high-strength concrete under triaxial compression[J]. Journal of Materials in Civil Engineering, 19: 261-268.

MELLMANN G, 1999. Processed concrete rubble for the reuse as aggregate [J]. Proceedings of the International Conference on Exploiting Waste in Concrete. Dundee: 171-178.

NANGATAKI S, GOKCE A, SAEKI T, et al, 2004. Assessment of recycling process induced damage sensitivity of recycled concrete aggregates [J]. Cement and Concrete Research, 34(6): 965-971.

OIKONOMOU N D, 2005. Recycled concrete aggregates[J]. Cement and Concrete Composites, 27(2): 315-318.

OLORUNSOGO F T, PADAYACHEE N, 2002. Performance of recycled aggregate concrete monitored by durability indexes [J]. Cement and Concrete Research, 32(2): 179-185.

PADMINI A K, RAMAMURTHY K, MATHEWS M S, 2009. Influence of parent concrete on the properties of recycled aggregate concrete[J]. Construction and Building Materials, 23(2): 829-836.

PÉREZ C L C, GAYARRE F L, LÓPEZ M A S, et al, 2014. The effect of curing conditions on the compressive strength of recycled aggregate concrete[J]. Construction and Building Materials, 53: 260-266.

POLANCO J A, THOMAS C, SETIÉN J, et al, 2013. Durability of recycled aggregate concrete[J]. Construction and Building Materials, 40: 1054-1065.

POON C S, SHUI Z H, LAM L, et al, 2004 Influence of moisture states of natural and recycled aggregates on the slump and compressive strength of concrete [J]. Cement and Concrete Research, 34(1): 31-36.

SAGOE-CRENTSIL K K, BROWN T, TAYLOR A H, 2001. Performance of concrete made with commercially produced coarse recycled concrete aggregate[J]. Cement Concrete Research, 31(5): 707-12.

SOMNA R, JATURAPITAKKUL C, CHALEE W, et al, 2011. Effect of the water to binder ratio and ground fly ash on properties of recycled aggregate concrete[J]. Journal of Materials in Civil Engineering, 24(1): 16-22.

TABSH S W, ABDELFATAH A S, 2009. Influence of recycled concrete aggregates on strength properties of concrete[J]. Construction and Building Materials, 23(2): 1163-1167.

TAM V W Y, TAO Z, WANG Z B, 2014. Behavior of recycled aggregate concrete filled stainless steel stub columns[J]. Materials and Structures, 47(1): 293-310.

TERRO M J, 2006. Properties of concrete made with recycled crushed glass at elevated temperatures [J]. Building and Environment, 41(5): 633-639.

TERZIC A, PAVLOVIC L, RADOJEVIC Z, et al, 2012. Evolution of concretes with standard and recycled raw materials for high temperature application[J]. Romanian Journal of Materials, 42 (2): 143-151.

UMAIR A, FUMIO T, TARO U, 2005. Strength and deformation characteristics of recycled concrete aggregate in tri-axial compression[J]. Journal of Materials in Civil Engineering. ASCE, 5(1): 24-26.

VARMA A H, RICLES J M, SAUSE R, et al, 2002. Seismic behavior and modeling of high-strength composite concrete-filled steel tube(CFT)beam–columns[J]. Journal of Constructional Steel Research, 58(5-8): 725-758.

VIEIRA J P B, CORREIA J R, DE BRITO J, 2011. Post-fire residual mechanical properties of concrete made with recycled concrete coarse aggregates[J]. Cement Concrete Reasearch, 41(5): 533-541.

XIAO J Z, FALKNER H, 2007. Bond behavior between recycled aggregate concrete and steel rebar[J]. Construction and Building Materials, (21): 395-401.

XIAO J Z, HUANG Y J, YANG J, et al, 2012. Mechanical properties of confined recycled aggregate concrete under axial compression[J]. Construction and Building Materials, 26: 591-603.

XIAO J Z, LIA J B, ZHANG CH, 2005. Mechanical properties of recycled aggregate concrete under uniaxial loading[J]. Cement and Concrete Research, 35: 1187-1194.

XIAO J Z, SUN Y D, FALKNER H, 2006. Seismic performance of frame structures with recycled aggregate concrete[J]. Engineering Structures, 28(5): 1-8.

XIAO Z, LING T C, POON C S, et al, 2013. Properties of Partition wall blocks prepared with high percentages of recycled clay brick after exposure to elevated temperatures [J]. Construction and Building Materials, 49: 56-61.

YANG Y F, HAN L H, 2006. Experimental behavior of recycled aggregate concrete filled steel tubular columns [J]. Journal of Constructional Steel Research, 62(12): 1310-1324.

YANG Y F, HAN L H, ZHU L T, 2009. Experimental performance of recycled aggregate concrete-filled circular steel tubular columns subjected to cyclic flexural loadings[J]. Advance in Structural Engineering, 12(2): 183-194.

YUN H D, CHOI W C, 2013. Long-term deflection and flexural behavior of reinforced concrete beams with recycled aggregate[J]. Materials and Design, 51(4): 742-750.

ZEGA C J, DI MAIO A A, 2006. Recycled concrete exposed to high temperatures [J]. Magazine of Concrete Research, 58: 675-682.

ZEGA C J, DI MAIO A A, 2009. Recycled concrete made with different natural coarse aggregates exposed to high temperature[J]. Construction and Building Materials, 23: 2047-2052.